"十三五"国家重点出版物出版规划项目

名校名家基础学科系列

北京理工大学"特立"系列教材

北京理工大学"十三五"规划教材

微积分（经济管理）上册

徐厚宝　闫晓霞　编

机械工业出版社

本书根据高等学校经济管理类专业本科微积分课程教学的基本要求，以及参考最新硕士研究生招生考试《数学考试大纲（数学三）》中微积分部分的要求编写而成. 本书包含了函数、极限与连续、导数与微分、中值定理与导数应用、不定积分、定积分及其应用等内容.

　　本书着重于以"问题驱动"的方式引出微积分中的相关概念，注重对学生"数学思维"的训练. 结合经济管理类专业学生的特点，本书以通俗易懂的方式讲解相关概念和定理，并专门讲解微积分在经济分析中的应用，以培养和锻炼学生应用微积分知识解决实际问题的能力.

　　本书结构严谨，逻辑清晰，内容充实，可作为高等院校经济管理类等非数学专业本科的数学课程教材或硕士研究生招生考试数学（三）参考用书，也可作为经济管理领域读者的参考用书.

图书在版编目（CIP）数据

微积分：经济管理. 上册/徐厚宝，闫晓霞编. —北京：机械工业出版社，2020.8（2023.7 重印）

"十三五"国家重点出版物出版规划项目　名校名家基础学科系列
ISBN 978-7-111-65483-4

Ⅰ.①微…　Ⅱ.①徐…②闫…　Ⅲ.①微积分－高等学校－教材
Ⅳ.①O172

中国版本图书馆 CIP 数据核字（2020）第 069163 号

机械工业出版社（北京市百万庄大街 22 号　邮政编码 100037）
策划编辑：韩效杰　责任编辑：韩效杰　刘　静
责任校对：李　杉　封面设计：鞠　杨
责任印制：邹　敏
北京富资园科技发展有限公司印刷
2023 年 7 月第 1 版第 4 次印刷
184mm×260mm · 14.25 印张 · 369 千字
标准书号：ISBN 978-7-111-65483-4
定价：42.00 元

电话服务　　　　　　　网络服务
客服电话：010-88361066　机 工 官 网：www.cmpbook.com
　　　　　010-88379833　机 工 官 博：weibo.com/cmp1952
　　　　　010-68326294　金 书 网：www.golden-book.com
封底无防伪标均为盗版　机工教育服务网：www.cmpedu.com

前　言

党的二十大报告指出："培养什么人、怎样培养人、为谁培养人是教育的根本问题". 本书贯彻落实党的二十大精神，在每章以二维码形式设置了视频观看学习任务，引导学生树立报国理想、涵养家国情怀.

本书根据高等学校经济管理类专业本科微积分课程教学的基本要求，以及参考最新硕士研究生招生考试《数学考试大纲（数学三）》中微积分部分的要求编写而成. 本书包含了函数、极限与连续、导数与微分、中值定理与导数应用、不定积分、定积分及其应用等内容.

本书是北京理工大学"十三五"规划教材，作为"双一流"建设项目的成果之一，是编者在长期的教学实践过程中，不断总结教学经验编写而成的. 本书在编写过程中遵循"突出特色、锤炼精品"的要求，将数学与经济学、管理学有机结合，在强调数学基础的同时，以案例的形式突出数学在经济学中的应用，满足了当前经济管理类专业微积分课程教学的需求.

本书的特色主要体现在以下几个方面：

1. 对重要的微积分相关概念，如极限、导数、积分等，均是先从实际问题出发，这体现了本书以"问题驱动"为牵引，逐步抽象出相应的数学概念的特色.

2. 对一些概念和内容的描述强调了其逻辑顺序，例如以启发的形式逐渐揭示并获得初等函数的求导公式，从而促使学生清晰掌握初等函数导数计算方法的形成过程，突出本书注重"数学思维"训练的特色.

3. 对微积分中涉及的一些概念和内容做了详尽细致的推敲，例如对函数是否可积等概念的厘清等，力求对这些概念和相关内容的描述准确且通俗易懂，以突出本书"可读性强"的特色.

4. 在定义、定理形成过程中充分借助几何图形以帮助学生直观理解，在例题分析中，将经济分析问题与微积分相关定理的应用充分结合，使得数学与几何图形、数学与经济分析紧密结合，突出本书"数学为本、突出应用"的特色.

本书结构严谨，逻辑清晰，内容充实，可作为高等院校经济管理类等非数学专业本科的数学课程教材或硕士研究生招生考试数学（三）参考用书，也可作为经济管理领域读者的参考用书.

由于编者水平、经验有限，书中难免存在问题、不妥之处，欢迎广大专家、同行和其他读者批评指正.

编者

目　　录

函数是数学中的一个基本概念，是微积分研究的主要对象．本章介绍函数的相关概念、函数的性质、初等函数的定义以及经济活动中常用的经济函数．通过对本章的学习，读者能够更好地结合几何图形，较为直观地掌握函数的性态，为后续微积分的学习奠定基础．

1.1 集合与函数

1.1.1 集合、区间与邻域

1. 集合

集合（set）是现代数学中最基本的概念，对现代数学的发展起着重要的推动作用．例如，全班所有同学构成一个集合，所有自然数构成一个集合，所有整数也构成一个集合．一般来说，**集合**是具有某种确定性质的事物的总体．组成这个集合的事物称为集合的元素（element）．

通常用大写字母 A，B，M，N 等表示集合，用小写字母 a，b 或带脚标的小写字母 a_1，a_2 等表示集合中的元素．从元素和集合之间关系来看，无外乎如下两种情形：

情形 1：元素 a 在集合 M 中，则称元素 a 属于集合 M，记作 $a \in M$.

情形 2：元素 a 不在集合 M 中，则称元素 a 不属于集合 M，记作 $a \notin M$.

集合的表示通常有两种方法。一种是**列举法**：即按任意顺序列出集合的所有元素，写在一对花括号内．例如，由 n 个元素 a_1，$a_2, \cdots, a_n$ 组成的集合 A，可表示为 $A = \{a_1, a_2, \cdots, a_n\}$. 另一种是**描述法**：明确描述集合中元素所具有的特征，例如大于或等于 2 且小于或等于 3 的全体实数构成的集合可表示为：$A = \{x \mid x \in \mathbf{R}, 2 \leqslant x \leqslant 3\}$.

2. 区间

区间（interval）是数学中常用的数的集合，即数集．不加额外说明时，本书中的数均是指实数．若用描述法来表示区间这个数集，则见表 1-1-1.

表 1-1-1   区间分类表示

区间表示	定义	名称	按区间长度[①]
(a,b)	$:=\{x\mid a<x<b\}$	开区间	有限区间
$[a,b]$	$:=\{x\mid a\leqslant x\leqslant b\}$	闭区间	
$(a,b]$	$:=\{x\mid a<x\leqslant b\}$	左开右闭区间	
$[a,b)$	$:=\{x\mid a\leqslant x<b\}$	左闭右开区间	
$(a,+\infty[②])$	$:=\{x\mid x>a\}$		无限区间
$(-\infty[②],b)$	$:=\{x\mid x<b\}$	无穷开区间	
$(-\infty,+\infty)$	$:=\{x\mid x\ \text{为全体实数}\}$		
$[a,+\infty)$	$:=\{x\mid x\geqslant a\}$	无穷左闭右开区间	
$(-\infty,b]$	$:=\{x\mid x\leqslant b\}$	无穷左开右闭区间	

① 区间两端的距离称为区间长度. 按区间长度是否为有限值，可将区间分为有限区间和无限区间两类.

② 这里 $+\infty$，$-\infty$ 是两个记号，不是数，分别读作正无穷大和负无穷大. 区间中的闭和开分别是指区间端点属于还是不属于该区间.

3. 邻域

设 a 与 δ 是两个实数，且 $\delta>0$，数集 $\{x\mid |x-a|<\delta\}$ 称为点 a 的 δ 邻域（neighborhood），该邻域在数轴上的表示如图 1-1-1 所示.

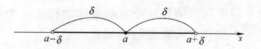

图 1-1-1   邻域示意图

其中，a 称为邻域的中心，δ 称为邻域的半径. 该邻域记作 $N(a,\delta)$，即

$$N(a,\delta)=\{x\mid a-\delta<x<a+\delta\}.$$

或写成

$$N(a,\delta)=\{x\mid |x-a|<\delta\}.$$

则邻域的几何意义就可以这样表示：到点 a 的距离小于 δ 的点的全体.

邻域是微积分中常用的集合，如果把邻域的中心去掉，所得到的集合称为点 a 的去心 δ 邻域，有时也称为点 a 的空心 δ 邻域，记作 $\mathring{N}(a,\delta)$，即

$$\mathring{N}(a,\delta)=N(a,\delta)\backslash\{a\}=\{x\mid 0<|x-a|<\delta\}.$$

去心邻域在数轴上的表示如图 1-1-2 所示.

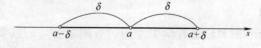

图 1-1-2   去心邻域示意图

直观地，称开区间 $(a-\delta,a)$ 为点 a 的左 δ 邻域，称开区间 $(a,a+\delta)$ 为点 a 的右 δ 邻域.

1.1.2 函数

1. 函数的定义

函数（function）是数学中最重要的概念之一，它用以描述变量间的关系. 例如，某人存入银行的本金为 x，银行的年储蓄利率为 4%，3 年年末的本利和（本金＋利息）记作 y，若按单利计算，则变量 y 与变量 x 之间的关系就可表示为 $y=(1+3\times 4\%)x$，也称 y 是 x 的函数.

直观上，可以这样解释上述函数：给一个输入（存入的本金 x），经过函数 $y=(1+3\times 4\%)x$ 的作用，可以得到一个输出（本利和 y）. 本书中，我们对函数的定义如下：

定义 1.1.1 设 x 和 y 是两个变量，D 是一个给定的数集，如果对于每个数 $x\in D$，变量 y 按照一定的法则 f 总有确定的数值和它对应，则称 y 是 x 的函数，记作

$$y=f(x), \quad x\in D.$$

数集 D 称为这个函数的定义域（domain），x 称为自变量（independent variable），y 称为因变量（dependent variable），法则 f（有时也用 g，h 等符号表示）称为对应法则. 当 $x_0\in D$ 时，$f(x_0)$ 称为函数在点 x_0 处的函数值，函数值全体组成的数集 $W=\{y\,|\,y=f(x),x\in D\}$ 称为函数的值域（range）.

显然，当函数的定义域 D 和对应法则 f 都确定时，函数的值域 W 也就唯一确定. 因此函数的定义域和对应法则是函数的两个要素. 两个函数相同的充要条件就是它们的定义域和对应法则均相同，与自变量和因变量采用什么字母表示无关.

在未加额外规定或说明的情况下，函数的定义域就是使得函数有意义的自变量的取值范围.

例 1.1.1 判断下列函数是否相同.

(1) $f(x)=\ln(x^4)$ 与 $g(x)=4\ln x$.

(2) $f(x)=x+\sqrt{\sin^2 x+\cos^2 x}$ 与 $g(x)=x+1$.

解：(1) 因为函数 $f(x)=\ln(x^4)$ 的定义域为 $\{x\,|\,x\neq 0\}$，而函数 $g(x)=4\ln x$ 的定义域为 $\{x\,|\,x>0\}$. 两个函数的定义域不相同，因此 $f(x)$ 和 $g(x)$ 不是相同的函数.

(2) 因为函数 $f(x)=x+\sqrt{\sin^2 x+\cos^2 x}$ 的定义域为全体实数 $\mathbf{R}$，函数 $g(x)=x+1$ 的定义域为全体实数 $\mathbf{R}$，因此两个函数的定义域相同. 此外，因为 $\sqrt{\sin^2 x+\cos^2 x}=1$，所以两函数的对应法则也相同，因此 $f(x)$ 和 $g(x)$ 是相同的函数.

例 1.1.2 求函数 $y=\dfrac{1}{\sqrt{1-x^2}}$ 的定义域.

解：使函数有意义的自变量 x 的取值范围为：$1-x^2>0$，即 $-1<x<1$. 因此，函数的定义域为：$D=\{x\mid -1<x<1\}$.

2. 函数的图形

设函数 $y=f(x)$ 是定义在 D 上的函数，取 x 为横坐标（abscissa），y 为纵坐标（ordinate），建立平面直角坐标系 Oxy. 则对于每个 $x\in D$，对应一个 $y=f(x)$，这样就在 Oxy 坐标系中确定了一个点 M，坐标为 (x,y)，记作 $M(x,y)$ 或者 $M(x,f(x))$，如图 1-1-3a 所示. 当 x 取遍定义域 D 中的每个数值时，平面上的点集 $\{(x,y)\mid y=f(x),x\in D\}$ 构成一条曲线，如图 1-1-3b 所示，称之为函数 $y=f(x)$ 的图形（graph）.

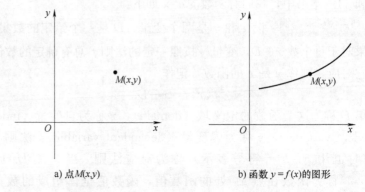

a) 点 $M(x,y)$ b) 函数 $y=f(x)$ 的图形

图 1-1-3   函数 $y=f(x)$

3. 函数的表示

函数常用的表示方法有三种：表格法、图像法和解析法.

表格法就是将函数的自变量与其对应的函数值列成表格来表示函数的方法. 例如，某个儿童在年龄为 1～9 岁的身高，这个函数就可以用表 1-1-2 表示.

表 1-1-2   年龄与身高关系

年龄 t（岁）	1	2	3	4	5	6	7	8
身高（cm）	60	70	79	88	96	104	111	118

图像法就是在坐标系中用图形表示函数的方法，如图 1-1-3b 所示.

解析法就是将自变量、因变量和对应法则用数学表达式（也称解析表达式）来表示的方法. 例如，圆的面积 s 随着半径 r 变化而变化，若把半径 r 看作自变量，把面积 s 看作因变量，则面积 s 就是半径 r 的函数，这个函数用解析法表示就是

$$s=\pi r^2.$$

函数的这三种表示方法各有特点，表格法和图像法直观，而解析法简洁、易于计算.

4. 分段函数

在用解析法表示函数时，由于有些函数在其定义域的不同范围内具有不同的解析表达式，也就需要用多个解析式来表示一个函数，这样的函数称为分段函数（piecewise-defined function）.

例 1.1.3　符号函数（sign function）：

$$y=\operatorname{sgn}x=\begin{cases}1 & x>0,\\ 0 & x=0,\\ -1 & x<0.\end{cases}$$

符号函数的定义域 $D=(-\infty,+\infty)$，但在其定义域的不同范围内具有不同的对应法则，也就具有不同的解析表达式，因此符号函数就是典型的分段函数，其图形如图 1-1-4 所示.

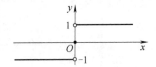

图 1-1-4　符号函数的图形

例 1.1.4　取整函数 $y=[x]$，$[x]$ 表示不超过 x 的最大整数.

例如，$[2.4]=2$，$[-1.5]=-2$. 显然，取整函数也是分段函数，其图形如图 1-1-5 所示.

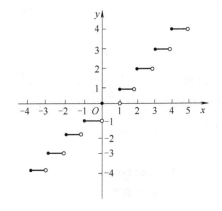

图 1-1-5　取整函数的图形

例 1.1.5　取最大值函数 $y=\max\{f(x),g(x)\}$.

对定义域 D 中自变量 x 的值，y 的取值由函数 $f(x)$ 和 $g(x)$ 中的最大值确定，其图形如图 1-1-6 中的实线部分所示.

例 1.1.6　取最小值函数 $y=\min\{f(x),g(x)\}$.

对定义域 D 中自变量 x 的值，y 的取值由函数 $f(x)$ 和 $g(x)$ 中的最小值确定，其图形如图 1-1-7 中的实线部分所示.

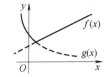

图 1-1-6　取最大值函数
$y=\max\{f(x),g(x)\}$

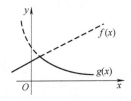

图 1-1-7　取最小值函数
$y=\min\{f(x),g(x)\}$

1.1.3　函数的特性

关于函数的特性，这里将介绍函数的单调性、奇偶性、有界性和周期性.

1. 函数的单调性

定义 1.1.2　设函数 $f(x)$ 的定义域为 D，区间 $I\subset D$，如果对于区间 I 上任意两点 x_1，x_2，只要 $x_1<x_2$ 时，就有 $f(x_1)<$

$f(x_2)$，（或 $f(x_1) \leqslant f(x_2)$），则称函数 $f(x)$ 在区间 I 上是严格单调增加（或单调增加）函数.

定义 1.1.3　设函数 $f(x)$ 的定义域为 D，区间 $I \subset D$，如果对于区间 I 上任意两点 x_1，x_2，只要 $x_1 < x_2$ 时，就有 $f(x_1) > f(x_2)$，（或 $f(x_1) \geqslant f(x_2)$），则称函数 $f(x)$ 在区间 I 上是严格单调减少（或单调减少）函数.

注：严格单调增加函数也是单调增加函数，严格单调减少函数也是单调减少函数. 单调增加函数和单调减少函数统称为单调函数（monotone function）. 图 1-1-8a 给出了严格单调增加函数的示意图，图 1-1-8b 则给出了严格单调减少函数的示意图.

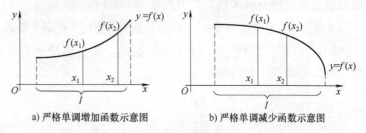

a) 严格单调增加函数示意图　　b) 严格单调减少函数示意图

图 1-1-8　单调函数

2. 函数的奇偶性

定义 1.1.4　设函数 $f(x)$ 的定义域 D 关于原点对称，若 $\forall x \in D$（同时必有 $-x \in D$），都有
$$f(-x) = -f(x),$$
则称 $f(x)$ 为奇函数（odd function）.

这里，符号 $\forall$ 表示任意给定的.

定义 1.1.5　设函数 $f(x)$ 的定义域 D 关于原点对称，若 $\forall x \in D$（同时必有 $-x \in D$），都有
$$f(-x) = f(x),$$
则称 $f(x)$ 为偶函数（even function）.

图 1-1-9a 给出了奇函数的示意图，图 1-1-9b 则给出了偶函数的示意图. 不论是从奇函数（或偶函数）的定义还是从函数的示意图来看，都可以发现：奇函数的图形关于原点对称，偶函数的图形关于 y 轴对称.

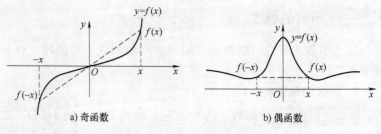

a) 奇函数　　b) 偶函数

图 1-1-9　奇函数和偶函数

3. 函数的有界性

定义 1.1.6　设函数 $f(x)$ 在 D 上有定义，若存在正数 M，使得 $\forall x \in D$，都有 $|f(x)| \leqslant M$ 成立，则称函数 $f(x)$ 在 D 上有界，否则称函数 $f(x)$ 在 D 上无界．

定义 1.1.7　设函数 $f(x)$ 在 D 上有定义，若存在正数 M，使得 $\forall x \in D$，都有 $f(x) \leqslant M$ 成立，则称函数 $f(x)$ 在 D 上有上界．

定义 1.1.8　设函数 $f(x)$ 在 D 上有定义，若存在正数 M，使得 $\forall x \in D$，都有 $f(x) \geqslant -M$ 成立，则称函数 $f(x)$ 在 D 上有下界．

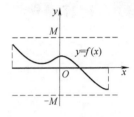

图 1-1-10　有界函数示意图

注：从有界、有上界和有下界的定义可以看出，若函数在 D 上有界，则一定即有上界又有下界，图 1-1-10 给出了函数在某区间上有界的示意图．

4. 函数的周期性

定义 1.1.9　设函数 $f(x)$ 在 D 上有定义，如果存在一个不为零的数 l，使得 $\forall x \in D$，都有 $x+l \in D$，且 $f(x+l) = f(x)$ 恒成立，则称 $f(x)$ 为周期函数（periodic function），l 称为函数 $f(x)$ 的周期．

注：通常说的周期函数的周期是指最小正周期．图 1-1-11 给出了一个周期函数的示意图．

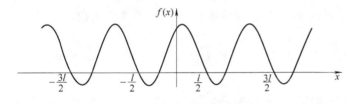

图 1-1-11　周期函数示意图

习题 1.1

1. 求下列函数的定义域．

(1) $y = \dfrac{1}{x} - \sqrt{x^2-4}$；　(2) $y = \dfrac{1}{x} - \sqrt{1-x^2}$；

(3) $y = \dfrac{\ln(x+1)}{\sqrt{x-1}}$；　(4) $y = \arcsin\dfrac{x-1}{2} + \dfrac{1}{\sqrt{x^2-x-2}}$．

2. 设 $f(x)$ 为奇函数，判断下列函数的奇偶性．

(1) $xf(x)$；　(2) $(x^2+1)f(x)$；

(3) $|f(x)|$；　(4) $-f(-x)$；

(5) $f(x)\left(\dfrac{1}{2^x+1} - \dfrac{1}{2}\right)$．

3. 设对任何 $x \in (-\infty, +\infty)$，存在常数 $c \neq 0$，使 $f(x+c) = -f(x)$. 证明 $f(x)$ 是周期函数.

4. 已知 $f(x)$ 是以 2 为周期的周期函数，且在 $(0, 2]$ 上有 $f(x) = x^2$，求 $f(x)$ 在 $(0, 6]$ 上的表达式.

5. 设函数 $f(x)$ 和 $g(x)$ 在区间 (a, b) 内是单调增加的，证明函数 $\varphi(x) = \max\{f(x), g(x)\}$ 及 $\psi(x) = \min\{f(x), g(x)\}$ 在区间 (a, b) 内也是单调增加的.

1.2 初等函数

1.2.1 复合函数

函数之间不仅可以通过四则运算形成新的函数，还可以通过复合运算形成新的函数，例如 $y = \sqrt{u}$，$u = 1 + x^2$，则由这两个函数复合之后形成的新函数为 $y = \sqrt{1+x^2}$，就称其是函数 $y = \sqrt{u}$ 与函数 $u = 1 + x^2$ 的复合函数（composite function）. 复合函数的具体定义如下：

定义 1.2.1　设函数 $y = f(u)$ 定义在 U 上，函数 $u = \varphi(x)$ 定义在 X 上且值域为 $\varphi(X)$. 若 $\varphi(X) \cap U \neq \varnothing$，则在集合 $D = \{x \in X \mid \varphi(X) \cap U \neq \varnothing\}$ 上确定了一个新的函数
$$y = f[\varphi(x)], \quad x \in D.$$
称其是函数 $y = f(u)$ 与函数 $u = \varphi(x)$ 的复合函数，也记作：$y = f \circ \varphi(x)$，$x \in D$.

在定义 1.2.1 中，x 称为自变量，u 称为中间变量，y 称为因变量.

例 1.2.1　设函数 $y = \sqrt{u}$，$u = 4 - x^2$，求这两个函数的复合函数.

解：函数 $y = \sqrt{u}$ 的定义域 U 为 $u \geqslant 0$，函数 $u = 4 - x^2$ 的值域 $\varphi(X)$ 为 $u \leqslant 4$，由于 $\varphi(X) \cap U \neq \varnothing$，且 $D = \{x \in X \mid \varphi(X) \cap U \neq \varnothing\} = \{x \mid -2 \leqslant x \leqslant 2\}$，因此这两个函数的复合函数为
$$y = \sqrt{4-x^2}, x \in [-2, 2].$$

注 1：不是任何两个函数都可以复合成一个复合函数. 例如 $y = \arcsin u$，$u = 4 + x^2$，函数 $y = \arcsin u$ 的定义域 U 为 $-1 \leqslant u \leqslant 1$，而函数 $u = 4 + x^2$ 的值域 $\varphi(X)$ 为 $u \geqslant 4$，$\varphi(X) \cap U = \varnothing$，因此这两个函数不能复合成一个复合函数. 直观上，也能发现表达式 $y = \arcsin(4 + x^2)$ 是没有意义的.

注 2：复合函数可以由两个以上的函数复合构成，例如 $y = \sqrt{\cot \dfrac{x}{2}}$ 是由 $y = \sqrt{u}$，$u = \cot v$，$v = \dfrac{x}{2}$ 复合构成的.

例 1.2.2　设函数 $f(x)=\begin{cases}0, & x<1,\\ 1, & x\geq 1,\end{cases}$ $g(x)=\mathrm{e}^x$，求 $f\circ g=$ $f[g(x)],g\circ f=g[f(x)]$.

解：$f\circ g=f[g(x)]=\begin{cases}0, & g(x)<1,\\ 1, & g(x)\geq 1\end{cases}=\begin{cases}0, & \mathrm{e}^x<1,\\ 1, & \mathrm{e}^x\geq 1\end{cases}=\begin{cases}0, & x<0,\\ 1, & x\geq 0.\end{cases}$

$$g\circ f=g[f(x)]=\mathrm{e}^{f(x)}=\begin{cases}\mathrm{e}^0, & x<1,\\ \mathrm{e}^1, & x\geq 1\end{cases}=\begin{cases}1, & x<1,\\ \mathrm{e}, & x\geq 1.\end{cases}$$

通过例 1.2.2 可以发现，$f\circ g\neq g\circ f$.

1.2.2　反函数

在函数关系中，自变量和因变量是相对的. 例如由正方体的体积函数 $V=a^3$ 容易知道，当边长 $a=2$ 时，体积 $V=8$，即对体积函数 $V=a^3$ 而言，输入一个值 $a=2$，即可得到一个输出 $V=8$. 但当我们想知道若输出为某个值，例如 $V=27$，输入为多少时，这就需要研究反函数（inverse function）. 反函数的定义如下：

定义 1.2.2　设函数 $y=f(x)$ 的定义域为 D，值域为 R，若对于 R 中任意一个 y，在 D 中有且仅有一个 x，使得 $f(x)=y$，从而 x 与 y 之间构成了一一对应. 若把 y 看作自变量，把 x 看作因变量，则以此确定的函数 $x=\varphi(y)$ 称为函数 $y=f(x)$ 的反函数. 有时，$x=\varphi(y)$ 也记作 $x=f^{-1}(y)$.

注 1：函数 $y=f(x)$ 存在反函数的前提条件是 x 与 y 之间构成一一对应，否则不存在反函数. 例如函数 $y=x^2$，$x\in[0,+\infty)$ 存在反函数，但函数 $y=x^2$，$x\in(-\infty,+\infty)$ 就不存在反函数.

注 2：若函数 $x=\varphi(y)$ 是函数 $y=f(x)$ 的反函数，则函数 $y=f(x)$ 也是函数 $x=\varphi(y)$ 的反函数，因此 $y=f(x)$ 与 $x=\varphi(y)$ 互为反函数.

注 3：函数 $y=f(x)$ 与其反函数 $x=\varphi(y)$ 的定义域和值域是互换的，且 $y=f(x)$ 与 $x=\varphi(y)$ 在同一 Oxy 坐标系中表示同一条曲线，如图 1-2-1 和图 1-2-2 所示.

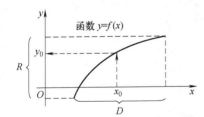

图 1-2-1　函数 $y=f(x)$ 在 Oxy 坐标系中的图像

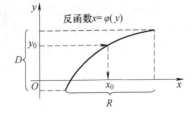

图 1-2-2　反函数 $x=\varphi(y)$ 在 Oxy 坐标系中的图像

注 4：由于用任何字母表示函数的自变量和因变量都是可以的，且习惯上，常用 x 表示自变量，用 y 表示因变量，因此函数

$y=f(x)$ 的反函数 $x=\varphi(y)$ 有时也表示为 $y=\varphi(x)$. 此时，若将函数 $y=f(x)$ 及其反函数 $y=\varphi(x)$ 的图形画在同一 Oxy 坐标系中，则二者的图形关于直线 $y=x$ 对称，如图 1-2-3 所示.

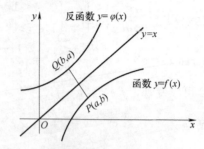

图 1-2-3　函数 $y=f(x)$ 与反函数 $y=\varphi(x)$
在 Oxy 坐标系中的曲线示意图

注 5：若函数 $y=f(x)$ 是定义在 D 上的严格单调函数，值域为 Y，则反函数 $x=\varphi(y)$ 一定存在，且在 Y 上与原函数 $y=f(x)$ 具有相同的单调性.

1.2.3 基本初等函数

基本初等函数包含五类函数：幂函数（power function），指数函数（exponential function），对数函数（logarithmic function），三角函数（trigonometric function）和反三角函数（inverse circular function）. 下面结合图形和性质简要介绍这些函数.

（1）幂函数 $y=x^{\mu}$，μ 为常数.

需要注意的是，对于不同的 μ，幂函数 $y=x^{\mu}$ 的定义域有所不同，需要根据 μ 的具体取值来确定. 不同的 μ，其对应的幂函数的图形如图 1-2-4 所示.

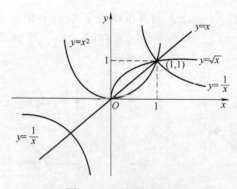

图 1-2-4　幂函数图形

（2）指数函数和对数函数的表达式、图形以及性质见表 1-2-1.

（3）三角函数和反三角函数的表达式、图形以及性质见表 1-2-2 至表 1-2-5.

表 1-2-1　指数函数与对数函数的表达式、图形及性质

函数	指数函数 $y=a^x$，$a>0$，$a\neq1$	对数函数 $y=\log_a x$，$a>0$，$a\neq1$
定义域	$(-\infty,+\infty)$	$(0,+\infty)$
值域	$(0,+\infty)$	$(-\infty,+\infty)$
图形		
性质	当 $a>1$ 时，$y=a^x$ 单调增加 当 $0<a<1$ 时，$y=a^x$ 单调减少	当 $a>1$ 时，$y=\log_a x$ 单调增加 当 $0<a<1$ 时，$y=\log_a x$ 单调减少

表 1-2-2　正弦函数与反正弦函数的表达式、图形及性质

函数	正弦函数 $y=\sin x$	反正弦函数 $y=\arcsin x$
定义域	$(-\infty,+\infty)$	$[-1,1]$
值域	$[-1,1]$	$\left[-\dfrac{\pi}{2},\dfrac{\pi}{2}\right]$
图形		
奇偶性	奇函数，图形关于原点对称	奇函数，图形关于原点对称
周期性	周期函数，$T=2\pi$.	非周期函数
性质	在 $\left(-\dfrac{\pi}{2}+2k\pi,\dfrac{\pi}{2}+2k\pi\right)$，$k\in\mathbf{Z}$ 上单调增加 在 $\left(\dfrac{\pi}{2}+2k\pi,\dfrac{3\pi}{2}+2k\pi\right)$，$k\in\mathbf{Z}$ 上单调减少	单调增加

　　注：正弦函数在其整个定义区间 $(-\infty,+\infty)$ 上是不存在反函数的，这里的反正弦函数是正弦函数限制在区间 $\left[-\dfrac{\pi}{2},\dfrac{\pi}{2}\right]$ 上的反函数，因此这里反正弦函数的值域为 $\left[-\dfrac{\pi}{2},\dfrac{\pi}{2}\right]$.

表 1-2-3　余弦函数与反余弦函数表达式、图形及性质

函数	余弦函数 $y=\cos x$	反余弦函数 $y=\arccos x$
定义域	$(-\infty,+\infty)$	$[-1,1]$
值域	$[-1,1]$	$[0,\pi]$
图形		
奇偶性	偶函数，图形关于 y 轴对称	非奇非偶函数
周期性	周期函数，$T=2\pi$	非周期函数
性质	在 $(2k\pi,\pi+2k\pi)$，$k\in\mathbf{Z}$ 上单调减少 在 $(-\pi+2k\pi,2k\pi)$，$k\in\mathbf{Z}$ 上单调增加	单调减少

注：余弦函数在其整个定义区间 $(-\infty,+\infty)$ 上是不存在反函数的，这里的反余弦函数是余弦函数限制在区间 $[0,\pi]$ 上的反函数，因此这里反余弦函数的值域为 $[0,\pi]$.

表 1-2-4　正切函数与反正切函数表达式、图形及性质

函数	正切函数 $y=\tan x$	反正切函数 $y=\arctan x$
定义域	$\left\{x\,\middle|\,x\in R,x\neq k\pi+\dfrac{\pi}{2},k\in\mathbf{Z}\right\}$	$(-\infty,+\infty)$
值域	$(-\infty,+\infty)$	$\left(-\dfrac{\pi}{2},\dfrac{\pi}{2}\right)$
图形		
奇偶性	奇函数，图形关于原点对称	奇函数，图形关于原点对称
周期性	周期函数，$T=\pi$	非周期函数
性质	在每个周期内单调增加	单调增加

注：正切函数在其整个定义区间 $(-\infty,+\infty)$ 上是不存在反函数的，这里的反正切函数是正切函数限制在区间 $\left(-\dfrac{\pi}{2},\dfrac{\pi}{2}\right)$ 上的反函数，因此这里反正切函数的值域为 $\left(-\dfrac{\pi}{2},\dfrac{\pi}{2}\right)$.

表 1-2-5　余切函数与反余切函数表达式、图形及性质

函数	余切函数 $y=\cot x$	反余切函数 $y=\text{arccot}x$
定义域	$\{x\mid x\in R,x\neq k\pi,k\in \mathbf{Z}\}$	$(-\infty,+\infty)$
值域	$(-\infty,+\infty)$	$(0,\pi)$
图形		
奇偶性	奇函数，图形关于原点对称	非奇非偶函数
周期性	周期函数，$T=\pi$	非周期函数
性质	在每个周期内单调减少	单调减少

　　注：余切函数在其整个定义区间 $(-\infty,+\infty)$ 上是不存在反函数的，这里的反余切函数是余切函数限制在区间 $(0,\pi)$ 上的反函数，因此这里反余切函数的值域为 $(0,\pi)$.

1.2.4　初等函数

　　定义 1.2.3　　由常数和基本初等函数经过有限次四则运算和有限次函数复合步骤所构成的并可用一个式子表示的函数，称为初等函数（elementary function）.

　　例如，$y=\sqrt{4-x^2}$，$y=e^{\sin x}$，$y=\ln(1+x^2)$，$y=\arcsin(\cos x)$ 都是初等函数.

　　初等函数表达形式简洁、应用广泛且研究起来较为方便，因此，本书中研究的函数主要是初等函数.

习题 1.2

　　1. 设 $y=f(x)$ 的定义域为 $[0,1)$，求函数 $f(1-(\ln x)^2)$ 的定义域.

　　2. 已知 $f(x)=\begin{cases}1+x, & x<0,\\ 1, & x\geqslant 0,\end{cases}$ 求 $f(f(x))$.

　　3. 已知 $f(x)=\begin{cases}1, & |x|\leqslant 1,\\ 0, & x>1,\end{cases}$ 求 $f(f(f(x)))$.

　　4. 求下列函数的反函数.

　　(1) $y=\sqrt{9-x}$；

　　(2) $y=\dfrac{2^x}{2^x+1}$；

　　(3) $y=\begin{cases}x-1, & x<0,\\ x^2, & x\geqslant 0;\end{cases}$

　　(4) $y=\dfrac{e^x-e^{-x}}{2}$；

（5）$y=\dfrac{1+\sqrt{1-x}}{1-\sqrt{1-x}}$.

5. 已知 $f\left(\dfrac{x+1}{x-1}\right)=3f(x)-2x$，求 $f(x)$.

6. 分别讨论函数 $y=\ln(a-\sin x)$，当 $a=2$，$a=\dfrac{1}{2}$，$a=-2$ 时，是否为复合函数，如果是复合函数，写出它的定义域.

1.3　常用的经济函数

在现代经济学领域中，经济函数是研究和分析经济问题的有力工具，本节介绍几类在微积分中最简单常用的经济函数，为今后用微分和积分的知识分析经济问题奠定函数基础.

1. 需求函数

数字技术的世界

经济活动的目的在于满足人们的需求，经济理论的重要任务是分析消费需求. 消费者对商品的需求是由多种因素决定的，例如消费者收入、商品的价格、消费者的偏好等. 如果除商品的价格外，其他因素（如消费者收入等）不变或者在一定时期内变化很小，即认为其他因素对需求暂无影响，则需求量 Q_d 就是价格 P 的函数，称为需求函数（demand function），记为

$$Q_d=Q_d(P).$$

通常来说，商品价格的上涨会使需求量减少，价格的下降会使需求量增加. 因此需求函数一般都是严格单调减函数. 因为严格单调减函数一定存在反函数，设其为 $P=Q_d^{-1}$，习惯上，该函数也称为需求函数.

常用的简单需求函数有如下几种类型：

（1）线性需求函数：$Q_d=-aP+b$，其中 $a>0$，$b>0$.

（2）幂函数型需求函数：$Q_d=kP^{-a}$，其中 $k>0$，$a>0$.

（3）指数型需求函数：$Q_d=ae^{-bP}$，其中 $a>0$，$b>0$.

例 1.3.1　设某商品的线性需求函数为 $Q_d=-aP+b$，其中 $a>0$，$b>0$，P 表示价格. 求 $P=0$ 时的需求量和 $Q_d=0$ 时的价格.

解：当 $P=0$ 时，$Q_d=-a\times 0+b=b$. 当 $Q_d=0$ 时，由 $0=-aP+b$ 得 $P=\dfrac{b}{a}$.

2. 供给函数

某一商品的供给量是指在一定的价格条件下，在一定时期内生产者愿意生产并可供出售的商品量. 商品的供给量由多个因素决定，例如商品的价格、生产者对未来的预期、生产者的技术水平等. 如果除商品价格外，生产者的技术水平等其他因素在一定时期内变化很小，即认为其他因素对供给量暂无影响，则供给量 Q_s 就是价格 P 的函数，称为供给函数（supply function），记为

$$Q_s = Q_s(P).$$

通常来说，商品的供给量会随价格的上涨而增加，随价格的下降而减少，因此供给函数一般都是严格单调增加函数．

常用的简单供给函数有如下几种类型：

（1）线性供给函数：$Q_s = cP + d$，其中 $c > 0$，$d < 0$．

（2）幂函数型供给函数：$Q_s = kP^a$，其中 $k > 0$，$a > 0$．

（3）指数型供给函数：$Q_s = ae^{bP}$，其中 $a > 0$，$b > 0$．

3. 均衡价格

对某一商品而言，若需求量 Q_d 等于供给量 Q_s，即 $Q_d(P) = Q_s(P)$，则称该商品达到了市场均衡（market equilibrium）．以线性需求函数和线性供给函数为例，此时有

$$-aP + b = cP + d, \quad P = \frac{b-d}{a+c}.$$

这个价格记作 $P_0 = \dfrac{b-d}{a+c}$，称为该商品的均衡价格（equilibrium price）．图 1-3-1 给出了线性供给函数、线性需求函数和均衡价格的图形．从图 1-3-1 可以看出，均衡价格就是供给函数和需求函数所对应曲线交点的横坐标．当市场均衡时，$Q_d = Q_s = Q_0$．这里的 Q_0 也称为均衡数量．

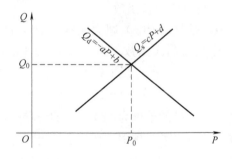

图 1-3-1　均衡价格示意图

例 1.3.2　某种商品的需求函数和供给函数分别为

$$Q_d = 200 - 10P, \quad Q_s = 50P - 40.$$

求该商品的均衡价格．

解： 由 $Q_d = Q_s$ 得 $200 - 10P = 50P - 40$，即 $60P = 240$，得 $P = 4$．即该商品的均衡价格为 4．

4. 成本函数

产品成本（cost）是指生产和销售一定数量产品所需要的总投入，产品成本包含**固定成本**（$C_{固}$）和**可变成本**（$C_{变}$）两部分．所谓固定成本，是指在一定时期内不随产品产量变化而变化的那

部分成本，如设备折旧和管理费等；而可变成本，是指随产品产量变化而变化的那部分成本，如原材料和燃料等. 一般地，成本 $C=C_{固}+C_{变}$ 表示为产量 x 的函数，称为成本函数，表达式如下：

$$C=C(x),x\geqslant0.$$

当产量 $x=0$ 时，对应的成本函数值 $C(0)$ 就是产品固定成本. 相应地，

$$\overline{C}(x)=\frac{C(x)}{x},x\geqslant0.$$

称为平均成本函数.

例 1.3.3　某工厂生产某产品，每天的固定成本为 1000 元，每生产一个产品的可变成本为 50 元，且每天最多生产 100 个产品. 求该工厂每天的总成本以及单个商品的平均成本.

解：设产量为 x，则成本函数 $C(x)=C_{固}+C_{变}=1000+50x$，$x\in[0,100]$.

单个商品的平均成本：$\overline{C}(x)=\frac{C(x)}{x}=\frac{1000+50x}{x}=50+\frac{1000}{x}$，$x\in(0,100]$.

5. 收益函数与利润函数

收益（revenue）是指销售一定数量产品所得到的全部收入，简单来说，收益就等于单位产品价格 P 与销售数量 x 的乘积. 即收益 $R(x)=Px$，称其为收益函数.

利润（profit）是收益 $R(x)$ 减去成本 $C(x)$，即利润 $L(x)=R(x)-C(x)$，称其为利润函数. 当 $L(x)>0$ 时，生产者盈利；当 $L(x)<0$ 时，生产者亏损；当 $L(x)=0$ 时，生产者盈亏平衡. 使得 $L(x)=0$ 的点 x_0 称为盈亏平衡点（break-even point）.

例 1.3.4　某商品的单价为 120 元，假设单个商品的平均成本为 80 元，商家为了促销，规定凡是购买超过 200 个商品时，超过部分按单价的九折出售，求收益函数和利润函数.

解：设销售量为 x 个，则收益函数为

$$R(x)=\begin{cases}120x, & x\leqslant200,\\120\times200+(x-200)\times120\times0.9, & x>200\end{cases}$$
$$=\begin{cases}120x, & x\leqslant200,\\2400+108x, & x>200.\end{cases}$$

由于本题假设单个商品的平均成本为 80 元，因此成本函数 $C(x)=80x$，所以利润函数为

$$L(x)=R(x)-C(x)=\begin{cases}40x, & x\leqslant200,\\2400+28x, & x>200.\end{cases}$$

6. 库存函数

设某企业在计划期 T 内，对某种原料的需求量为 Q. 由于库

存费用及资金占用等因素，一次性将全部所需原材料进货显然是不合算的，考虑均匀地分 n 次进货，每次进货批量（每批的进货量）为 $q=\dfrac{Q}{n}$，进货的间隔（周期）为 $t=\dfrac{T}{n}$．假定单位原料单位时间的储存费用为 C_1，每次进货费用为 C_2．由于考虑的是均匀进货，因此每次进货量相同，进货的时间间隔相同．进一步假设原料的消耗是匀速的，则平均库存为 $\dfrac{q}{2}$，即批量的一半（在本书第 4 章的第 4.6.2 小节还会详细解释平均库存与批量的这一关系）．因此，在时间 T 内的总的库存费用 E 可表示为

$$E=C_1 T\frac{q}{2}+C_2 n=C_1 T\frac{Q}{2n}+C_2 n.$$

式中，$C_1 T\dfrac{Q}{2n}$ 为储存费用；$C_2 n$ 为进货费用．

习题 1.3

1. 某商家向养鸡场采购鸡蛋．

（1）已知鸡蛋的收购价为每千克 5 元时，每月能收购 5000kg，若收购价每千克提高 0.1 元，则每月收购量可增加 500kg，求鸡蛋的线性供给函数．

（2）已知鸡蛋的销售价为每千克 8 元时，每月能销售 5000kg，若销售价每千克降低 0.5 元，则每月销售量可增加 500kg，求鸡蛋的线性需求函数．

（3）求鸡蛋的均衡价格 P_0 和均衡数量 Q_0．

2. 某厂生产录音机的成本为每台 50 元，预计当以每台 x 元的价格卖出时，消费者每月购买（$200-x$）台，请将该厂的利润表达为价格 x 的函数．

3. 某商场以每件 a 元的价格出售某种商品，若顾客一次购买 50 件以上，则超出 50 件以上的以每件 $0.8a$ 元的优惠价出售，试将一次成交的销售收入表示成销售量 x 的函数．

4. 某厂生产的游戏机每台可卖 110 元，固定成本为 7500 元，可变成本为每台 60 元．

（1）要卖掉多少台游戏机，厂家才可保本（收回投资）？

（2）卖掉 100 台的话，厂家盈利或亏损了多少？

（3）要获得 1250 元利润，需要卖多少台？

第 2 章
极限与连续

极限（limit）是研究函数变化性态的最基本概念，微积分中的重要概念如微分、积分、级数等都是建立在极限概念基础之上的．因此，正确理解极限概念，熟练掌握极限运算法则，对学习微积分是非常重要的．本章将介绍数列的极限、函数的极限、极限的运算法则以及连续函数的定义与性质等内容．

在本章的学习过程中，大家需要学会用极限的定义来证明数列和函数的极限，掌握一些计算极限的方法和技巧，同时还需要学会如何研究函数在某点的连续性．

2.1 数列的极限

2.1.1 引例

极限的思想是在探求某些实际问题的精确解过程中产生的．例如，我国古代数学家刘徽提出的"割圆术"，就是用圆内接正多边形来探求圆面积精确值的方法．其过程大致如图 2-1-1 所示．

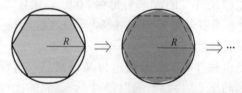

图 2-1-1 割圆术过程示意图

从半径为 R 的圆内接正六边形开始割圆，依次得正 12 边形，正 24 边形，$\cdots$，正六边形面积记作 A_1，正 12 边形面积记作 A_2，正 24 边形面积记作 A_3，$\cdots$，正 $6 \times 2^{n-1}$ 边形面积记作 A_n，$n=1,2,\cdots$，这样就得到了圆内接正多边形面积序列：

$$A_1, A_2, \cdots, A_n, \cdots$$

该序列记作 $\{A_n\}$．直观来看，n 越大，正 $6 \times 2^{n-1}$ 边形面积与圆面积之差就越小．若 n 无限增大，正 $6 \times 2^{n-1}$ 边形的面积就会无限接近圆的面积．用刘徽的原话来说，就是"割之弥细，所失弥少，割之又割，以至于不可割，则与圆周合体而无所失矣．"因此，刘徽"割圆术"的思想本质就是极限的思想．

相应地，对于圆内接正多边形面积构成的序列 $\{A_n\}$ 而言，随着 n 的无限增大（记作：$n\to\infty$，读作：n 趋于无穷），A_n 会无限接近某一确定的数值（圆的面积），这个数值就称为序列 $\{A_n\}$ 当 $n\to\infty$ 时的极限．换句话说，圆的面积就是圆内接正 $6\times 2^{n-1}$ 边形面积当 $n\to\infty$ 时的极限．

为了给出数列极限的严格定义，先来介绍数列的有关概念．

2.1.2　数列与数列极限的概念

定义 2.1.1　　按一定规律排列的无穷多个数，

$$x_1, x_2, \cdots, x_n, \cdots$$

称为无穷数列，简称数列，记作 $\{x_n\}$，数列中的每个数称为数列的项，x_n 称为数列的第 n 项或通项，n 称为 x_n 的下标．

例如，

$\left\{\dfrac{1}{n}\right\}$：$1, \dfrac{1}{2}, \cdots, \dfrac{1}{n}, \cdots$．

$\left\{\dfrac{1}{2^n}\right\}$：$\dfrac{1}{2}, \dfrac{1}{4}, \cdots, \dfrac{1}{2^n}, \cdots$．

$\{(-1)^{n+1}\}$：$1, -1, 1, \cdots, (-1)^{n+1}, \cdots$．

$\left\{\dfrac{n+(-1)^{n-1}}{n}\right\}$：$2, \dfrac{1}{2}, \dfrac{4}{3}, \cdots, \dfrac{n+(-1)^{n-1}}{n}, \cdots$．

事实上，数列可看作函数在正整数点的取值，因此也称为整标函数，$x_n = f(n)$．

在正式介绍数列极限的定义之前，我们先对数列的极限做一些直观的了解．有些数列，当 n 无限增大时，x_n 可以无限地接近某个常数 A．如数列 $\left\{1+\dfrac{(-1)^{n-1}}{n}\right\}$，该数列的项依次是：$2, \dfrac{1}{2}$，$\dfrac{4}{3}, \dfrac{3}{4}, \dfrac{6}{5}, \dfrac{5}{6}, \dfrac{8}{7}, \dfrac{7}{8}, \cdots$．可以发现，当 n 无限增大时，x_n 可以无限接近 1．如图 2-1-2 所示．这种情况下，将这个常数 1 称为数列的极限．记作：$\lim\limits_{n\to\infty} x_n = 1$，或 $x_n \to 1(n\to\infty)$．

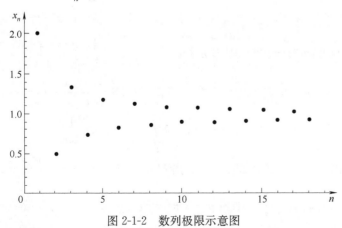

图 2-1-2　数列极限示意图

事实上，这里的"无限接近"是不明确的，因此，需要用明确的数学语言来刻画它，从而才能给出数列极限的严格定义.

此外，为什么要给出极限的严格定义呢？这是因为，若极限没有严格的定义，仅仅靠直观的感觉，在某些情况下，尽管是可以用的，得出的结论也可能是正确的，但是有可能导致错误. 这方面，17 世纪的一些大数学家都犯过错误，这些在今后学习级数时会有所介绍.

那么，如何给出数列极限的严格定义呢？

仍然以数列 $\left\{1+\dfrac{(-1)^{n-1}}{n}\right\}$ 为例，如果任取 $\varepsilon>0$，取定之后，在极限值 1 的上方与下方各做一条与 1 等距离的直线 $1+\varepsilon$ 与 $1-\varepsilon$，如图 2-1-3 所示. 可以发现，不论所取的正数 ε 有多小，总能在数轴上找到一点 N（这里 N 是正数，但不必要求其一定是整数），使得在这个点的右侧数列 $\{x_n\}$ 对应的点，完全位于直线 $1+\varepsilon$ 与 $1-\varepsilon$ 所夹的水平区域内，即这些点与极限值 1 的距离小于取定的 ε.

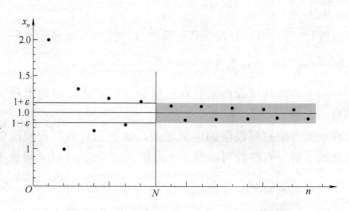

图 2-1-3　数列极限中无限接近的几何解释

用数学语言来表示，就是：$\forall\varepsilon>0$，$\exists N>0$，使得当 $n>N$ 时，恒有 $|x_n-1|<\varepsilon$.

例如，若给定 $\varepsilon=\dfrac{1}{100}$，由于 $|x_n-1|=\left|1+\dfrac{(-1)^{n-1}}{n}-1\right|=\dfrac{1}{n}$，只要取 $N=100$，则当 $n>N$ 时，恒有 $|x_n-1|<\dfrac{1}{100}$.

若给定 $\varepsilon=\dfrac{1}{1000}$，由于 $|x_n-1|=\left|1+\dfrac{(-1)^{n-1}}{n}-1\right|=\dfrac{1}{n}$，只要取 $N=1000$，则当 $n>N$ 时，恒有 $|x_n-1|<\dfrac{1}{1000}$.

因此，对任意给定的 $\varepsilon>0$，由于 $|x_n-1|=\left|1+\dfrac{(-1)^{n-1}}{n}-1\right|=\dfrac{1}{n}$，只要取 $N=\dfrac{1}{\varepsilon}$，则当 $n>N$ 时，恒有 $|x_n-1|<\varepsilon$.

这恰好就描述了数列 $\left\{1+\dfrac{(-1)^{n-1}}{n}\right\}$ 与其极限值 1 之间的"无限接近". 因此,我们对数列极限定义如下:

定义 2.1.2　如果对于任意给定的正数 ε(不论它多么小),总存在正数 N,使得对于 $n>N$ 时的一切 x_n,不等式 $|x_n-A|<\varepsilon$ 都成立,那么就称常数 A 是数列 $\{x_n\}$ 的极限,或者称数列 $\{x_n\}$ 收敛于 A,记为 $\lim\limits_{n\to\infty}x_n=A$ 或者 $x_n\to A(n\to\infty)$. 否则,就称数列没有极限,或者称数列发散.

定义 2.1.2 也可以用如下更为简洁的等价形式描述,并称之为数列极限的 $\varepsilon-N$ 定义.

定义 2.1.3　(**数列极限的 $\varepsilon-N$ 定义**)　$\lim\limits_{n\to\infty}x_n=A$ 的充分必要条件是 $\forall\varepsilon>0$,$\exists N>0$,使得 $n>N$ 时,恒有 $|x_n-A|<\varepsilon$.

数列 $\{x_n\}$ 收敛于 A,即 $\lim\limits_{n\to\infty}x_n=A$ 的几何意义可用图 2-1-4 解释:不论任意给定的正数 ε 有多么小,总可以依据这个给定的 ε,找到一个 N,使得所有的 $x_n(n>N)$ 都在图 2-1-4 中所示的带形区域(阴影部分)内,即与 A 的距离 $|x_n-A|$ 小于给定的 ε.

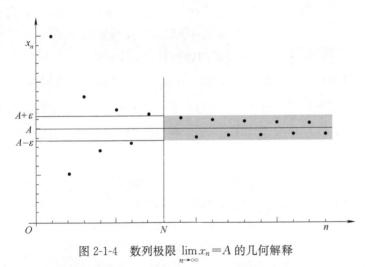

图 2-1-4　数列极限 $\lim\limits_{n\to\infty}x_n=A$ 的几何解释

注 1:定义 2.1.3 中的不等式 $|x_n-A|<\varepsilon$ 刻画了 x_n 与极限值 A 的无限接近.

注 2:N 与任意给定的正数 ε 有关,且并不唯一.

注 3:数列极限的定义中并未给出求极限的方法.

为了更好地掌握数列极限的定义,我们看两个用 $\varepsilon-N$ 定义证明数列极限的例子.

例 2.1.1　设 $x_n=\dfrac{1}{n^2}$,证明 $\lim\limits_{n\to\infty}x_n=0$.

证明:$\forall\varepsilon>0$,要使 $|x_n-0|<\varepsilon$,即 $\left|\dfrac{1}{n^2}-0\right|<\varepsilon$,只需要 $n^2>$

$\frac{1}{\varepsilon}$，也即只需 $n>\sqrt{\frac{1}{\varepsilon}}$．因此，取 $N=\sqrt{\frac{1}{\varepsilon}}$，则当 $n>N$ 时，恒有 $|x_n-0|=\left|\frac{1}{n^2}-0\right|<\varepsilon$．所以，$\lim\limits_{n\to\infty}x_n=0$．

例 **2.1.2**　设 $x_n=\frac{n^2+1}{2n^2+n+3}$，证明 $\lim\limits_{n\to\infty}x_n=\frac{1}{2}$．

证明： 因为 $\left|\frac{n^2+1}{2n^2+n+3}-\frac{1}{2}\right|=\left|\frac{2n^2+2-2n^2-n-3}{4n^2+2n+6}\right|=\frac{n+1}{4n^2+2n+6}\leqslant\frac{n+n}{4n^2}=\frac{1}{2n}$，所以，$\forall\varepsilon>0$，要使 $\left|x_n-\frac{1}{2}\right|<\varepsilon$，只需要 $\frac{1}{2n}<\varepsilon$，也即只需要 $n>\frac{1}{2\varepsilon}$．因此，取 $N=\frac{1}{2\varepsilon}$，则当 $n>N$ 时，恒有 $\left|x_n-\frac{1}{2}\right|=\left|\frac{n^2+1}{2n^2+n+3}-\frac{1}{2}\right|<\varepsilon$．所以，$\lim\limits_{n\to\infty}x_n=\frac{1}{2}$．

2.1.3　数列极限的性质

这里介绍数列极限的性质．

1. 数列极限的唯一性

首先考虑一个问题，若数列 $\{x_n\}$ 有极限，那么这个数列的极限是不是唯一的呢？对这个问题的回答是肯定的．即：

定理 **2.1.1**　每个收敛的数列只有一个极限．

证明： 设 $\lim\limits_{n\to\infty}x_n=a$，同时 $\lim\limits_{n\to\infty}x_n=b$，结合数列极限的定义，$\forall\varepsilon>0$，因为 $\lim\limits_{n\to\infty}x_n=a$，所以，$\exists N_1$，使得当 $n>N_1$ 时，恒有 $|x_n-a|<\varepsilon$．又因为 $\lim\limits_{n\to\infty}x_n=b$，所以，$\exists N_2$，使得当 $n>N_2$ 时，恒有 $|x_n-b|<\varepsilon$．

取 $N=\max\{N_1,N_2\}$，则当 $n>N$ 时，一定有

$$|a-b|=|(x_n-b)-(x_n-a)|\leqslant|x_n-a|+|x_n-b|<\varepsilon+\varepsilon=2\varepsilon.$$

也就是说，不论取多么小的 ε，该不等式都成立．而 a,b 又是定值，因此只有 $a=b$ 时才有可能．故收敛数列的极限唯一．

2. 数列极限的有界性

定义 **2.1.4**　数列 $\{x_n\}$ 称为有界数列，如果存在 $M>0$，使得对一切的 n，都有 $|x_n|\leqslant M$．

注 1：$|x_n|\leqslant M$ 等价于 $-M\leqslant x_n\leqslant M$，即数列 $\{x_n\}$ 的所有项均介于 $-M$ 和 M 之间．

注 2：对有界数列而言，使得 $|x_n|\leqslant M$ 成立的 M 并不唯一．

注 3：既然数列可以看作整标函数，即 $f(n)=x_n,n=1,2,\cdots$，因此函数有界、有上界、有下界的定义同样适用于数列有界、有上界、有下界的情形．

例如，数列 $\{x_n\}=\left\{\frac{n}{n+1}\right\}$ 是有界数列，因为可以取 $M=1$，

使得对一切的 n，都有 $|x_n| \leqslant M$. 当然取 $M = 2$ 也是可以的.

又如，数列 $\{x_n\} = \{2^n\}$ 是无界数列，因为找不到使对一切 n，$|x_n| \leqslant M$ 都成立的 M.

那么，一个数列有极限和这个数列有界之间是什么关系呢?

　定理 2.1.2　若数列 $\{x_n\}$ 有极限，则 $\{x_n\}$ 必是有界数列. 即如果 $\lim\limits_{n \to \infty} x_n = A$，则存在 $M > 0$，使得对一切的 n，都有 $|x_n| \leqslant M$.

　证明： 因为 $\lim\limits_{n \to \infty} x_n = A$，即 $\forall \varepsilon > 0$，$\exists N(\varepsilon) > 0$，当 $n > N$ 时，恒有 $|x_n - A| < \varepsilon$. 所以，不妨取 $\varepsilon = 1$，则 $\exists N_1 > 0$，当 $n > N_1$ 时，恒有 $|x_n - A| < 1$. 因此，

$$|x_n| = |x_n - A + A| \leqslant |x_n - A| + |A| < 1 + |A|, n > N_1.$$

取 $M = \max\{x_1, x_2, \cdots, x_{N_1}, 1 + |A|\}$，显然，对于一切 n，都有 $|x_n| \leqslant M$. 即数列 $\{x_n\}$ 是有界数列.

　注： 定理 2.1.2 说明，收敛的数列必定是有界数列. 但反之未必成立，也就是说有界数列未必是收敛的数列.

　例 2.1.3　已知 $x_n = (-1)^n$，证明数列 $\{x_n\}$ 是有界数列，但不是收敛的数列.

　证明： 由于数列 $\{x_n\} = \{-1, 1, -1, 1, \cdots\}$，因此不妨取 $M = 2$，则使得对一切的 n，都有 $|x_n| \leqslant M$. 这说明数列 $\{x_n\}$ 是有界数列. 以下用反证法来说明该数列是发散的.

假设其收敛，即 $\lim\limits_{n \to \infty} x_n = A$，则 $\forall \varepsilon > 0$，$\exists N(\varepsilon) > 0$，当 $n > N$ 时，恒有 $|x_n - A| < \varepsilon$. 现取一特殊的 $\varepsilon = \dfrac{1}{2}$，则 $\exists N_1 > 0$，当 $n > N_1$ 时，恒有 $|x_n - A| < \dfrac{1}{2}$，即 $x_n \in \left(A - \dfrac{1}{2}, A + \dfrac{1}{2}\right)$. 然而该区间的区间长度为 1，也就是说当 $n > N_1$ 时，所有的 x_n 都属于一个区间长度为 1 的开区间. 然而事实上，$\{x_n\} = \{-1, 1, -1, 1, \cdots\}$，该数列反复取 $1, -1$ 这两个数，二者的差为 2，因此，x_n 不可能都属于长度为 1 的区间. 所以，该数列是发散的.

在数列 $\{x_n\}$ 中，保持原有的顺序，依次取出无穷多项构成的新数列称为数列 $\{x_n\}$ 的子列. 例如，数列 $x_2, x_4, x_6, \cdots, x_{2k}, \cdots$，以及数列 $x_1, x_4, x_7, \cdots, x_{3k-2}, \cdots$，都是数列 $\{x_n\}$ 的子列.

子列一般记作 $\{x_{n_k}\}$：$x_{n_1}, x_{n_2}, \cdots, x_{n_k}, \cdots$.

由子列的定义和数列极限的定义，可知以下定理成立：

　定理 2.1.3　若数列 $\{x_n\}$ 的极限为 A，则 $\{x_n\}$ 的任一子列 $\{x_{n_k}\}$ 也必有极限，且极限值也为 A.

定理 2.1.3 表明：

(1) 若某一数列收敛，则其任意子列收敛，且收敛到相同的值.

（2）若仅知道数列 $\{x_n\}$ 的某一子列收敛，则无法判断原数列 $\{x_n\}$ 是否收敛.

（3）若能够找到数列 $\{x_n\}$ 的一个发散的子列，则一定可以断言原数列 $\{x_n\}$ 发散.

（4）若能够找到数列 $\{x_n\}$ 的两个收敛子列，但二者极限值不同，则一定可以断言原数列 $\{x_n\}$ 发散.

例如，数列 $\{(-1)^n\}$，易知 $\{-1,-1,-1,\cdots\}$ 以及 $\{1,1,1,\cdots\}$ 是它的两个子列，但这两个子列分别收敛到 -1 和 1，因此原数列 $\{(-1)^n\}$ 发散.

2.1.4　数列收敛的准则

为了更加方便地判断某个数列是否收敛，本节将介绍两种判断数列收敛的准则.

设 $\{x_n\}$ 为一数列，如果 $x_n \leqslant x_{n+1},(n=1,2,\cdots)$，则称数列 $\{x_n\}$ 为单调增加数列；如果 $x_n \geqslant x_{n+1},(n=1,2,\cdots)$，则称数列 $\{x_n\}$ 为单调减少数列. 单调增加数列和单调减少数列统称为单调数列.

以下不加证明地给出第一个判断数列收敛的准则：

定理 2.1.4　（单调有界准则）　单调增加且有上界的数列必收敛，单调减少且有下界的数列必收敛.

注：由于数列是否收敛与该数列的前有限项没有关系，因此单调有界准则中只需要数列从某一项开始具有单调性，同样可以借助有界性得出数列收敛的结论.

下面看一个利用单调有界准则判定数列极限存在并计算其极限的例子.

例 2.1.4　设有数列 $\{x_n\}$，其中 $x_1=\sqrt{6},x_2=\sqrt{6+x_1},\cdots$，$x_n=\sqrt{6+x_{n-1}},\cdots$. 求 $\lim\limits_{n\to\infty}x_n$.

解：用数学归纳法证明该数列单调递增以及证明该数列有界.

因为显然有 $x_2>x_1$，假设 $x_n>x_{n-1}$，则有：$x_{n+1}=\sqrt{6+x_n}>\sqrt{6+x_{n-1}}=x_n$，这说明数列 $\{x_n\}$ 为单调增加数列.

同理，因为 $x_1=\sqrt{6}<3$，假设 $x_n<3$，则有：$x_{n+1}=\sqrt{6+x_n}<\sqrt{6+3}=3$，这说明数列 $\{x_n\}$ 为有上界数列. 利用数列收敛的单调有界准则可知，$\lim\limits_{n\to\infty}x_n$ 存在.

设 $\lim\limits_{n\to\infty}x_n=A$，容易证明 $\lim\limits_{n\to\infty}x_n^2=A^2$，且 $\lim\limits_{n\to\infty}(6+x_{n-1})=6+A$. 这样，利用递推关系，$x_n=\sqrt{6+x_{n-1}}$，即 $x_n^2=6+x_{n-1}$，等式两边同时取极限，可得

$$\lim_{n\to\infty}x_n^2=\lim_{n\to\infty}(6+x_{n-1}),$$

即 $A^2=6+A$，解得：$A=3$ 或 $A=-2$(舍)．所以，$\lim\limits_{n\to\infty}x_n=3$.

例 2.1.5　设 $x_n=\left(1+\dfrac{1}{n}\right)^n$，证明数列 $\{x_n\}$ 存在极限.

证明： 由二项式展开公式 $(a+b)^n=\mathrm{C}_n^0a^nb^0+\mathrm{C}_n^1a^{n-1}b^1+\cdots+$
$\mathrm{C}_n^ma^{n-m}b^m+\cdots+\mathrm{C}_n^na^0b^n$，其中 $\mathrm{C}_n^m=\dfrac{n(n-1)\cdots(n-m+1)}{m!}$ 有

$$
\begin{aligned}
x_n &=\left(1+\frac{1}{n}\right)^n\\
&=1+n\cdot\frac{1}{n}+\frac{n(n-1)}{2!}\cdot\frac{1}{n^2}+\cdots+\frac{n(n-1)(n-2)\cdots1}{n!}\cdot\frac{1}{n^n}\\
&=1+1+\frac{1}{2!}\left(1-\frac{1}{n}\right)+\cdots+\frac{1}{n!}\left(1-\frac{1}{n}\right)\left(1-\frac{2}{n}\right)\cdots\left(1-\frac{n-1}{n}\right).
\end{aligned}
$$

$$
\begin{aligned}
x_{n+1} &=\left(1+\frac{1}{n+1}\right)^{n+1}\\
&=1+1+\frac{1}{2!}\left(1-\frac{1}{n+1}\right)+\cdots+\\
&\quad\frac{1}{n!}\left(1-\frac{1}{n+1}\right)\left(1-\frac{2}{n+1}\right)\cdots\left(1-\frac{n-1}{n+1}\right)+\\
&\quad\frac{1}{(n+1)!}\left(1-\frac{1}{n+1}\right)\left(1-\frac{2}{n+1}\right)\cdots\left(1-\frac{n}{n+1}\right).
\end{aligned}
$$

比较 x_n 和 x_{n+1} 的表达式，可以发现，x_n 共有 $n+1$ 项，x_{n+1} 共有 $n+2$ 项，显然，x_{n+1} 不仅比 x_n 多一项，而且 x_{n+1} 自第 3 项之后的每一项都比 x_n 中对应的项大，因此 $x_n<x_{n+1}$．所以数列 $\{x_n\}$ 为单调增加数列．另外，

$$
\begin{aligned}
x_n &=\left(1+\frac{1}{n}\right)^n\\
&=1+1+\frac{1}{2!}\left(1-\frac{1}{n}\right)+\cdots+\frac{1}{n!}\left(1-\frac{1}{n}\right)\left(1-\frac{2}{n}\right)\cdots\left(1-\frac{n-1}{n}\right)\\
&<1+1+\frac{1}{2!}+\cdots+\frac{1}{n!}\\
&<1+1+\frac{1}{1\times2}+\frac{1}{2\times3}+\cdots+\frac{1}{(n-1)n}\\
&=3-\frac{1}{n}\\
&<3.
\end{aligned}
$$

即数列 $\{x_n\}$ 为有上界数列．利用数列的单调有界准则可知，数列 $\{x_n\}$ 一定收敛，即存在极限.

特别地，将该极限记作 e，即

$$
\lim_{n\to\infty}\left(1+\frac{1}{n}\right)^n=\mathrm{e}.
$$

定理 2.1.5　**（夹逼准则）** 设数列 $\{x_n\},\{y_n\},\{z_n\}$ 满足下列条件：

(1) $x_n\leqslant y_n\leqslant z_n$，$n>n_0\in\mathbf{Z}_+$；

(2) $\lim_{n\to\infty} x_n = A$，$\lim_{n\to\infty} z_n = A$.

则数列 $\{y_n\}$ 极限存在，且 $\lim_{n\to\infty} y_n = A$.

证明： $\forall \varepsilon > 0$，因为 $\lim_{n\to\infty} x_n = A$，则 $\exists N_1$，使得当 $n > N_1$ 时，恒有 $|x_n - A| < \varepsilon$，即 $A - \varepsilon < x_n < A + \varepsilon$；又因为 $\lim_{n\to\infty} z_n = A$，则对上述 ε，$\exists N_2$，使得当 $n > N_2$ 时，恒有 $|z_n - A| < \varepsilon$，即 $A - \varepsilon < z_n < A + \varepsilon$. 因此，取 $N = \max\{N_1, N_2\}$，则当 $n > N$ 时，恒有 $A - \varepsilon < x_n \leqslant y_n \leqslant z_n < A + \varepsilon$，即 $A - \varepsilon < y_n < A + \varepsilon$，也就是 $|y_n - A| < \varepsilon$，即 $\{y_n\}$ 极限存在，且 $\lim_{n\to\infty} y_n = A$.

例 2.1.6 求极限 $\lim_{n\to\infty} \sqrt[n]{1 + \dfrac{1}{n}}$.

解： $\forall n > 1$，显然有 $1 \leqslant \sqrt[n]{1 + \dfrac{1}{n}} \leqslant 1 + \dfrac{1}{n}$，而 $\lim_{n\to\infty} 1 = 1$，$\lim_{n\to\infty} \left(1 + \dfrac{1}{n}\right) = 1$. 因此，由夹逼准则得 $\lim_{n\to\infty} \sqrt[n]{1 + \dfrac{1}{n}} = 1$.

例 2.1.7 求极限 $\lim_{n\to\infty} \dfrac{n!}{n^n}$.

解： 因为 $\dfrac{n!}{n^n} = \dfrac{n \cdot (n-1) \cdot (n-2) \cdot \cdots \cdot 1}{n \cdot n \cdot n \cdot \cdots \cdot n}$，显然有

$$0 \leqslant \frac{n \cdot (n-1) \cdot (n-2) \cdot \cdots \cdot 1}{n \cdot n \cdot n \cdot \cdots \cdot n} = \frac{n}{n} \cdot \frac{n-1}{n} \cdot \frac{n-2}{n} \cdot \cdots \cdot \frac{1}{n} \leqslant \frac{1}{n},$$

而 $\lim_{n\to\infty} 0 = 0$，$\lim_{n\to\infty} \dfrac{1}{n} = 0$. 所以，由夹逼准则得：$\lim_{n\to\infty} \dfrac{n!}{n^n} = 0$.

利用夹逼准则不仅可以证明某数列的极限存在，还能够求出该极限. 通过例 2.1.6 和例 2.1.7，我们发现应用夹逼准则的关键在于分别找到比已知数列小的数列以及比已知数列大的数列，且需要保证找到的两个数列的极限相同. 因此，记住一些常用的数列极限无疑对使用夹逼准则大有帮助.

以下列出了一些常用的数列极限，大家需要记住并能够灵活应用：

$$\lim_{n\to\infty} \frac{1}{n^k} = 0 (k > 0), \quad \lim_{n\to\infty} a^n = 0 (|a| < 1), \quad \lim_{n\to\infty} \frac{a^n}{n!} = 0 (a \in \mathbf{R}),$$

$$\lim_{n\to\infty} \sqrt[n]{a} = 1 (a > 0), \quad \lim_{n\to\infty} \sqrt[n]{n} = 1.$$

习题 2.1

1. 用数列极限定义证明下列极限.

(1) $\lim_{n\to\infty} \dfrac{n+1}{2n+1} = \dfrac{1}{2}$；　　　　(2) $\lim_{n\to\infty} (\sqrt{n+1} - \sqrt{n}) = 0$；

(3) $\lim_{n\to\infty} \dfrac{4n^2 + 3}{n^2 - n + 1} = 4$；　　　　(4) $\lim_{n\to\infty} \dfrac{2n + (-1)^n}{n} = 2$.

2. 证明数列 $\{x_n\}=\left\{(-1)^n\dfrac{n+1}{n}\right\}$ 是发散的.

3. 证明数列 $x_1=\sqrt{2}$，$x_2=\sqrt{2+\sqrt{2}}$，$x_3=\sqrt{2+\sqrt{2+\sqrt{2}}}$，$\cdots$，$x_{n+1}=\sqrt{2+x_n}$，$\cdots$ 的极限存在并求 $\lim\limits_{n\to\infty}x_n$.

4. 利用数列极限存在准则证明 $\lim\limits_{n\to\infty}(1+2^n+3^n)^{\frac{1}{n}}=3$.

2.2　函数的极限

数列 $\{x_n\}$ 的极限 $\lim\limits_{n\to\infty}x_n=A$，是指当 $n\to\infty$ 时，$x_n\to A$. 由于数列是定义在正整数集上的整标函数 $x_n=f(n)$，$n\in\mathbf{Z}_+$，因此数列 $\{x_n\}$ 的极限研究的就是当自变量 n 离散地趋于正无穷时，函数值 $f(n)$ 是否无限接近某个常数 A. 那么对于一个定义在某个区间上的函数 $f(x)$，当自变量 x 在定义区间上连续变化时，函数值 $f(x)$ 是否无限接近某个常数 A 呢？这就是本节要介绍的函数的极限.

数列极限与函数极限的主要区别在于自变量变化的形式上，前者自变量 n 是离散地变化，后者自变量 x 是连续地变化.

由于函数极限中的自变量是连续地变化，这就决定了讨论函数的极限问题时，不仅要讨论自变量 x 趋于无穷大时函数的极限，还需要讨论自变量 x 趋于有限值时函数的极限.

2.2.1　自变量 x 趋于无穷大时函数的极限

自变量 x 趋于无穷大包括三种情况：① x 趋于正无穷大，记作 $x\to+\infty$，是指 x 沿着 x 轴的正向趋于无穷大；② x 趋于负无穷大，记作 $x\to-\infty$，是指 x 沿着 x 轴的负向趋于无穷大；③ x 趋于无穷大，记作 $x\to\infty$，是指 x 沿着 x 轴的正向和负向都趋于无穷大.

1. $x\to+\infty$ 时，函数极限的定义

由于 x 趋于正无穷与 n 趋于正无穷的不同之处只是 n 是离散变化，而 x 是在某区间 $[a,+\infty)$ 内连续变化，但趋势都是趋于正无穷，因而，x 趋于正无穷时，函数 $f(x)$ 极限的定义与数列极限的定义是类似的. 直观上，在 x 趋于 $+\infty$ 这个过程下，若函数 $f(x)$ 无限接近某个常数 A，则称 A 是函数 $f(x)$ 当 x 趋于 $+\infty$ 时的极限.

在 x 趋于 $+\infty$ 这个过程下，函数极限严格数学定义的关键在于对 x 趋于 $+\infty$，以及 $f(x)$ 无限接近 A 的数学刻画. 类比于数列的极限，函数在 x 趋于 $+\infty$ 这个过程下的极限定义如下：

定义 2.2.1　设 $y=f(x)$ 是区间 $[a,+\infty)$ 上的函数，A

是一个常数，若对于任意给定的 $\varepsilon>0$，存在一个正数 X，使得当 $x>X$ 时，恒有 $|f(x)-A|<\varepsilon$. 则称常数 A 为函数 $f(x)$ 当 x 趋于 $+\infty$ 时的极限，记作

$$\lim_{x\to+\infty} f(x)=A,$$

或者

$$f(x)\to A(x\to+\infty).$$

用数学语言可将定义 2.2.1 简洁描述如下，也称为函数极限的 $\varepsilon-X$ 定义：

$$\lim_{x\to+\infty} f(x)=A \Leftrightarrow \forall\varepsilon>0, \exists X>0,$$ 当 $x>X$ 时，恒有 $|f(x)-A|<\varepsilon$.

从几何意义上来看，$\lim\limits_{x\to+\infty} f(x)=A$ 的意义表现在：对于任意给定的 $\varepsilon>0$，不论它有多么小，都可以依据这个给定的 ε，作两条直线 $y=A+\varepsilon$ 和 $y=A-\varepsilon$. 则总存在正数 X，使得当 $x>X$ 时，函数 $y=f(x)$ 的图形都位于直线 $y=A+\varepsilon$ 和 $y=A-\varepsilon$ 之间，如图 2-2-1 所示. 从图形来看，当 $x>X$ 时，函数 $y=f(x)$ 的图像完全落在以直线 $y=A$ 为中心线、宽为 2ε 的带形区域内.

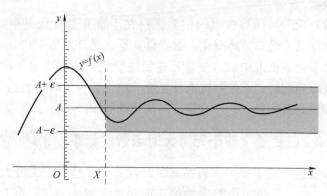

图 2-2-1   当 $x\to+\infty$ 时函数极限的几何意义

例 2.2.1   证明 $\lim\limits_{x\to+\infty} \dfrac{\sin x}{x}=0$.

证明： $\forall\varepsilon>0$，要使 $\left|\dfrac{\sin x}{x}-0\right|<\varepsilon$，即 $\left|\dfrac{\sin x}{x}\right|<\varepsilon$，由于 $|\sin x|\leqslant 1$，即 $\left|\dfrac{\sin x}{x}\right|\leqslant \dfrac{1}{x}$，因此只要使 $\left|\dfrac{1}{x}\right|<\varepsilon$ 即可. 为此，取 $X=\dfrac{1}{\varepsilon}$，则当 $x>X$ 时，一定恒有 $|f(x)-A|<\varepsilon$. 故 $\lim\limits_{x\to+\infty} \dfrac{\sin x}{x}=0$.

用同样的方法，我们还可以证明 $\lim\limits_{x\to+\infty} e^{-x}=0$，以及 $\lim\limits_{x\to+\infty} \arctan x=\dfrac{\pi}{2}$. 这些函数的图像（图 2-2-2 至图 2-2-4）也反映了当 $x\to+\infty$ 时函数的极限.

2. $x\to-\infty$ 时，函数极限的定义

由于 $x\to-\infty$ 等价于 $-x\to+\infty$，因此 $x\to-\infty$ 时，函数的极

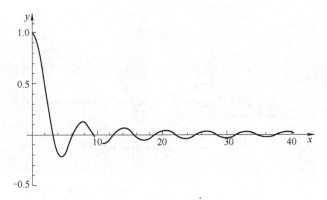

图 2-2-2　函数 $f(x) = \dfrac{\sin x}{x}$ 的图像

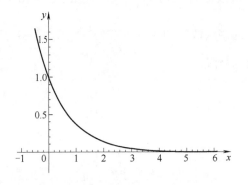

图 2-2-3　函数 $y = e^{-x}$ 的图像

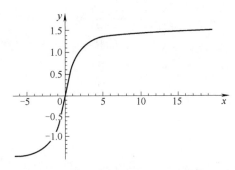

图 2-2-4　函数 $y = \arctan x$ 的图像

限可按如下定义：

定义 2.2.2　设 $y = f(x)$ 是区间 $(-\infty, b]$ 上的函数，A 是一个常数，若对于任意给定的 $\varepsilon > 0$，存在一个正数 X，使得当 $x < -X$ 时，恒有 $|f(x) - A| < \varepsilon$. 则称常数 A 为函数 $f(x)$ 当 x 趋于 $-\infty$ 时的极限，记作

$$\lim_{x \to -\infty} f(x) = A,$$

或者

$$f(x) \to A\,(x \to -\infty).$$

用数学语言可将定义 2.2.2 简洁描述如下，同样也称为函数极限的 $\varepsilon - X$ 定义：

$\lim\limits_{x \to -\infty} f(x) = A \Leftrightarrow \forall \varepsilon > 0$，$\exists X > 0$，当 $x < -X$ 时，恒有 $|f(x) - A| < \varepsilon$.

从几何意义上来看，$\lim\limits_{x \to -\infty} f(x) = A$ 的意义表现在：对于任意给定的 $\varepsilon > 0$，不论它有多么小，我们都可以依据这个给定的 ε，作两条直线 $y = A + \varepsilon$ 和 $y = A - \varepsilon$. 则总存在正数 X，使得当 $x < -X$ 时，函数 $y = f(x)$ 的图像都位于直线 $y = A + \varepsilon$ 和 $y = A - \varepsilon$ 之间，如图 2-2-5 所示. 从图形来看，当 $x < -X$ 时，函数 $y = f(x)$ 的图形完全落在以直线 $y = A$ 为中心线、宽为 2ε 的带形区域内.

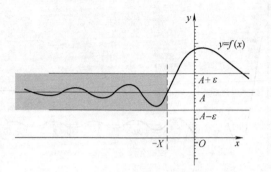

图 2-2-5　当 $x \to -\infty$ 时函数极限的几何意义

与例 2.2.1 类似，我们可以证明 $\lim\limits_{x \to -\infty} \dfrac{\sin x}{x} = 0$，$\lim\limits_{x \to -\infty} e^x = 0$，以及 $\lim\limits_{x \to -\infty} \arctan x = -\dfrac{\pi}{2}$．这些函数的图像（图 2-2-6 至图 2-2-8）也反映了当 $x \to -\infty$ 时函数的极限．

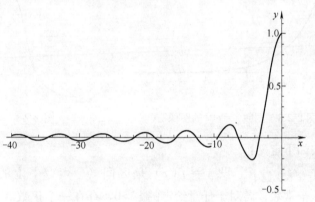

图 2-2-6　函数 $f(x) = \dfrac{\sin x}{x}$ 的图像

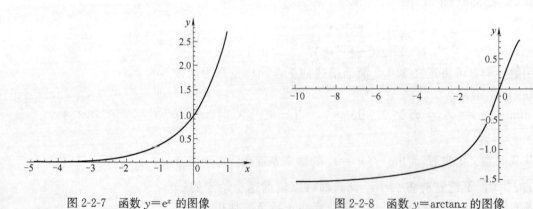

图 2-2-7　函数 $y = e^x$ 的图像　　　　图 2-2-8　函数 $y = \arctan x$ 的图像

3. $x \to \infty$ 时，函数极限的定义

由于 $x \to \infty$ 是指 x 沿着 x 轴的正向和负向都趋于无穷大，因此 $x \to \infty$ 时，函数的极限可按如下定义：

定义 2.2.3　设 $y=f(x)$ 是区间 $(-\infty,+\infty)$ 上的函数，A 是一个常数，若对于任意给定的 $\varepsilon>0$，存在一个正数 X，使得当 $|x|>X$ 时，恒有 $|f(x)-A|<\varepsilon$. 则称常数 A 为函数 $f(x)$ 当 x 趋于 ∞ 时的极限，记作

$$\lim_{x\to\infty}f(x)=A,$$

或者
$$f(x)\to A(x\to\infty).$$

用数学语言可将定义 2.2.3 简洁描述如下，同样也称为函数极限的 $\varepsilon-X$ 定义：

$\lim\limits_{x\to\infty}f(x)=A\Leftrightarrow\forall\varepsilon>0,\exists X>0$，当 $|x|>X$ 时，恒有 $|f(x)-A|<\varepsilon$.

从几何意义上来看，$\lim\limits_{x\to\infty}f(x)=A$ 的意义表现在：对于任意给定的 $\varepsilon>0$，不论它有多么小，我们都可以依据这个给定的 ε，作两条直线 $y=A+\varepsilon$ 和 $y=A-\varepsilon$. 总存在正数 X，使得当 $|x|>X$ 时，函数 $y=f(x)$ 的图像都位于直线 $y=A+\varepsilon$ 和 $y=A-\varepsilon$ 之间，如图 2-2-9 所示. 从图形来看，当 $|x|>X$ 时，函数 $y=f(x)$ 的图形完全落在以直线 $y=A$ 为中心线、宽为 2ε 的带形区域内.

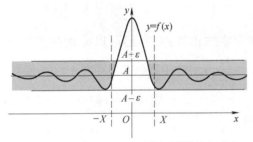

图 2-2-9　当 $x\to\infty$ 时函数极限的几何意义

对比定义 2.2.3 与定义 2.2.1 和定义 2.2.2，可知：

定理 2.2.1　$\lim\limits_{x\to\infty}f(x)=A$ 当且仅当 $\lim\limits_{x\to+\infty}f(x)=A$ 且 $\lim\limits_{x\to-\infty}f(x)=A$.

定理 2.2.1 不仅可以用来验证极限的存在，例如，因为 $\lim\limits_{x\to+\infty}\dfrac{\sin x}{x}=0$ 且 $\lim\limits_{x\to-\infty}\dfrac{\sin x}{x}=0$，所以 $\lim\limits_{x\to\infty}\dfrac{\sin x}{x}$ 存在且极限值为 0. 定理 2.2.1 还可以用来说明极限不存在，例如，因为 $\lim\limits_{x\to+\infty}\arctan x=\dfrac{\pi}{2}$ 且 $\lim\limits_{x\to-\infty}\arctan x=-\dfrac{\pi}{2}$，所以 $\lim\limits_{x\to\infty}\arctan x$ 不存在.

2.2.2　自变量 x 趋于有限值时函数的极限

自变量 x 趋于有限值 x_0 也包含了三种情况：① x 趋于 x_0 正（$x\to x_0^+$），即 x 从 x_0 的右侧（大于 x_0 的方向）趋于 x_0；② x 趋

于 x_0 负（$x \to x_0^-$），即 x 从 x_0 的左侧（小于 x_0 的方向）趋于 x_0；③x 趋于 $x_0(x \to x_0)$，即 x 从 x_0 的两侧（大于和小于 x_0 的方向）同时趋于 x_0.

1. $x \to x_0$ 时，函数极限的定义

简单来说，当 $x \to x_0$ 时，函数 $f(x)$ 无限接近某个常数 A，则称 A 为函数 $f(x)$ 当 $x \to x_0$ 时的极限.

然而，从严格的数学角度，我们需要给出 $x \to x_0$ 和 $f(x)$ 无限接近 A 的数学刻画，从而给出极限的严格数学定义. 为此，我们看一个例子，考察极限 $\lim\limits_{x \to 1} \dfrac{x^2}{2}$. 函数 $f(x) = \dfrac{x^2}{2}$ 的图像如图 2-2-10a 所示，直观上看，$x \to 1$ 时，函数 $\dfrac{x^2}{2}$ 显然无限接近 $\dfrac{1}{2}$.

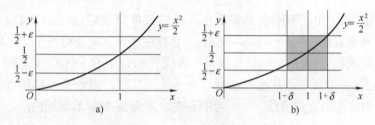

图 2-2-10 $x \to 1$ 时函数极限示意图

对于任意给定的正数 ε，我们可以分别在图中作两条直线：$y = \dfrac{1}{2} + \varepsilon$ 和 $y = \dfrac{1}{2} - \varepsilon$. 这样就会发现存在 $\delta > 0$，使得对 $x_0 = 1$ 的去心 δ 邻域 $\{x \mid 0 < |x - 1| < \delta\}$ 内所有的 x，函数 $f(x)$ 的图像都位于直线 $y = \dfrac{1}{2} + \varepsilon$ 和 $y = \dfrac{1}{2} - \varepsilon$ 之间. 这就刻画了 $x \to x_0$ 和 $f(x)$ 无限接近 A. 因此，自变量趋于有限值时函数极限的严格数学定义如下：

定义 2.2.4   设 $y = f(x)$ 在点 x_0 的某去心邻域内有定义，A 是一个常数，若 $\forall \varepsilon > 0$，$\exists \delta > 0$，使得当 $0 < |x - x_0| < \delta$ 时，恒有 $|f(x) - A| < \varepsilon$. 则称常数 A 为函数 $f(x)$ 当 x 趋于 x_0 时的极限，记作 $\lim\limits_{x \to x_0} f(x) = A$，或者记作，$f(x) \to A(x \to x_0)$.

注 1：自变量趋于有限值时函数的极限，研究的是当 $x \to x_0$ 时，函数 $f(x)$ 是否与某个常数无限接近. 因此当 $x \to x_0$ 时，$f(x)$ 的极限是否存在与函数 $f(x)$ 在 x_0 点是否有定义，或者函数值 $f(x_0)$ 为多少是没有关系的. 因此，在定义 2.2.4 中的不等式 $0 < |x - x_0| < \delta$ 就已经排除了 $x = x_0$ 的情形.

注 2：δ 的取值一般情况下都与 ε 有关，且 δ 的取值并不唯一.

为了更好地理解自变量趋于有限值时函数的极限，我们看一个例子.

例 2.2.2 证明 $\lim\limits_{x \to 1} \dfrac{x^2-1}{x-1} = 2$.

证明: $\forall \varepsilon > 0$，要使 $\left| \dfrac{x^2-1}{x-1} - 2 \right| < \varepsilon$，即 $\left| \dfrac{x^2-2x+1}{x-1} \right| < \varepsilon$，

亦即 $|x-1| < \varepsilon$. 因此取 $\delta = \varepsilon$，则当 $0 < |x-1| < \delta$ 时，恒有

$\left| \dfrac{x^2-1}{x-1} - 2 \right| = |x-1| < \varepsilon$. 所以，$\lim\limits_{x \to 1} \dfrac{x^2-1}{x-1} = 2$.

事实上，通过例 2.2.2 我们可以发现，函数 $f(x) = \dfrac{x^2-1}{x-1}$ 在

$x_0 = 1$ 处没有意义，但这并不影响 $x \to 1$ 时函数 $f(x) = \dfrac{x^2-1}{x-1}$ 的极

限存在.

例 2.2.3 证明 $\lim\limits_{x \to 1} x^2 = 1$.

证明: $\forall \varepsilon > 0$，要使 $|x^2-1| < \varepsilon$，即 $|x-1||x+1| < \varepsilon$，由

此很难直接确定 $|x-1|$ 的范围，但考虑到该极限是指在过程 $x \to 1$

下的极限，因此，我们可以将 x 限定在 $x_0 = 1$ 的某个小邻域内，

例如限定 $|x-1| < 1$，即 $0 < x < 2$，这样就有 $1 < |x+1| < 3$.

所以，

$$|x^2-1| = |x-1||x+1| < 3|x-1|.$$

因此在这种情况（$|x-1| < 1$）下，只要 $3|x-1| < \varepsilon$，即 $|x-1|$

$< \dfrac{\varepsilon}{3}$，就能保证 $|x^2-1| < \varepsilon$.

所以，取 $\delta = \min\left\{ 1, \dfrac{\varepsilon}{3} \right\}$，则当 $0 < |x-1| < \delta$ 时，恒有 $|x^2-1| < \varepsilon$.

即 $\lim\limits_{x \to 1} x^2 = 1$.

例 2.2.4 证明 $\lim\limits_{x \to 0} \cos x = 1$.

证明: $\forall \varepsilon > 0$，要使 $|\cos x - 1| < \varepsilon$，即 $|\cos x - \cos 0| < \varepsilon$，而

$$|\cos x - \cos 0| = \left| -2\sin\dfrac{x+0}{2} \sin\dfrac{x-0}{2} \right| \leqslant 2 \left| \sin\dfrac{x-0}{2} \right| \leqslant 2 \left| \dfrac{x-0}{2} \right|$$
$$= |x-0|.$$

因此，只要使 $|x-0| < \varepsilon$ 即可. 故取 $\delta = \varepsilon$，则当 $0 < |x-0| < \delta$

时，恒有 $|\cos x - 1| < \varepsilon$，即 $\lim\limits_{x \to 0} \cos x = 1$.

2. $x \to x_0^-$ 和 $x \to x_0^+$ 时，函数极限的定义

在定义 2.2.4 中，$x \to x_0$ 既包含了自变量 x 从 x_0 的左侧趋于 x_0，

也包含了从 x_0 的右侧趋于 x_0，即在定义中表示为 $0 < |x-x_0| < \delta$.

但有时只能或只需要考虑 x 从 x_0 的左侧趋于 x_0，这时，只

需要将 $0 < |x-x_0| < \delta$ 改写为 $0 < x_0 - x < \delta$ 即可，相应地，常数

A 就称为函数 $f(x)$ 当 $x \to x_0$ 时的左极限（left limit），具体定义

如下：

定义 2.2.5 设 $y = f(x)$ 在点 x_0 的某左邻域内有定义，A

是一个常数，若 $\forall \varepsilon > 0$，$\exists \delta > 0$，使得当 $0 < x_0 - x < \delta$ 时，恒有 $|f(x) - A| < \varepsilon$. 则称常数 A 为函数 $f(x)$ 当 x 趋于 x_0 时的左极限，记作 $\lim\limits_{x \to x_0^-} f(x) = A$，或者记作 $f(x) \to A (x \to x_0^-)$.

有了左极限的定义，同样可以给出右极限（right limit）的定义.

定义 2.2.6   设 $y = f(x)$ 在点 x_0 的某右邻域内有定义，A 是一个常数，若 $\forall \varepsilon > 0$，$\exists \delta > 0$，使得当 $0 < x - x_0 < \delta$ 时，恒有 $|f(x) - A| < \varepsilon$. 则称常数 A 为函数 $f(x)$ 当 x 趋于 x_0 时的右极限，记作 $\lim\limits_{x \to x_0^+} f(x) = A$，或者记作 $f(x) \to A (x \to x_0^+)$.

例 2.2.5   证明 $\lim\limits_{x \to a^+} \ln x = \ln a$，其中 $a > 0$.

证明：$\forall \varepsilon > 0$，要使 $|\ln x - \ln a| < \varepsilon$，即 $\left| \ln \dfrac{x}{a} \right| < \varepsilon$，即 $\left| \ln \left(\dfrac{x-a}{a} + 1 \right) \right| < \varepsilon$，即 $\ln \left(\dfrac{x-a}{a} + 1 \right) < \varepsilon$，即 $\dfrac{x-a}{a} < e^\varepsilon - 1$. 因此取 $\delta = a(e^\varepsilon - 1)$，则当 $0 < x - a < \delta$ 时，恒有 $|\ln x - \ln a| < \varepsilon$. 所以，$\lim\limits_{x \to a^+} \ln x = \ln a$.

注：同样可以证明 $\lim\limits_{x \to a^-} \ln x = \ln a$，其中 $a > 0$.

左右极限的定义经常用于讨论分段函数在分界点处的左右极限，例如：

例 2.2.6   已知函数 $f(x) = \begin{cases} -1, & x < 0, \\ 1, & x > 0, \end{cases}$ 分别讨论当 $x \to 0^-$ 和当 $x \to 0^+$ 时函数的极限.

解：显然，$\lim\limits_{x \to 0^-} f(x) = \lim\limits_{x \to 0^-} (-1) = -1$，$\lim\limits_{x \to 0^+} f(x) = \lim\limits_{x \to 0^+} (1) = 1$.

左极限和右极限统称为函数的单侧极限，它与函数极限的关系如下：

定理 2.2.2 $\lim\limits_{x \to x_0} f(x) = A$ 的充分且必要条件为 $\lim\limits_{x \to x_0^-} f(x) = \lim\limits_{x \to x_0^+} f(x) = A$.

利用函数极限的定义（定义 2.2.4、定义 2.2.5 和定义 2.2.6），可直接证明该定理成立.

由定理 2.2.2 可知：①若 $\lim\limits_{x \to x_0^-} f(x)$ 与 $\lim\limits_{x \to x_0^+} f(x)$ 二者有一个不存在，或者二者都存在但极限值不相等，则 $\lim\limits_{x \to x_0} f(x)$ 不存在；②若 $\lim\limits_{x \to x_0^-} f(x)$ 与 $\lim\limits_{x \to x_0^+} f(x)$ 都存在且相等，例如都等于 A，则一定有 $\lim\limits_{x \to x_0} f(x) = A$. 例如，由例 2.2.5 和它的注就可以有结论：

$\lim\limits_{x \to a} \ln x = \ln a$，其中 $a > 0$.

因此，利用定理 2.2.2，我们可以证明某些过程下函数极限不存在，也可以借助左右极限来计算某些过程下函数的极限. 例如：

例 2.2.7　讨论极限 $\lim\limits_{x \to 0} \dfrac{|x|}{x}$ 的存在性.

解：显然，$f(x) = \dfrac{|x|}{x} = \begin{cases} -1, & x < 0, \\ 1, & x > 0, \end{cases}$ 而 $\lim\limits_{x \to 0^-} f(x) =$
$\lim\limits_{x \to 0^-} (-1) = -1$，$\lim\limits_{x \to 0^+} f(x) = \lim\limits_{x \to 0^+} (1) = 1$.

由于 $\lim\limits_{x \to 0^-} f(x) \neq \lim\limits_{x \to 0^+} f(x)$，所以由定理 2.2.2 知，$\lim\limits_{x \to 0} \dfrac{|x|}{x}$ 不存在.

例 2.2.8　已知函数 $f(x) = \begin{cases} x^2, & x < 1, \\ x, & x > 1, \end{cases}$ 求 $\lim\limits_{x \to 1} f(x)$.

解：因为 $\lim\limits_{x \to 1^-} f(x) = \lim\limits_{x \to 1^-} x^2 = 1$，且 $\lim\limits_{x \to 1^+} f(x) = \lim\limits_{x \to 1^+} x = 1$，
所以 $\lim\limits_{x \to 1} f(x) = 1$.

这里需要再次指出的是，例 2.2.8 中，尽管函数 $f(x)$ 在 $x_0 = 1$ 处没有定义，但当 $x \to 1$ 时，函数 $f(x)$ 的极限是存在的.

2.2.3　函数极限的性质

函数极限与数列极限有类似的性质，下面仅以 $x \to x_0$ 时函数的极限为代表给出函数极限的性质，其他情形可类比得出.

性质 1　（**唯一性**）　若 $\lim\limits_{x \to x_0} f(x)$ 存在，则其极限值是唯一的.

性质 2　（**局部有界性**）　若 $\lim\limits_{x \to x_0} f(x) = A$，则存在常数 $M_1 > 0$，$\delta > 0$，使得当 $0 < |x - x_0| < \delta$ 时，有 $|f(x)| \leqslant M_1$.

注：若 $\lim\limits_{x \to \infty} f(x) = A$，则存在常数 $M_2 > 0$，$X > 0$，使得当 $|x| > X$ 时，有 $|f(x)| \leqslant M_2$.

性质 3　（**保序性**）　若 $\lim\limits_{x \to x_0} f(x) = A$，$\lim\limits_{x \to x_0} g(x) = B$，且存在常数 $\delta > 0$，使得当 $0 < |x - x_0| < \delta$ 时，有 $f(x) \leqslant g(x)$，则 $A \leqslant B$. 反之，若 $\lim\limits_{x \to x_0} f(x) = A$，$\lim\limits_{x \to x_0} g(x) = B$，且 $A < B$，则存在常数 $\delta > 0$，使得当 $0 < |x - x_0| < \delta$ 时，有 $f(x) < g(x)$.

注：作为保序性的推论，函数极限还有如下保号性的性质：

性质 4　（**保号性**）　若 $\lim\limits_{x \to x_0} f(x) = A$，且存在常数 $\delta > 0$，使得当 $0 < |x - x_0| < \delta$ 时，有 $f(x) \geqslant 0$（或 $f(x) \leqslant 0$），则 $A \geqslant 0$（或 $A \leqslant 0$）. 反之，若 $\lim\limits_{x \to x_0} f(x) = A$，且 $A > 0$（或 $A < 0$），则存在常数 $\delta > 0$，使得当 $0 < |x - x_0| < \delta$ 时，有 $f(x) > 0$（或 $f(x) < 0$）.

性质5 （**夹逼准则**） 设在点 x_0 的某去心邻域内 $(0 < |x - x_0| < \delta)$ 有 $g(x) \leqslant f(x) \leqslant h(x)$，且 $\lim\limits_{x \to x_0} g(x) = \lim\limits_{x \to x_0} h(x) = A$，则 $\lim\limits_{x \to x_0} f(x) = A$.

性质5不仅可以用来判断极限是否存在，还可以用来求函数的极限.

例 2.2.9 已知 $0 < a < 1$，求 $\lim\limits_{x \to +\infty} a^x$.

解：设 $n = [x]$，其中 $[\cdot]$ 表示取整函数，则有：$n \leqslant x \leqslant n+1$，因为 $0 < a < 1$，所以 $a^{n+1} < a^x < a^n$，即 $a^{[x]+1} < a^x < a^{[x]}$. 另外，由于 $x \to +\infty \Leftrightarrow n \to +\infty$，且 $\lim\limits_{n \to +\infty} a^{n+1} = \lim\limits_{n \to +\infty} a^n = 0$，也就是 $\lim\limits_{x \to +\infty} a^{[x]+1} = \lim\limits_{x \to +\infty} a^{[x]} = 0$，由夹逼准则知，$\lim\limits_{x \to +\infty} a^x = 0$.

2.2.4 函数极限与数列极限的关系

定义 2.2.7 设在过程 $x \to a$（a 可以是 x_0，x_0^+ 或 x_0^-）中有数列 $\{x_n\}$，其中 $x_n \neq a$，使得 $n \to +\infty$ 时 $x_n \to a$. 则称数列 $\{f(x_n)\}$ 为函数 $f(x)$ 当 $x \to a$ 时的子列.

以下不加证明地给出函数极限与其子列极限之间的关系.

定理 2.2.3 若 $\lim\limits_{x \to a} f(x) = A$，数列 $\{f(x_n)\}$ 为函数 $f(x)$ 当 $x \to a$ 时的子列，则有 $\lim\limits_{n \to \infty} f(x_n) = A$.

定理 2.2.3 一方面可以帮助我们解决一些特殊形式的极限的计算问题. 例如，若已知函数的极限 $\lim\limits_{x \to 0} e^x = 1$，则数列 $\{e^{\frac{1}{n}}\}$ 为函数 $y = e^x$ 当 $x \to 0$ 时的子列，因此极限 $\lim\limits_{n \to \infty} e^{\frac{1}{n}} = 1$.

定理 2.2.3 另一方面还可以帮助我们证明某些函数极限不存在. 例如，若能找到一个发散的子列，或者找到两个收敛但极限值不同的子列，则可以说明原函数极限不存在.

例 2.2.10 证明 $\lim\limits_{x \to 0} \sin \dfrac{1}{x}$ 不存在.

证明：利用定理 2.2.3，若要证明 $\lim\limits_{x \to 0} \sin \dfrac{1}{x}$ 不存在，只需找到两个收敛但极限值不同的子列即可. 为此，取 $\{x_n\} = \left\{\dfrac{1}{n\pi}\right\}$，显然有 $\lim\limits_{n \to \infty} x_n = 0$，且 $x_n \neq 0$. 再取 $\{x_n'\} = \left\{\dfrac{1}{2n\pi + \frac{1}{2}\pi}\right\}$，显然有 $\lim\limits_{n \to \infty} x_n' = 0$，且 $x_n \neq 0$. 这样就是找到了函数 $\sin \dfrac{1}{x}$ 当 $x \to 0$ 时的两个子列：$\left\{\sin \dfrac{1}{x_n}\right\}$ 和 $\left\{\sin \dfrac{1}{x_n'}\right\}$. 然而，显然有

$$\lim\limits_{n \to \infty} \sin \dfrac{1}{x_n} = \lim\limits_{n \to \infty} \sin n\pi = 0,$$

$$\lim_{n\to\infty}\sin\frac{1}{x_n}=\lim_{n\to\infty}\sin\left(2n\pi+\frac{1}{2}\pi\right)=1.$$

二者不相等，因此 $\lim\limits_{x\to0}\sin\dfrac{1}{x}$ 不存在.

习题 2.2

1. 用函数极限定义证明下列极限.

(1) $\lim\limits_{x\to4}\sqrt{x}=2$；　　　　(2) $\lim\limits_{x\to2}(3x+2)=8$；

(3) $\lim\limits_{x\to-2}\dfrac{x^2-4}{x+2}=-4$；　　(4) $\lim\limits_{x\to\infty}\dfrac{3x+1}{2x+1}=\dfrac{3}{2}$；

(5) $\lim\limits_{x\to+\infty}\dfrac{\sin x}{\sqrt{x}}=0$；　　(6) $\lim\limits_{x\to0}e^x=1$；

(7) $\lim\limits_{x\to a}e^x=e^a$.

2. 证明函数 $y=x\sin x$ 在 $(0,+\infty)$ 上无界.

3. 设 $f(x)=\dfrac{|x-1|}{x-1}$，判断极限 $\lim\limits_{x\to1}f(x)$ 是否存在.

4. 利用函数极限存在准则证明 $\lim\limits_{x\to0}\sqrt[n]{(1+x)}=1$，其中 n 为正整数.

5. 设 $f(x)=\begin{cases}x, & |x|\leqslant1,\\ x-2, & |x|>1,\end{cases}$ 讨论 $\lim\limits_{x\to1}f(x)$ 及 $\lim\limits_{x\to-1}f(x)$.

2.3　极限的运算法则

本节讨论极限的四则运算法则和复合运算法则. 利用这些法则可以较为方便地求出某些函数的极限. 后续我们还将继续介绍求函数极限的其他方法.

在下面的讨论中，记号 "lim" 下面没有标明自变量变化过程的，均泛指 $x\to x_0$，$x\to\infty$，以及单侧极限. 但在同一问题中，自变量的变化过程应一致（同为 $x\to x_0$，或同为 $x\to\infty$）.

2.3.1　极限的四则运算法则

定理 2.3.1　设 $\lim f(x)=A$，$\lim g(x)=B$，则

(1) $\lim[f(x)\pm g(x)]=A\pm B=\lim f(x)\pm\lim g(x)$；

(2) $\lim[f(x)g(x)]=AB=\lim f(x)\lim g(x)$；

(3) $\lim\left[\dfrac{f(x)}{g(x)}\right]=\dfrac{A}{B}=\dfrac{\lim f(x)}{\lim g(x)}$，$B\neq0$.

证明：设 $x\to x_0$，以 $\lim\limits_{x\to x_0}[f(x)+g(x)]=A+B$ 为例，用定义证明其成立，其他的请读者自己证明. $\forall\varepsilon>0$，取 $\varepsilon_1=\dfrac{\varepsilon}{2}$，因

为 $\lim\limits_{x \to x_0} f(x) = A$，则对此给定的 ε_1，$\exists \delta_1 > 0$，使得当 $0 < |x - x_0| < \delta_1$ 时，恒有 $|f(x) - A| < \varepsilon_1$．同理，取 $\varepsilon_2 = \dfrac{\varepsilon}{2}$，因为 $\lim\limits_{x \to x_0} g(x) = B$，则对此给定的 ε_2，$\exists \delta_2 > 0$，使得当 $0 < |x - x_0| < \delta_2$ 时，恒有 $|g(x) - B| < \varepsilon_2$．因此，取 $\delta = \min\{\delta_1, \delta_2\}$，则当 $0 < |x - x_0| < \delta$ 时，恒有 $|(f(x) + g(x)) - (A + B)| \leqslant |f(x) - A| + |g(x) - B| < \varepsilon_1 + \varepsilon_2 = \varepsilon$．即 $\lim\limits_{x \to x_0} [f(x) + g(x)] = A + B$．

推论 2.3.1   若 $\lim f(x) = A$，C 为常数，则 $\lim[Cf(x)] = CA = C\lim f(x)$，即常数因子可提到极限符号的外面．

推论 2.3.2   若 $\lim f_i(x) = A_i$，$k_i \in \mathbf{R}$ 为常数，$i = 1, 2, \cdots, n$，则

$$\lim[k_1 f_1(x) \pm k_2 f_2(x) \pm \cdots \pm k_n f_n(x)] = k_1 A_1 \pm k_2 A_2 \pm \cdots \pm k_n A_n.$$

推论 2.3.3   若 $\lim f(x) = A$，$n \in \mathbf{Z}_+$，则 $\lim(f^n(x)) = (\lim f(x))^n$．

例如：$\lim\limits_{x \to 2} x^{12} = (\lim\limits_{x \to 2} x)^{12} = 2^{12}$．

注 1：定理 2.3.1 中的法则可推广到有限个函数的四则运算中．

注 2：定理 2.3.1 和 3 个推论给出的运算法则对数列的极限也成立．

注 3：极限的四则运算法则显然会给极限的计算带来非常大的方便，然而必须注意：①四则运算的前提是参与运算的函数的极限都存在；②在除法运算中分母的极限不等于零．

例 2.3.1   求 $\lim\limits_{x \to 2} \dfrac{x^3 - 1}{x^2 - 3x + 5}$．

解：因为 $\lim\limits_{x \to 2}(x^2 - 3x + 5) = \lim\limits_{x \to 2} x^2 - \lim\limits_{x \to 2} 3x + \lim\limits_{x \to 2} 5 = (\lim\limits_{x \to 2} x)^2 - 3\lim\limits_{x \to 2} x + 5 = 2^2 - 6 + 5 = 3 \neq 0$，所以，

$$\lim\limits_{x \to 2} \frac{x^3 - 1}{x^2 - 3x + 5} = \frac{\lim\limits_{x \to 2} x^3 - \lim\limits_{x \to 2} 1}{\lim\limits_{x \to 2}(x^2 - 3x + 5)} = \frac{8 - 1}{3} = \frac{7}{3}.$$

一般来说，对多项式（polynomial）和有理分式（rational fraction）有如下结论成立：

推论 2.3.4   设 $f(x) = a_n x^n + a_{n-1} x^{n-1} + \cdots + a_1 x + a_0$，则有

$$\lim\limits_{x \to x_0} f(x) = a_n(\lim\limits_{x \to x_0} x)^n + a_{n-1}(\lim\limits_{x \to x_0} x)^{n-1} + \cdots + a_1 \lim\limits_{x \to x_0} x + a_0$$
$$= a_n x_0^n + a_{n-1} x_0^{n-1} + \cdots + a_1 x_0 + a_0$$
$$= f(x_0).$$

推论 2.3.5   设 $f(x) = \dfrac{P(x)}{Q(x)}$，其中 $P(x)$，$Q(x)$ 都是 x 的

多项式函数, 且 $Q(x_0) \neq 0$, 则有

$$\lim_{x \to x_0} f(x) = \frac{\lim\limits_{x \to x_0} P(x)}{\lim\limits_{x \to x_0} Q(x)} = \frac{P(x_0)}{Q(x_0)} = f(x_0).$$

但是, 若 $Q(x_0) = 0$, 如何计算极限 $\lim\limits_{x \to x_0} \dfrac{P(x)}{Q(x)}$ 呢? 我们以例题的形式介绍这类极限的求法.

例 2.3.2 求 $\lim\limits_{x \to 2} \dfrac{x-2}{x^2-3x+2}$

解: 当 $x \to 2$ 时, 分子和分母的极限都是零, 因此不能直接用求极限的除法法则, 而是应先通过因式分解, 消去零因子然后再计算极限.

$$\lim_{x \to 2} \frac{x-2}{x^2-3x+2} = \lim_{x \to 2} \frac{x-2}{(x-1)(x-2)} = \lim_{x \to 2} \frac{1}{x-1} = 1.$$

例 2.3.3 求 $\lim\limits_{x \to \infty} \dfrac{x^3+2x}{2x^3+x^2-1}$

解: 当 $x \to \infty$ 时, 分子和分母都趋于无穷大, 即分子分母的极限都不存在. 因此不能直接用求极限的除法法则, 而是先对分子分母同除以分母中自变量的最高次幂, 然后再计算极限.

$$\lim_{x \to \infty} \frac{x^3+2x}{2x^3+x^2-1} = \lim_{x \to \infty} \frac{1+\dfrac{2}{x^2}}{2+\dfrac{1}{x}-\dfrac{1}{x^3}} = \frac{1}{2}.$$

例 2.3.3 中的方法可总结如下: 当 $a_m \neq 0$, $b_n \neq 0$, m, n 为非负整数, 则有

$$\lim_{x \to \infty} \frac{a_m x^m + a_{m-1} x^{m-1} + \cdots + a_1 x + a_0}{b_n x^n + b_{n-1} x^{n-1} + \cdots + b_1 x + b_0} = \begin{cases} \dfrac{a_m}{b_n}, & m = n, \\ 0, & m < n, \\ \infty, & m > n. \end{cases}$$

例 2.3.4 求 $\lim\limits_{x \to 1} \left(\dfrac{1}{x-1} - \dfrac{2}{x^2-1} \right)$.

解: 本题不能直接利用求极限的四则运算法则写成 $\lim\limits_{x \to 1} \dfrac{1}{x-1} - \lim\limits_{x \to 1} \dfrac{2}{x^2-1}$, 因为 $\lim\limits_{x \to 1} \dfrac{1}{x-1}$ 与 $\lim\limits_{x \to 1} \dfrac{2}{x^2-1}$ 均为无穷, 即极限不存在. 对这类极限, 我们也把它称为 $\infty - \infty$ 型. 这种类型的极限通常采用通分的方法, 然后再计算其极限.

$$\lim_{x \to 1} \left(\frac{1}{x-1} - \frac{2}{x^2-1} \right) = \lim_{x \to 1} \left(\frac{x+1}{x^2-1} - \frac{2}{x^2-1} \right) = \lim_{x \to 1} \frac{x-1}{x^2-1}$$
$$= \lim_{x \to 1} \frac{1}{x+1} = \frac{1}{2}.$$

例 2.3.5 求 $\lim\limits_{n \to \infty} \left(\dfrac{1}{n^2} + \dfrac{2}{n^2} + \cdots + \dfrac{n}{n^2} \right)$.

解: 当 $n \to \infty$ 时, 这是无限多个极限为零的项的和, 不再是

有限项，因此求极限的四则运算法则也不能直接使用，需要先变形再求极限.

$$\lim_{n\to\infty}\left(\frac{1}{n^2}+\frac{2}{n^2}+\cdots+\frac{n}{n^2}\right)=\lim_{n\to\infty}\frac{1+2+\cdots+n}{n^2}=\lim_{n\to\infty}\frac{n(1+n)}{2n^2}$$

$$=\lim_{n\to\infty}\frac{1}{2}\left(\frac{1}{n}+1\right)=\frac{1}{2}.$$

2.3.2　复合函数的极限运算法则

利用复合函数的极限运算法则，可以较为方便地计算复合函数的极限，以下不加证明地给出复合函数的极限运算法则.

定理 2.3.2　设函数 $y=f(\varphi(x))$ 是由函数 $y=f(u)$ 与函数 $u=\varphi(x)$ 复合而成的. 若函数 $u=\varphi(x)$ 当 $x\to x_0$ 时的极限存在且等于 u_0，即 $\lim\limits_{x\to x_0}\varphi(x)=u_0$，但在点 x_0 的某个去心邻域内 $\varphi(x)\neq u_0$，且 $\lim\limits_{u\to u_0}f(u)=A$，则有

$$\lim_{x\to x_0}f(\varphi(x))=\lim_{u\to u_0}f(u)=A.$$

注1：若令 $u=\varphi(x)$，则复合函数 $y=f(\varphi(x))$ 极限运算法则的意义在于将复合函数极限的运算转变为直接函数极限的运算：

$$\lim_{x\to x_0}f(\varphi(x))\xLongrightarrow{u_0=\lim\limits_{x\to x_0}\varphi(x)}\lim_{u\to u_0}f(u).$$

注2：计算复合函数 $y=f(\varphi(x))$ 的极限 $\lim\limits_{x\to x_0}f(\varphi(x))$ 时，可按如下步骤进行：

步骤1：将复合函数 $y=f(\varphi(x))$ 分解为 $y=f(u)$，$u=\varphi(x)$.

步骤2：求 $\lim\limits_{x\to x_0}\varphi(x)=u_0$.

步骤3：求 $\lim\limits_{u\to u_0}f(u)=A$.

步骤4：给出结果 $\lim\limits_{x\to x_0}f(\varphi(x))=\lim\limits_{u\to u_0}f(u)=A$.

例 2.3.6　求 $\lim\limits_{x\to0}\sqrt{x^2+4}$.

解：令 $y=\sqrt{u}$，$u=x^2+4$. 因为 $\lim\limits_{x\to0}(x^2+4)=4$，$\lim\limits_{u\to4}\sqrt{u}=2$，所以，$\lim\limits_{x\to0}\sqrt{x^2+4}=\lim\limits_{u\to4}\sqrt{u}=2$.

例 2.3.7　求 $\lim\limits_{x\to\pi}x^{\cos x}$.

解：形如 $x^{\cos x}$ 的函数称为幂指函数，可以通过取指数-对数的方式把这类函数写成复合函数的形式，

$$x^{\cos x}=\mathrm{e}^{\ln x^{\cos x}}=\mathrm{e}^{\cos x\ln x}.$$

令 $y=\mathrm{e}^u$，$u=\cos x\ln x$. 因为 $\lim\limits_{x\to\pi}(\cos x\ln x)=-\ln\pi$，所以，

$$\lim_{x\to\pi}x^{\cos x}=\lim_{x\to\pi}\mathrm{e}^{\cos x\ln x}=\lim_{u\to-\ln\pi}\mathrm{e}^u=\mathrm{e}^{-\ln\pi}=\frac{1}{\pi}.$$

对幂指函数 $f(x)^{g(x)}$ 求极限时，我们可以先将其变换为 $f(x)^{g(x)} = e^{g(x)\ln f(x)}$，若满足条件

(1) $\lim f(x) = A > 0$，

(2) $\lim g(x) = B \neq \infty$，

则 $\lim f(x)^{g(x)} = [\lim f(x)]^{\lim g(x)} = A^B$.

需要注意的是，若条件（1）、条件（2）有一个不满足，则该计算方法失效. 在后面的章节中，会介绍新的方法.

例 2.3.8　求 $\lim\limits_{x \to \infty} \left(\dfrac{x^2}{2x^2+1} \right)^{\frac{2x-1}{x+2}}$.

解：因为 $\lim\limits_{x \to \infty} \dfrac{x^2}{2x^2+1} = \dfrac{1}{2}$，$\lim\limits_{x \to \infty} \dfrac{2x-1}{x+2} = 2$，所以

$$\lim_{x \to \infty} \left(\frac{x^2}{2x^2+1} \right)^{\frac{2x-1}{x+2}} = \left(\frac{1}{2} \right)^2 = \frac{1}{4}.$$

习题 2.3

1. 求下列极限.

(1) $\lim\limits_{x \to 2} \dfrac{2-x}{4-x^2}$；

(2) $\lim\limits_{x \to 0} \dfrac{4x^3+x}{5x^2+2x}$；

(3) $\lim\limits_{x \to \infty} \dfrac{3x^2+2x-1}{x^3-3x+5}$；

(4) $\lim\limits_{x \to +\infty} (\sqrt{x+1} - \sqrt{x})$；

(5) $\lim\limits_{x \to \infty} \left(1 + \dfrac{1}{x} \right) \left(2 - \dfrac{1}{x^2} \right)$；

(6) $\lim\limits_{h \to 0} \dfrac{(x+h)^3 - x^3}{h}$；

(7) $\lim\limits_{n \to \infty} \dfrac{3n^2+n}{4n^2+1}$；

(8) $\lim\limits_{n \to \infty} \dfrac{2^n - 1}{2^n}$；

(9) $\lim\limits_{n \to \infty} \left(\dfrac{1}{n^2} + \dfrac{3}{n^2} + \cdots + \dfrac{2n-1}{n^2} \right)$；

(10) $\lim\limits_{n \to \infty} \left(\dfrac{1}{1 \times 2} + \dfrac{1}{2 \times 3} + \cdots + \dfrac{1}{n(n+1)} \right)$.

2. 设 $\lim\limits_{x \to x_0} f(x) = A$，$\lim\limits_{x \to x_0} g(x)$ 不存在，证明 $\lim\limits_{x \to x_0} [f(x) + g(x)]$ 不存在.

2.4　两个重要极限

本节介绍两个重要极限，并用夹逼准则证明这两个极限：

$$\lim_{x \to 0} \frac{\sin x}{x} = 1 \qquad \frac{0}{0} \text{型}$$

$$\lim_{x \to \infty} \left(1 + \frac{1}{x} \right)^x = e \qquad 1^\infty \text{型}$$

同学们需要记住并能够灵活运用这两个重要极限求解其他极限问题，还要掌握利用第二个重要极限研究连续复利的方法.

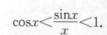

2.4.1　**第一个重要极限 $\lim\limits_{x\to 0}\dfrac{\sin x}{x}=1$**

证明：设单位圆 O 如图 2-4-1 所示，圆心角 $\angle AOB=x$，$0<x<\dfrac{\pi}{2}$，过点 A 作单位圆的切线，与 OB 的延长线交于点 C，得到 $\triangle OAC$. BD 为 $\triangle OAB$ 的高. 显然有如下关系：

$\triangle OAB$ 的面积 $<$ 扇形 OAB 的面积 $<\triangle OAC$ 的面积. 所以，

$$\frac{1}{2}\sin x<\frac{1}{2}\cdot 1^{2}\cdot x<\frac{1}{2}\tan x,$$

即 $\sin x<x<\tan x$，又因为 $\sin x>0$，不等式两边同除 $\sin x$，得

$$1<\frac{x}{\sin x}<\frac{1}{\cos x},$$

即

$$\cos x<\frac{\sin x}{x}<1.$$

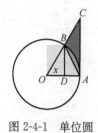

图 2-4-1　单位圆

显然，当 $-\dfrac{\pi}{2}<x<0$ 时，即 $0<-x<\dfrac{\pi}{2}$ 时，上式也成立.

由 2.2 节中的例 2.2.4 可知：$\lim\limits_{x\to 0}\cos x=1$. 因此，利用夹逼准则，可得

$$\lim_{x\to 0}\frac{\sin x}{x}=1.$$

第一类重要极限的更一般形式为 $\lim\limits_{u(x)\to 0}\dfrac{\sin u(x)}{u(x)}=1$.

例 2.4.1　求 $\lim\limits_{x\to 0}\dfrac{\sin 2x}{x}$.

解：$\lim\limits_{x\to 0}\dfrac{\sin 2x}{x}=\lim\limits_{x\to 0}\dfrac{2\sin 2x}{2x}=2\lim\limits_{x\to 0}\dfrac{\sin 2x}{2x}$，令 $u=2x$，则 $x\to 0\Leftrightarrow u\to 0$，因此

$$\lim_{x\to 0}\frac{\sin 2x}{x}=2\lim_{u\to 0}\frac{\sin u}{u}=2.$$

更一般地，有结果 $\lim\limits_{x\to 0}\dfrac{\sin ax}{x}=a$，$a\in \mathbf{R}$ 且 $a\neq 0$.

例 2.4.2　求 $\lim\limits_{x\to 0}\dfrac{\tan x}{x}$.

解：$\lim\limits_{x\to 0}\dfrac{\tan x}{x}=\lim\limits_{x\to 0}\left(\dfrac{\sin x}{x}\cdot\dfrac{1}{\cos x}\right)=\lim\limits_{x\to 0}\dfrac{\sin x}{x}\lim\limits_{x\to 0}\dfrac{1}{\cos x}=1.$

例 2.4.3　求 $\lim\limits_{x\to 0}\dfrac{1-\cos x}{x^{2}}$.

解：$\lim\limits_{x\to 0}\dfrac{1-\cos x}{x^{2}}=\lim\limits_{x\to 0}\dfrac{2\sin^{2}\dfrac{x}{2}}{x^{2}}=\dfrac{1}{2}\lim\limits_{x\to 0}\dfrac{\sin^{2}\dfrac{x}{2}}{\left(\dfrac{x}{2}\right)^{2}}=\dfrac{1}{2}\lim\limits_{x\to 0}\left(\dfrac{\sin\dfrac{x}{2}}{\dfrac{x}{2}}\right)^{2}$

$$=\frac{1}{2}\left(\lim_{x\to 0}\frac{\sin\dfrac{x}{2}}{\dfrac{x}{2}}\right)^{2}=\frac{1}{2}\times 1^{2}=\frac{1}{2}.$$

例 2.4.4 求 $\lim\limits_{x\to 0}\dfrac{\tan x-\sin x}{\sin^3 x}$.

解： $\lim\limits_{x\to 0}\dfrac{\tan x-\sin x}{\sin^3 x}=\lim\limits_{x\to 0}\dfrac{\dfrac{\sin x}{\cos x}-\sin x}{\sin^3 x}=\lim\limits_{x\to 0}\dfrac{\dfrac{1}{\cos x}-1}{\sin^2 x}$

$\qquad=\lim\limits_{x\to 0}\dfrac{1-\cos x}{\cos x\sin^2 x}=\lim\limits_{x\to 0}\dfrac{1}{\cos x}\dfrac{x^2}{\sin^2 x}\dfrac{1-\cos x}{x^2}$

$\qquad=\lim\limits_{x\to 0}\dfrac{1}{\cos x}\lim\limits_{x\to 0}\dfrac{x^2}{\sin^2 x}\lim\limits_{x\to 0}\dfrac{1-\cos x}{x^2}$

$\qquad=1\times 1\times\dfrac{1}{2}=\dfrac{1}{2}.$

在应用第一个重要极限计算函数极限时，应注意这类函数极限的过程是 $x\to 0$. 应注意区分：

$$\lim\limits_{x\to 0}\frac{\sin x}{x}=1,\quad \lim\limits_{x\to\infty}\frac{\sin x}{x}=0.$$

2.4.2 第二个重要极限 $\lim\limits_{x\to\infty}\left(1+\dfrac{1}{x}\right)^x=\mathrm{e}$

在数列极限部分，我们已经证明了 $\lim\limits_{n\to\infty}\left(1+\dfrac{1}{n}\right)^n=\mathrm{e}$. 以下分两步证明第二个重要极限.

第一步：证明 $\lim\limits_{x\to +\infty}\left(1+\dfrac{1}{x}\right)^x=\mathrm{e}$.

当 $x\geqslant 1$ 时，有 $[x]\leqslant x<[x]+1$，所以 $\left(1+\dfrac{1}{[x]+1}\right)^{[x]}<\left(1+\dfrac{1}{x}\right)^x<\left(1+\dfrac{1}{[x]}\right)^{[x]+1}.$

而 $\lim\limits_{x\to +\infty}\left(1+\dfrac{1}{[x]}\right)^{[x]+1}=\lim\limits_{x\to +\infty}\left(1+\dfrac{1}{[x]}\right)^{[x]}\left(1+\dfrac{1}{[x]}\right)$

$\qquad\qquad=\lim\limits_{[x]\to +\infty}\left(1+\dfrac{1}{[x]}\right)^{[x]}\left(1+\dfrac{1}{[x]}\right)=\mathrm{e}.$

$\lim\limits_{x\to +\infty}\left(1+\dfrac{1}{[x]+1}\right)^{[x]}=\lim\limits_{x\to +\infty}\left(1+\dfrac{1}{[x]+1}\right)^{[x]+1}\left(1+\dfrac{1}{[x]+1}\right)^{-1}$

$\qquad\qquad=\lim\limits_{[x]\to +\infty}\left(1+\dfrac{1}{[x]+1}\right)^{[x]+1}\left(1+\dfrac{1}{[x]+1}\right)^{-1}$

$\qquad\qquad=\mathrm{e}.$

由夹逼准则得 $\qquad\lim\limits_{x\to +\infty}\left(1+\dfrac{1}{x}\right)^x=\mathrm{e}.$

第二步：证明 $\lim\limits_{x\to -\infty}\left(1+\dfrac{1}{x}\right)^x=\mathrm{e}$.

令 $t=-x$，则

$\lim\limits_{x\to -\infty}\left(1+\dfrac{1}{x}\right)^x=\lim\limits_{t\to +\infty}\left(1-\dfrac{1}{t}\right)^{-t}=\lim\limits_{t\to +\infty}\left(\dfrac{t-1}{t}\right)^{-t}=\lim\limits_{t\to +\infty}\left(\dfrac{t}{t-1}\right)^{t}$

$\qquad\qquad=\lim\limits_{t\to +\infty}\left(1+\dfrac{1}{t-1}\right)^{t}=\lim\limits_{t\to +\infty}\left(1+\dfrac{1}{t-1}\right)^{t-1}\left(1+\dfrac{1}{t-1}\right)$

$\qquad\qquad=\mathrm{e}.$

综合第一步和第二步，可知 $\lim\limits_{x\to\infty}\left(1+\dfrac{1}{x}\right)^x=\mathrm{e}$.

若令 $t=\dfrac{1}{x}$，则 $\lim\limits_{x\to\infty}\left(1+\dfrac{1}{x}\right)^x=\mathrm{e}\Leftrightarrow\lim\limits_{t\to 0}(1+t)^{\frac{1}{t}}=\mathrm{e}$，亦可表示成 $\lim\limits_{x\to 0}(1+x)^{\frac{1}{x}}=\mathrm{e}$.

此外，第二个重要极限的更一般形式为

$$\lim\limits_{u(x)\to\infty}\left(1+\dfrac{1}{u(x)}\right)^{u(x)}=\mathrm{e},\qquad \lim\limits_{v(x)\to 0}\left(1+v(x)\right)^{\frac{1}{v(x)}}=\mathrm{e}.$$

第二个重要极限的一个显著特征是：在极限过程下，要求极限的函数形式为 1^∞ 型，因此第二个重要极限也经常用于计算 1^∞ 型的极限.

例 2.4.5 求 $\lim\limits_{x\to\infty}\left(1-\dfrac{1}{x}\right)^x$.

解：当 $x\to\infty$ 时，$\left(1-\dfrac{1}{x}\right)^x$ 为 1^∞ 型，所以考虑利用第二个重要极限计算本题.

$$\lim\limits_{x\to\infty}\left(1-\dfrac{1}{x}\right)^x=\lim\limits_{x\to\infty}\left[\left(1+\dfrac{1}{-x}\right)^{-x}\right]^{-1}=\lim\limits_{x\to\infty}\dfrac{1}{\left(1+\dfrac{1}{-x}\right)^{-x}}$$

$$=\dfrac{1}{\lim\limits_{x\to\infty}\left(1+\dfrac{1}{-x}\right)^{-x}}=\dfrac{1}{\mathrm{e}}.$$

例 2.4.6 求 $\lim\limits_{x\to\infty}\left(1+\dfrac{k}{x}\right)^x$.

解：$\lim\limits_{x\to\infty}\left(1+\dfrac{k}{x}\right)^x=\lim\limits_{x\to\infty}\left(1+\dfrac{k}{x}\right)^{\frac{x}{k}\times k}=\lim\limits_{x\to\infty}\left[\left(1+\dfrac{k}{x}\right)^{\frac{x}{k}}\right]^k$

$$=\left[\lim\limits_{x\to\infty}\left(1+\dfrac{k}{x}\right)^{\frac{x}{k}}\right]^k=\mathrm{e}^k.$$

2.4.3 连续复利问题

1. 单利计算公式

设初始本金为 P，银行的年利率为 r，若按单利（利息不参与计息）计算，则：

第 1 年年末本利和为：$s_1=P+rP=P(1+r)$.

第 2 年年末本利和为：$s_2=P(1+r)+rP=P(1+2r)$.

$$\vdots \qquad\qquad \vdots$$

第 t 年年末的本利和为：$s_t=P(1+tr)$.

2. 复利计算公式

设初始本金为 P，银行的年利率为 r，若按复利（利息参与计息）计算，则：

第 1 年年末本利和为：$s_1=P(1+r)$.

第 2 年年末本利和为：$s_2=P(1+r)(1+r)=P(1+r)^2$.

$$\vdots \qquad\qquad \vdots$$

第 t 年年末的本利和为：$s_t=P(1+r)^t$.

3. 连续复利计算公式

设初始本金为 P，银行的年利率为 r，若一年分 n 次计息，按复利（利息参与计息）计算，则：

第 1 年年末本利和为：$s_1 = P\left(1 + \dfrac{r}{n}\right)^n$.

第 2 年年末本利和为：$s_2 = P\left(1 + \dfrac{r}{n}\right)^{2n}$.

$$\vdots \qquad\qquad \vdots$$

第 t 年年末的本利和为：$s_t = P\left(1 + \dfrac{r}{n}\right)^{nt}$.

若让 $n \to \infty$，则第 t 年年末的本利和为

$$\lim_{n \to \infty} P\left(1 + \frac{r}{n}\right)^{nt} = P \lim_{n \to \infty}\left(1 + \frac{r}{n}\right)^{nt} = P \lim_{n \to \infty}\left(1 + \frac{r}{n}\right)^{\frac{n}{r}rt}$$

$$= P \lim_{n \to \infty}\left[\left(1 + \frac{r}{n}\right)^{\frac{n}{r}}\right]^{rt} = P\mathrm{e}^{rt}.$$

所以，本金为 P，按年化利率为 r 连续计算复利（$n \to \infty$），则第 t 年年末的本利和为

$$S_t = P\mathrm{e}^{rt}.$$

该公式称为**连续复利计算公式**.

例 2.4.7　一投资者欲用 1 万元投资 5 年，设年利率为 6%，请分别按单利、复利、每年分 4 次付息的复利和连续复利方式计算到第 5 年年末该投资者应得的本利和.

解：(1) 按单利计算：$S_5 = 10000$ 元 $\times (1 + 6\% \times 5) = 13000$ 元.

(2) 按复利计算：$S_5 = 10000$ 元 $\times (1 + 6\%)^5 \approx 13382$ 元.

(3) 每年分 4 次付息按复利计算：

$$S_5 = 10000 \text{ 元} \times \left(1 + \frac{6\%}{4}\right)^{4 \times 5} \approx 13469 \text{ 元}.$$

(4) 按连续复利计算：

$$S_5 = 10000 \text{ 元} \times \mathrm{e}^{5 \times 6\%} \approx 13499 \text{ 元}.$$

通过例 2.4.7，很容易发现不同计息方式下第 5 年年末本利和的大小关系. 大家还可以进一步证明第 t 年年末本利和的大小关系依然如此.

例 2.4.8　小米出生后，他的父母准备拿出一定金额的资金作为初始投资一次性购买某固定利率理财产品，希望到小米 20 岁生日时能一次性取出 20 万元用于小米的留学或创业. 如果投资的年化利率为 8%，按连续复利方式计算本利和，则小米的父母应拿出多少资金作为初始投资.

解：假设初始投资为 P，利用连续复利公式，有

$$P \times \mathrm{e}^{20 \times 8\%} = 200000 \text{ 元}$$

即

$$P = 200000 \text{ 元} \times \mathrm{e}^{-20 \times 8\%} \approx 40379.3 \text{ 元}.$$

所以，小米的父母应拿出约 40379.3 元作为初始投资，到小米 20 岁生日时才能一次性取出 20 万元.

例 2.4.8 中的 40379.3 元在经济学中也称为按年化利率 8% 连续复利计算 20 年后到期的 20 万元的**现值**. 本题计算该现值的过程称为**贴现**.

一般地，因为 $S_t = Pe^{rt}$，所以 t 年后金额 S_t 的现值 P 可按如下方式计算得到：

$$P = S_t e^{-rt}.$$

习题 2.4

1. 求下列极限.

(1) 求 $\lim\limits_{n \to \infty} 2^n \sin \dfrac{1}{2^n}$；

(2) $\lim\limits_{x \to 0} \dfrac{\sqrt{2+\tan x} - \sqrt{2+\sin x}}{x^3}$；

(3) $\lim\limits_{x \to \pi} \dfrac{\sin x}{x - \pi}$；

(4) $\lim\limits_{x \to \infty} x \arcsin \dfrac{n}{x}$，$n \in \mathbf{Z}$；

(5) $\lim\limits_{x \to \infty} \left(\dfrac{3+x}{2+x} \right)^{2x}$；

(6) $\lim\limits_{x \to 0} \dfrac{\ln(1+x)}{x}$；

(7) $\lim\limits_{x \to 0} \dfrac{e^x - 1}{x}$；

(8) $\lim\limits_{x \to 0} (1 + 3\tan^2 x)^{\cot^2 x}$.

2. 已知 $\lim\limits_{x \to \infty} \left(\dfrac{x-2}{x} \right)^{kx} = \dfrac{1}{e}$，求常数 k.

3. 已知 $\lim\limits_{x \to 0} (1+3x)^{\frac{1}{x}} = \lim\limits_{x \to 0} x \cot kx$，求常数 k.

2.5 无穷小与无穷大

无穷小（infinitesimal）与无穷大在极限计算中具有重要的应用，可以帮助大家更好地理解极限，更加简洁方便地计算某些极限.

2.5.1 无穷小的定义

定义 2.5.1 在自变量的某个变化过程下，以零为极限的函数称为无穷小量，简称无穷小.

例如：

(1) 当 $x \to \infty$ 时，函数 $f(x) \to 0$，则称当 $x \to \infty$ 时，$f(x)$ 是无穷小. 对应的数学描述为

$\forall \varepsilon > 0$，$\exists X > 0$，当 $|x| > X$ 时，恒有 $|f(x)| < \varepsilon$.

(2) 当 $x \to x_0$ 时，函数 $f(x) \to 0$，则称当 $x \to x_0$ 时，$f(x)$ 是无穷小. 对应的数学描述为

$\forall \varepsilon > 0$，$\exists \delta > 0$，当 $0 < |x - x_0| < \delta$ 时，恒有 $|f(x)| < \varepsilon$.

注 1：无穷小一定是某个变化过程下的无穷小，脱离了自变量的变化过程，则无从谈起无穷小.

注 2：无穷小量就是以 0 为极限的函数，不能与很小的数混淆.

注 3：零是唯一一个可以作为无穷小的常数.

例如：

（1）因为 $\lim\limits_{x \to 0} \sin x = 0$，所以，当 $x \to 0$ 时，函数 $\sin x$ 为无穷小.

（2）因为 $\lim\limits_{x \to \infty} \dfrac{1}{x} = 0$，所以，当 $x \to \infty$ 时，函数 $\dfrac{1}{x}$ 为无穷小.

2.5.2　无穷大的定义

定义 2.5.2　在自变量的某个变化过程下，若函数的绝对值无限增大，则称函数为无穷大量，简称无穷大.

例如：

（1）当 $x \to \infty$ 时，函数 $f(x)$ 的绝对值无限增大，则称当 $x \to \infty$ 时，$f(x)$ 是无穷大，记作 $\lim\limits_{x \to \infty} f(x) = \infty$. 对应的数学描述为：$\forall M > 0$，$\exists X > 0$，当 $|x| > X$ 时，恒有 $|f(x)| > M$.

（2）当 $x \to x_0$ 时，函数 $f(x)$ 的绝对值无限增大，则称当 $x \to x_0$ 时，$f(x)$ 是无穷大，记作 $\lim\limits_{x \to x_0} f(x) = \infty$. 对应的数学描述为：$\forall M > 0$，$\exists \delta > 0$，当 $0 < |x - x_0| < \delta$ 时，恒有 $|f(x)| > M$.

注 1：无穷大一定是某个变化过程下的无穷大，脱离了自变量的变化过程，则无从谈起无穷大.

注 2：无穷大量是变量，不能与很大的数混淆.

注 3：$\lim\limits_{x \to \infty} f(x) = \infty$，以及 $\lim\limits_{x \to x_0} f(x) = \infty$ 等只是无穷大量的一种记法，切勿认为函数 $f(x)$ 的极限存在，恰恰相反，这代表了函数 $f(x)$ 的极限不存在.

注 4：无穷大量是一种特殊的无界变量，但无界变量未必是无穷大量.

例如：

（1）因为 $\lim\limits_{x \to 1} \dfrac{1}{x - 1} = \infty$，所以，当 $x \to 1$ 时，函数 $\dfrac{1}{x - 1}$ 是无穷大.

（2）因为 $\lim\limits_{x \to +\infty} \mathrm{e}^x = +\infty$，所以，当 $x \to +\infty$ 时，函数 e^x 是无穷大，由于这里 e^x 当 $x \to +\infty$ 时趋于正无穷大，因此也称在 $x \to +\infty$ 这个过程下，函数 e^x 是正无穷大.

（3）因为 $\lim\limits_{x \to 0^+} \ln x = -\infty$，所以，在 $x \to 0^+$ 这个过程下，函数 $\ln x$ 是无穷大，由于这里 $\ln x$ 当 $x \to 0^+$ 时趋于负无穷大，因此也称在 $x \to 0^+$ 这个过程下，函数 $\ln x$ 是负无穷大.

2.5.3   无穷小与无穷大的关系

无穷小与无穷大之间的关系很直接，以下不加证明地给出二者之间的关系：

定理 2.5.1   在同一过程下，无穷大的倒数为无穷小，恒不为零的无穷小的倒数为无穷大.

定理 2.5.1 的意义在于：关于无穷大的讨论，都可以归结为关于无穷小的讨论. 因此，后续我们将重点研究无穷小的运算性质.

2.5.4   无穷小与函数极限的关系

以极限过程 $x \to x_0$ 为例，无穷小与函数极限之间的关系可用如下定理来直观地描述：

定理 2.5.2 $\lim\limits_{x \to x_0} f(x) = A$ 的充分必要条件是 $f(x) = A + \alpha(x)$，其中，当 $x \to x_0$ 时，$\alpha(x)$ 是无穷小.

证明：充分性：$\lim\limits_{x \to x_0} f(x) = \lim\limits_{x \to x_0} (A + \alpha(x)) = A + \lim\limits_{x \to x_0} \alpha(x) = A + 0 = A.$

必要性：令 $\alpha(x) = f(x) - A$，则 $\lim\limits_{x \to x_0} \alpha(x) = \lim\limits_{x \to x_0} (f(x) - A) = \lim\limits_{x \to x_0} f(x) - A = A - A = 0.$ 且由 $\alpha(x) = f(x) - A$，可直接得出 $f(x) = \alpha(x) + A.$

定理 2.5.2 的重要意义在于：将一般极限问题转化为特殊极限问题（无穷小）.

2.5.5   无穷小的运算性质

性质 1   在同一过程下，有限个无穷小的代数和仍是无穷小.

为了说明性质 1，只需要说明在同一过程下，两个无穷小的代数和仍是无穷小，利用极限的四则运算法则可知其显然成立.

性质 2   有界函数与无穷小的乘积是无穷小.

证明：设 $u(x)$ 是某个过程下的无穷小，这里以 $x \to x_0$ 为例，即 $\lim\limits_{x \to x_0} u(x) = 0.$ 设 $f(x)$ 为有界函数，即 $\exists M > 0$，使得 $\forall x$，都有 $|f(x)| \leqslant M.$ 以下证明在 $x \to x_0$ 这个过程下，函数 $f(x)u(x)$ 为无穷小.

事实上，$\forall \varepsilon > 0$，因为 $\lim\limits_{x \to x_0} u(x) = 0$，取 $\varepsilon_1 = \dfrac{\varepsilon}{M}$，则 $\exists \delta > 0$，当 $0 < |x - x_0| < \delta$ 时，恒有 $|u(x)| < \varepsilon_1 = \dfrac{\varepsilon}{M}$，从而 $|f(x)u(x)| < \varepsilon_1 M = \varepsilon.$ 这表明，$\lim\limits_{x \to x_0} f(x)u(x) = 0$，即在 $x \to x_0$ 这个过程下，函数 $f(x)u(x)$ 为无穷小.

例如，$\lim\limits_{x\to 0} x\sin\dfrac{1}{x}=0$. 这是因为在 $x\to 0$ 这个过程下，函数 x 是无穷小，而 $\left|\sin\dfrac{1}{x}\right|\leqslant 1$ 是有界量. 因此由性质 2 可知：在 $x\to 0$ 这个过程下，函数 $x\sin\dfrac{1}{x}$ 是无穷小，即 $\lim\limits_{x\to 0} x\sin\dfrac{1}{x}=0$.

由性质 2 可有如下推论：

推论 2.5.1　在同一过程下，有极限的变量与无穷小的乘积是无穷小.

推论 2.5.2　常数与无穷小的乘积是无穷小.

推论 2.5.3　有限个无穷小的乘积也是无穷小.

2.5.6　无穷小的阶及其比较

由无穷小的运算性质可知，同一过程下的两个无穷小的代数和以及乘积仍是无穷小，但同一过程下的两个无穷小的商却会出现不同的结果. 例如，在 $x\to 0$ 这个过程下，函数 x，x^2，$\sin x$ 都是无穷小，但

$$\lim_{x\to 0}\frac{x^2}{x}=0,\quad \lim_{x\to 0}\frac{x}{x^2}=\infty,\quad \lim_{x\to 0}\frac{\sin x}{x}=1.$$

这表明，在 $x\to 0$ 这个过程下，尽管 x，x^2，$\sin x$ 都以 0 为极限，但 x^2 比 x 收敛到 0 的速度快些（因为二者比的极限为 0），$\sin x$ 与 x 收敛到 0 的速度大致相同（因为二者比的极限为 1）. 也就是说，同一过程下的两个无穷小商的极限，可以用来刻画这两个无穷小收敛到 0 的"快慢". 为此，做出如下定义：

定义 2.5.3　设 $\alpha=\alpha(x)$，$\beta=\beta(x)$ 是同一过程下的两个无穷小，且 $\alpha\neq 0$.

（1）如果 $\lim\dfrac{\beta}{\alpha}=0$，则称 β 是 α 的高阶无穷小，记作 $\beta=o(\alpha)$.

（2）如果 $\lim\dfrac{\beta}{\alpha}=\infty$，则称 β 是 α 的低阶无穷小.

（3）如果 $\lim\dfrac{\beta}{\alpha}=C\neq 0$，则称 β 是 α 的同阶无穷小，特别地，若 $\lim\dfrac{\beta}{\alpha}=1$ 则称 β 与 α 是等价无穷小，记作 $\alpha\sim\beta$.

（4）如果 $\lim\dfrac{\beta}{\alpha^k}=C\neq 0$，则称 β 是 α 的 k 阶无穷小.

例如，因为 $\lim\limits_{x\to 0}\dfrac{x^2}{x}=0$，即在 $x\to 0$ 过程下，x^2 是 x 的高阶无穷小. 记作：$x^2=o(x)(x\to 0)$.

因为 $\lim\limits_{x\to 0}\dfrac{\sin x}{x}=1$，即在 $x\to 0$ 过程下，$\sin x$ 与 x 是等价无穷小. 记作：$\sin x\sim x(x\to 0)$.

自然地，为了有相互比较的基准，规定**标准无穷小**如下：

(1) 在 $x \to 0$ 过程下，取 $\alpha(x) = x$ 为标准无穷小.

(2) 在 $x \to x_0$ 过程下，取 $\alpha(x) = x - x_0$ 为标准无穷小.

(3) 在 $x \to \infty$ 过程下，取 $\alpha(x) = \dfrac{1}{x}$ 为标准无穷小.

若 $\beta(x)$ 是标准无穷小 $\alpha(x)$ 的 k 阶无穷小，则称在自变量的这种变化过程下，$\beta(x)$ 是 k 阶无穷小.

例 2.5.1 证明：当 $x \to 0$ 时，$2x^2 \sin^2 x$ 是 4 阶无穷小.

证明： 因为 $\displaystyle\lim_{x \to 0} \frac{2x^2 \sin^2 x}{x^4} = 2\lim_{x \to 0} \frac{\sin^2 x}{x^2} = 2\lim_{x \to 0}\left(\frac{\sin x}{x}\right)^2 = 2\left(\lim_{x \to 0} \frac{\sin x}{x}\right)^2 = 2$. 所以，当 $x \to 0$ 时，$2x\sin^2 x$ 是 4 阶无穷小.

例 2.5.2 证明：当 $x \to 0$ 时，$\tan x - \sin x$ 是 3 阶无穷小.

证明： $\displaystyle\lim_{x \to 0} \frac{\tan x - \sin x}{x^3} = \lim_{x \to 0} \frac{\tan x(1 - \cos x)}{x^3}$

$\displaystyle = \lim_{x \to 0} \frac{\sin x(1 - \cos x)}{x^3 \cos x} = \lim_{x \to 0} \frac{1}{\cos x} \frac{\sin x}{x} \frac{1 - \cos x}{x^2}$

$\displaystyle = \lim_{x \to 0} \frac{1}{\cos x} \lim_{x \to 0} \frac{\sin x}{x} \lim_{x \to 0} \frac{1 - \cos x}{x^2} = 1 \times 1 \times \frac{1}{2} = \frac{1}{2}$.

所以，当 $x \to 0$ 时，$\tan x - \sin x$ 是 3 阶无穷小.

2.5.7 无穷小在极限运算中的应用

由等价无穷小的定义可知，等价无穷小事实上描述的是在某一过程下，两个无穷小之间的关系. 例如，因为 $\displaystyle\lim_{x \to 0} \frac{\sin x}{x} = 1$，所以在 $x \to 0$ 这个过程下（或者说当 $x \to 0$ 时），$\sin x$ 与 x 这两个无穷小之间的关系是等价关系，记为 $\sin x \sim x$.

同理，当 $x \to 0$ 时，有如下常用的等价无穷小关系成立：

$\tan x \sim x$, $\quad$ $\arcsin x \sim x$, $\quad$ $\arctan x \sim x$, $\quad$ $\ln(1 + x) \sim x$,

$\mathrm{e}^x - 1 \sim x$, $\quad$ $a^x - 1 \sim x \ln a$, $\quad$ $1 - \cos x \sim \dfrac{1}{2} x^2$,

$(1 + x)^\alpha - 1 \sim \alpha x (\alpha \neq 0)$, $\quad$ $\sqrt[n]{(1 + x)} - 1 \sim \dfrac{1}{n} x$.

例 2.5.3 证明：当 $x \to \infty$ 时，$\sin \dfrac{1}{x} \sim \dfrac{1}{x}$.

证明： 令 $t = \dfrac{1}{x}$，则当 $x \to \infty$ 时，$t \to 0$，且在该过程下 $\sin t \sim t$，即 $\sin \dfrac{1}{x} \sim \dfrac{1}{x}$.

例 2.5.3 说明，等价无穷小表现形式多样，可以通过换元的方法给出上面等价无穷小更加一般化的形式. 以 $x \to 0$ 时 $\sin x \sim x$ 为例，若在自变量 x 的某个变化过程下，$\alpha(x) \to 0$，则 $\sin \alpha(x) \sim$

$\alpha(x)$. 更进一步，我们有以下定理：

定理 2.5.3 （**等价无穷小代换定理**）　设 $\alpha\sim\alpha'$，$\beta\sim\beta'$，且 $\lim\dfrac{\beta'}{\alpha'}$ 存在，则 $\lim\dfrac{\beta}{\alpha}=\lim\dfrac{\beta'}{\alpha'}$.

证明： $\lim\dfrac{\beta}{\alpha}=\lim\left(\dfrac{\beta}{\beta'}\cdot\dfrac{\beta'}{\alpha'}\cdot\dfrac{\alpha'}{\alpha}\right)=\lim\dfrac{\beta}{\beta'}\lim\dfrac{\beta'}{\alpha'}\lim\dfrac{\alpha'}{\alpha}=\lim\dfrac{\beta'}{\alpha'}.$

定理 2.5.3 表明，在某一过程下计算两个无穷小比的极限时，分子分母可以分别用等价无穷小代换，以简化极限的计算. 例如

例 2.5.4　计算 $\lim\limits_{x\to0}\dfrac{\tan2x}{\sin x}$.

解： 因为当 $x\to0$ 时，$\tan2x\sim2x$，$\sin x\sim x$，所以，$\lim\limits_{x\to0}\dfrac{\tan2x}{\sin x}=$ $\lim\limits_{x\to0}\dfrac{2x}{x}=2$.

结合定理 2.5.2，还可以得到以下两个推论：

推论 2.5.4　设 $\alpha\sim\alpha'$，且 $\lim\alpha'f(x)$ 存在，则 $\lim\alpha f(x)=\lim\alpha'f(x)$.

推论 2.5.5　设 $\alpha\sim\alpha'$，$\beta\sim\beta'$，且 $\lim\dfrac{\beta'}{\alpha'}f(x)$ 存在，则 $\lim\dfrac{\beta}{\alpha}f(x)=\lim\dfrac{\beta'}{\alpha'}f(x)$.

推论 2.5.4 和推论 2.5.5 表明，若分式的分子或分母为若干个因子的乘积，则可对其中的任意一个或几个无穷小因子做等价无穷小代换，而不会改变原式的极限.

例 2.5.5　计算 $\lim\limits_{x\to0}\dfrac{(x+2)\sin x}{\ln(1+x)}$.

解： 因为当 $x\to0$ 时，$\sin x\sim x$，$\ln(1+x)\sim x$，所以
$$\lim\limits_{x\to0}\dfrac{(x+2)\sin x}{\ln(1+x)}=\lim\limits_{x\to0}\dfrac{(x+2)x}{x}=\lim\limits_{x\to0}(x+2)=2.$$

例 2.5.6　计算 $\lim\limits_{x\to0^+}\dfrac{1-\sqrt{\cos x}}{1-\cos\sqrt{x}}$.

解： 因为当 $x\to0^+$ 时，$1-\cos x\sim\dfrac{1}{2}x^2$，所以，$1-\cos\sqrt{x}\sim\dfrac{1}{2}x$.

$$\lim\limits_{x\to0^+}\dfrac{1-\sqrt{\cos x}}{1-\cos\sqrt{x}}=\lim\limits_{x\to0^+}\dfrac{1-\sqrt{\cos x}}{\dfrac{1}{2}x}$$

$$=\lim\limits_{x\to0^+}\dfrac{2(1-\sqrt{\cos x})(1+\sqrt{\cos x})}{x(1+\sqrt{\cos x})}$$

$$=\lim\limits_{x\to0^+}\dfrac{2(1-\cos x)}{x(1+\sqrt{\cos x})}=\lim\limits_{x\to0^+}\dfrac{x^2}{x(1+\sqrt{\cos x})}$$

$$=\lim\limits_{x\to0^+}\dfrac{x}{1+\sqrt{\cos x}}=0.$$

通过例 2.5.4 至例 2.5.6，可以发现，用等价无穷小代换可以为极限运算带来极大的方便. 但务必注意，不能滥用等价无穷小代换. 定理 2.5.2 和推论 2.5.4、推论 2.5.5 只保证了对函数的乘积因子做等价无穷小代换时极限运算的正确性，而对代数和中各无穷小代换要慎重，否则将可能导致错误的结果.

例 2.5.7   计算 $\lim\limits_{x \to 0} \dfrac{\tan x - \sin x}{x^3}$.

解：因为 $\tan x - \sin x = \tan x (1 - \cos x)$，而当 $x \to 0$ 时，$\tan x \sim x$，$1 - \cos x \sim \dfrac{1}{2} x^2$，所以 $\tan x - \sin x = \tan x (1 - \cos x) \sim \dfrac{1}{2} x^3$. 因此，$\lim\limits_{x \to 0} \dfrac{\tan x - \sin x}{x^3} = \lim\limits_{x \to 0} \dfrac{\dfrac{1}{2} x^3}{x^3} = \dfrac{1}{2}$.

请读者思考. 能否直接利用当 $x \to 0$ 时，$\tan x \sim x$，$\sin x \sim x$，得出：$\lim\limits_{x \to 0} \dfrac{\tan x - \sin x}{x^3} = \lim\limits_{x \to 0} \dfrac{x - x}{x^3} = 0$？指出这样做为什么不对. 那么，在代数和中可以怎样借助等价无穷小来简化计算呢？这就需要借助如下定理.

定理 2.5.4 $\alpha \sim \beta$ 的充分必要条件是：$\beta = \alpha + o(\alpha)$，其中称 α 是 β 的主要部分.

证明：必要性 因为 $\alpha \sim \beta$，则 $\lim \dfrac{\beta - \alpha}{\alpha} = \lim \left(\dfrac{\beta}{\alpha} - 1 \right) = 0$，即 $\beta - \alpha = o(\alpha)$，$\beta = \alpha + o(\alpha)$.

充分性 因为 $\beta = \alpha + o(\alpha)$，所以 $\lim \dfrac{\beta}{\alpha} = \lim \dfrac{\alpha + o(\alpha)}{\alpha} = \lim \left(1 + \dfrac{o(\alpha)}{\alpha} \right) = 1$，即 $\alpha \sim \beta$.

注：在定理 2.5.4 中，$\alpha \sim \beta$ 表示的是等价关系，不是相等，而 $\beta = \alpha + o(\alpha)$ 表示的是相等，即 β 等于 α 加上 α 的某个高阶无穷小，这种相等可以用于代数和运算中无穷小的**替换**.

例 2.5.8   计算 $\lim\limits_{x \to 0} \dfrac{\tan 5x - \cos x + 1}{\sin 3x}$.

解：因为当 $x \to 0$ 时，$\tan 5x = 5x + o(x)$，$1 - \cos x = \dfrac{1}{2} x^2 + o(x^2)$，$\sin 3x = 3x + o(x)$，

所以 $\lim\limits_{x \to 0} \dfrac{\tan 5x - \cos x + 1}{\sin 3x} = \lim\limits_{x \to 0} \dfrac{5x + o(x) + \dfrac{1}{2} x^2 + o(x^2)}{3x + o(x)}$

$$= \lim\limits_{x \to 0} \dfrac{5 + \dfrac{o(x)}{x} + \dfrac{1}{2} x + \dfrac{o(x^2)}{x}}{3 + \dfrac{o(x)}{x}}$$

$$= \dfrac{5}{3}.$$

习题 2.5

1. 利用等价无穷小的替换性质，求下列极限.

(1) $\lim\limits_{x\to 0}\dfrac{\tan 3x}{5x}$;

(2) $\lim\limits_{x\to 0}\dfrac{\ln(1-2x)}{\sin 5x}$;

(3) $\lim\limits_{x\to 0}\dfrac{1-\cos mx}{(\sin x)^2}$;

(4) $\lim\limits_{x\to 0}\dfrac{1}{x}\Big(\dfrac{1}{\sin x}-\dfrac{1}{\tan x}\Big)$.

2. 证明当 $x\to 0$ 时，有 $\sec x-1\sim\dfrac{1}{2}x^2$.

3. 证明当 $x\to\infty$ 时，$\dfrac{\arctan x}{x}$ 是无穷小.

4. 求极限 $\lim\limits_{x\to 0}\dfrac{\sin(x^n)}{(\sin x)^m}$，其中 m, n 为自然数.

2.6　函数的连续性

　　自然界中的诸多现象，如树木的生长、人的身高等都是连续变化着的，这种现象在函数关系上的反映就是函数的连续性. 然而，19 世纪之前，数学家对连续变量的研究只是停留在几何直观的层面，认为能够一笔画成的曲线所对应的函数就是连续函数. 单纯依赖直觉来理解和定义连续函数显然是不够的，19 世纪中叶，柯西（Cauchy）、魏尔斯特拉斯（Weierstrass）等数学家在严格的极限理论形成之后，对连续函数（continuous function）做出了严格的数学刻画.

　　本节以及 2.7 节将以极限为基础，给出连续函数的定义、相关概念和连续函数的性质.

　　为此，首先介绍变量的增量（increment）的概念. 设变量 u 从 $u=u_1$ 变化到 $u=u_2$，则 u_2-u_1 就称为变量 u 的增量，记作 Δu，即 $\Delta u=u_2-u_1$. 这里的 u_2, u_1 并没有必然的大小关系，所以 Δu 可正可负.

2.6.1　函数的增量

　　定义 2.6.1　设函数 $y=f(x)$ 在点 x_0 的某一邻域 $N(x_0,\delta)$ 内有定义，当自变量 x 在 x_0 处有增量 $\Delta x=x-x_0$，其中 $x\in N(x_0,\delta)$，即自变量 x 从点 x_0 变化到 $x_0+\Delta x$，则相应地，函数 $y=f(x)$ 从 $f(x_0)$ 变化到 $f(x_0+\Delta x)$，则称

$$f(x_0+\Delta x)-f(x_0)$$

为函数 $f(x)$ 相应于 Δx 的增量，记作 $\Delta y=f(x_0+\Delta x)-f(x_0)$.

　　图 2-6-1 给出了函数增量 $\Delta y=f(x_0+\Delta x)-f(x_0)$ 的示意图，另外，由于 $f(x_0)$, $f(x_0+\Delta x)$ 没有必然的大小关系，所以 Δy

也是可正可负的.

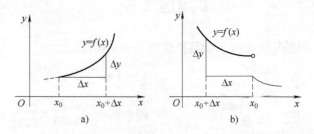

图 2-6-1   函数的增量示意图

直观上可以发现图 2-6-1a 中的函数在点 x_0 处是连续的，而图 2-6-1b 中的图在点 x_0 处是断开的，也就是不连续的. 从增量变化的角度来看，在图 2-6-1a 中，当 $\Delta x \to 0$ 时，$\Delta y \to 0$，即 $f(x) \to f(x_0)$. 而在图 2-6-1b 中，当 $\Delta x \to 0$ 时，由于函数在 x_0 是断开的，所以 $\Delta y \nrightarrow 0$. 这就启发我们可以按照如下方式定义函数在点 x_0 是否连续.

2.6.2   函数在一点连续的定义

定义 2.6.2   设函数 $y = f(x)$ 在 $N(x_0, \delta)$ 内有定义，如果当自变量 x 在 x_0 处的增量 $\Delta x \to 0$ 时，对应的函数的增量也趋于 0，即 $\lim\limits_{\Delta x \to 0} \Delta y = 0$，或者 $\lim\limits_{\Delta x \to 0} f(x_0 + \Delta x) - f(x_0) = 0$，那么就称函数 $f(x)$ 在点 x_0 连续，x_0 称为 $f(x)$ 的连续点.

注1：定义 2.6.2 可以简单描述为函数 $f(x)$ 在点 x_0 连续 $\Leftrightarrow$ $x \to x_0$，有 $f(x) \to f(x_0)$，即

$$\lim\limits_{x \to x_0} f(x) = f(x_0).$$

所以函数在某点连续的本质特征可以描述为：自变量的变化很小时，它所引起的因变量的变化也是很小的.

注2：验证某个函数 $f(x)$ 在某点 x_0 是否连续，一般可通过以下 3 个步骤判断，流程如图 2-6-2 所示。

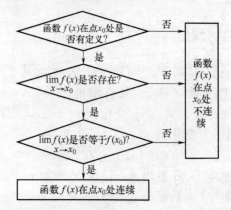

图 2-6-2   函数 $f(x)$ 在点 x_0 处是否连续的判断流程

例 2.6.1　讨论函数 $f(x)=\begin{cases}x\sin\dfrac{1}{x}, & x\neq 0,\\ 0, & x=0,\end{cases}$ 点 $x=0$ 处是否连续.

解：因为 $f(0)=0$，$\lim\limits_{x\to 0}f(x)=\lim\limits_{x\to 0}x\sin\dfrac{1}{x}=0$，所以，$\lim\limits_{x\to 0}f(x)=f(0)$，即函数 $f(x)$ 在 $x=0$ 处连续.

2.6.3　单侧连续

基于函数在某点连续的定义，我们可以较为直接地给出函数单侧连续的定义.

定义 2.6.3　设函数 $f(x)$ 在区间 $(a,x_0]$ 内有定义，且 $f(x_0-0)=\lim\limits_{x\to x_0^-}f(x)=f(x_0)$，则称 $f(x)$ 在 x_0 处左连续.

定义 2.6.4　设函数 $f(x)$ 在区间 $[x_0,b)$ 内有定义，且 $f(x_0+0)=\lim\limits_{x\to x_0^+}f(x)=f(x_0)$，则称 $f(x)$ 在 x_0 处右连续.

图 2-6-3 从函数图像的视角给出了左连续、右连续更为直观的解释，其中图 2-6-3a 中的函数在 x_0 点左连续，图 2-6-3b 中的函数在 x_0 点右连续.

结合连续、左连续和右连续的定义，可直接得出三者之间的关系：

定理 2.6.1　函数 $f(x)$ 在 x_0 处连续的充分必要条件是函数 $f(x)$ 在 x_0 处既左连续又右连续.

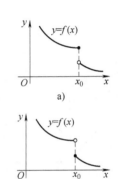

图 2-6-3　单侧连续函数示意图

例 2.6.2　讨论函数 $f(x)=\begin{cases}x^2+1, & x>0,\\ 1, & x=0, \\ x^2-1, & x<0\end{cases}$ 在点 $x=0$ 处的连续性.

解：因为 $\lim\limits_{x\to 0^-}f(x)=\lim\limits_{x\to 0^-}(x^2-1)=-1\neq f(0)$，$\lim\limits_{x\to 0^+}f(x)=\lim\limits_{x\to 0^+}(x^2+1)=1=f(0)$，即函数 $f(x)$ 在点 $x=0$ 处右连续但不左连续，因此在点 $x=0$ 处不连续.

2.6.4　函数的间断点

前面已经研究了函数 $f(x)$ 在点 x_0 处连续必须满足的三个条件：①函数 $f(x)$ 在点 x_0 处有定义；②极限 $\lim\limits_{x\to x_0}f(x)$ 存在；③$\lim\limits_{x\to x_0}f(x)=f(x_0)$. 这三个条件中只要有一个不满足，则函数 $f(x)$ 在点 x_0 处不连续. 此时，称函数 $f(x)$ 在点 x_0 处间断. 严格定义如下：

定义 2.6.5　若函数 $f(x)$ 在点 x_0 的某个去心邻域内有定

义，且 $f(x)$ 在点 x_0 处不连续，则称函数 $f(x)$ 在点 x_0 处间断，同时称 x_0 为函数 $f(x)$ 的间断点.

根据函数在间断点处左右极限是否都存在，可将间断点分为如下两类：

（1）**第一类间断点**. 设点 x_0 为函数 $f(x)$ 的间断点，且 $f(x)$ 在点 x_0 处左、右极限都存在，则称点 x_0 为函数 $f(x)$ 的第一类间断点.

第一类间断点的重要特征是 $f(x)$ 在点 x_0 处的左右极限都存在，但存在未必相等. 因此，根据 $f(x)$ 在点 x_0 处左极限 $\lim\limits_{x \to x_0^-} f(x)$、右极限 $\lim\limits_{x \to x_0^+} f(x)$ 是否相等，又可将第一类间断点细分为如下两种类型：

1）当 $\lim\limits_{x \to x_0^-} f(x) \neq \lim\limits_{x \to x_0^+} f(x)$，则称点 x_0 为函数 $f(x)$ 的跳跃型间断点.

2）当 $\lim\limits_{x \to x_0^-} f(x) = \lim\limits_{x \to x_0^+} f(x) \neq f(x_0)$，则称点 x_0 为函数 $f(x)$ 的可去型间断点.

注：对于可去型间断点，只要改变或者补充间断处函数的定义，则能使可去型间断点变为连续点.

例 2.6.3 讨论函数 $f(x) = \begin{cases} -x, & x \leqslant 0 \\ 1+x, & x > 0 \end{cases}$，在点 $x=0$ 处的连续性，若间断，指出间断点的类型.

解： $\lim\limits_{x \to 0^-} f(x) = \lim\limits_{x \to 0^-} (-x) = 0$，$\lim\limits_{x \to 0^+} f(x) = \lim\limits_{x \to 0^+} (1+x) = 1$. 即 $\lim\limits_{x \to 0^-} f(x) \neq \lim\limits_{x \to 0^+} f(x)$. 所以点 $x=0$ 为函数 $f(x)$ 的第一类间断点，且为跳跃型间断点. 从图 2-6-4 可以更形象地看出称 $x=0$ 为跳跃型间断点的原因.

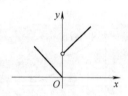

图 2-6-4　第一类跳跃型间断点

例 2.6.4 讨论函数 $f(x) = \begin{cases} 2x, & 0 \leqslant x < 1, \\ 1, & x = 1, \\ 1+x, & x > 1 \end{cases}$　在点 $x=1$ 处的连续性，若间断，指出间断点的类型.

解： 因为 $\lim\limits_{x \to 1^-} f(x) = \lim\limits_{x \to 1^-} (2x) = 2$，$\lim\limits_{x \to 1^+} f(x) = \lim\limits_{x \to 1^+} (1+x) = 2$. 而 $f(1) = 1$，即

$$\lim\limits_{x \to 1^-} f(x) = \lim\limits_{x \to 1^+} f(x) = 2 \neq f(1).$$

所以，点 $x=1$ 为函数 $f(x)$ 的第一类可去型间断点. 如图 2-6-5 所示.

（2）**第二类间断点**. 设点 x_0 为函数 $f(x)$ 的间断点，且 $f(x)$ 在点 x_0 处左、右极限至少有一个不存在，则称点 x_0 为函数 $f(x)$ 的第二类间断点.

图 2-6-5　第一类可去型间断点

因此，对于间断点 x_0 来说，若不是第一类间断点，则一定是第二类间断点. 而对于第二类间断点来说，极限不存在也可以细

分为两种情况：①函数 $f(x)$ 在自变量 $x \to x_0^-$ 或 $x \to x_0^+$ 的过程中趋于无穷大，导致极限不存在；②函数 $f(x)$ 在自变量 $x \to x_0^-$ 或 $x \to x_0^+$ 的过程中无限振荡，导致极限不存在. 以下用两个例子来说明.

例 2.6.5　讨论函数 $f(x)=\begin{cases} \dfrac{1}{x}, & x>0, \\ x, & x \leqslant 0 \end{cases}$ 在点 $x=0$ 处的连续性，若间断，指出间断点的类型.

解： 因为 $\lim\limits_{x \to 0^-} f(x)=\lim\limits_{x \to 0^-} x=0$，$\lim\limits_{x \to 0^+} f(x)=\lim\limits_{x \to 0^+} \dfrac{1}{x}=+\infty$.
所以 $x=0$ 为函数的第二类间断点. 这种只要有一侧的极限趋于无穷大的情况，就称为无穷型间断点，如图 2-6-6 所示.

例 2.6.6　讨论函数 $f(x)=\sin\dfrac{1}{x}$ 在点 $x=0$ 处的连续性，若间断，指出间断点的类型.

解： 因为在 $x=0$ 处，函数没有定义，而 $\lim\limits_{x \to 0}\sin\dfrac{1}{x}$ 不存在，所以 $x=0$ 为第二类间断点. 另外，当 $x \to 0$ 时，函数 $\sin\dfrac{1}{x}$ 也不趋于无穷大，而是不断振荡. 这种情况称为振荡型间断点，如图 2-6-7 所示.

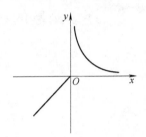

图 2-6-6　第二类无穷型间断点

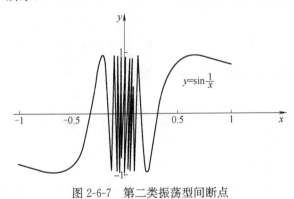

图 2-6-7　第二类振荡型间断点

习题 2.6

1. 确定常数 a，b 使下列函数连续.

(1) $f(x)=\begin{cases} \mathrm{e}^x, & x \leqslant 0, \\ x+a, & x>0; \end{cases}$

(2) $f(x)=\begin{cases} \dfrac{\ln(1-3x)}{bx}, & x<0, \\ 2, & x=0, \\ \dfrac{\sin ax}{x}, & x>0. \end{cases}$

2. 指出下列函数的间断点，并说明它的类型.

(1) $f(x)=\dfrac{1}{x^2-1}$；   (2) $f(x)=\mathrm{e}^{\frac{1}{x}}$；

(3) $f(x)=\dfrac{1-\cos x}{x^2}$；   (4) $f(x)=x\cos^2\dfrac{1}{x}$.

3. 讨论下列函数的连续性，若存在间断点，请指出其类型.

(1) $f(x)=\lim\limits_{n\to\infty}\dfrac{1-x^{2n}}{1+x^{2n}}$；   (2) $f(x)=\lim\limits_{n\to\infty}\dfrac{1+x}{1+x^{2n}}$.

2.7　连续函数的运算与性质

2.7.1　函数在区间上连续的定义

定义 2.7.1　如果函数 $f(x)$ 在开区间 (a,b) 内每一点都连续，则称函数 $f(x)$ 在开区间 (a,b) 内连续.

定义 2.7.2　如果函数 $f(x)$ 在开区间 (a,b) 内连续，在左端点 $x=a$ 处右连续，在右端点 $x=b$ 处左连续，则称函数 $f(x)$ 在闭区间 $[a,b]$ 上连续.

注：同样可以定义函数 $f(x)$ 在半开半闭区间上的连续性.

例 2.7.1　证明幂函数 $f(x)=x^n(n\in\mathbf{Z}_+)$ 在 $(-\infty,+\infty)$ 内连续.

证明：$\forall x_0\in(-\infty,+\infty)$，有 $\lim\limits_{x\to x_0}f(x)=\lim\limits_{x\to x_0}x^n=(\lim\limits_{x\to x_0}x)^n=f(x_0)$. 结合 x_0 的任意性知，函数 $f(x)=x^n$ 在 $(-\infty,+\infty)$ 内连续.

例 2.7.2　证明正弦函数 $f(x)=\sin x$ 在 $(-\infty,+\infty)$ 内连续.

证明：$\forall x_0\in(-\infty,+\infty)$，取 $x=x_0+\Delta x$，则 $\Delta x=x-x_0$，$\Delta y=f(x)-f(x_0)=f(x_0+\Delta x)-f(x_0)=\sin(x_0+\Delta x)-\sin x_0=2\sin\dfrac{\Delta x}{2}\cos\left(x_0+\dfrac{\Delta x}{2}\right)$，

显然有 $\lim\limits_{\Delta x\to0}\Delta y=\lim\limits_{\Delta x\to0}2\sin\dfrac{\Delta x}{2}\cos\left(x+\dfrac{\Delta x}{2}\right)=0$. 结合 x_0 的任意性知，函数 $f(x)=\sin x$ 在 $(-\infty,+\infty)$ 内连续.

注：同理可证余弦函数 $y=\cos x$ 在 $(-\infty,+\infty)$ 内连续.

例 2.7.3　证明指数函数 $f(x)=\mathrm{e}^x$ 在 $(-\infty,+\infty)$ 内连续.

证明：$\forall x_0\in(-\infty,+\infty)$，取 $x=x_0+\Delta x$，则 $\Delta x=x-x_0$，
$$\Delta y=f(x)-f(x_0)=f(x_0+\Delta x)-f(x_0)$$
$$=\mathrm{e}^{x_0+\Delta x}-\mathrm{e}^{x_0}=\mathrm{e}^{x_0}(\mathrm{e}^{\Delta x}-1),$$

显然有 $\lim\limits_{\Delta x \to 0} \Delta y = \lim\limits_{\Delta x \to 0} e^{x_0}(e^{\Delta x}-1) = e^{x_0} \lim\limits_{\Delta x \to 0} (e^{\Delta x}-1) = $

$e^{x_0}\left(\lim\limits_{\Delta x \to 0} e^{\Delta x}-1\right)=0.$ 结合 x_0 的任意性知，函数 $f(x)=e^x$ 在

$(-\infty,+\infty)$ 内连续.

2.7.2　初等函数的连续性

由于初等函数是由基本初等函数经过有限次的四则运算和有限次的复合运算，能够用一个式子表示的函数. 因此为了研究初等函数的连续性，需要研究连续函数经过四则运算、复合运算后连续性能否保持的问题.

定理 2.7.1　若函数 $f(x)$，$g(x)$ 在点 x_0 处连续，则 $f(x)\pm$ $g(x)$，$f(x)g(x)$，$\dfrac{f(x)}{g(x)}(g(x_0)\neq 0)$，在点 x_0 处也连续.

利用极限的四则运算性质，可以证明定理 2.7.1 成立，这里不再赘述.

简单来说，定理 2.7.1 描述的是四则运算能够保持函数的连续性. 基于定理 2.7.1，结合前面已经证明了 $\sin x$，$\cos x$ 的连续性，可知 $\tan x$，$\cot x$，$\sec x$，$\csc x$ 在其定义域内都连续.

从而有结论：**三角函数在其定义域内都连续.**

给定一个连续函数，它是否存在连续的反函数，可利用如下定理确定.

定理 2.7.2　严格单调的连续函数必有严格单调连续的反函数.

例如：因为正弦函数 $y=\sin x$ 在 $\left[-\dfrac{\pi}{2},\dfrac{\pi}{2}\right]$ 上单调增加且连续，所以 $y=\sin x$ 在 $\left[-\dfrac{\pi}{2},\dfrac{\pi}{2}\right]$ 存在反函数 $y=\arcsin x$，且其在 $[-1,1]$ 上也是单调增加且连续的.

又如：因为余弦函数 $y=\cos x$ 在 $[0,\pi]$ 上单调减少且连续，所以 $y=\cos x$ 在 $[0,\pi]$ 存在反函数 $y=\arccos x$，且其在 $[-1,1]$ 上也是单调减少且连续的.

同理，$y=\arctan x$ 在 $(-\infty,+\infty)$ 上是单调增加且连续的，$y=\text{arccot}x$ 在 $(-\infty,+\infty)$ 上是单调减少且连续的.

从而有结论：**反三角函数在其定义域内都连续.**

同理，利用指数函数 $y=e^x$，$x\in\mathbf{R}$ 的连续性，也可以得出对数函数 $y=\ln x$，$x>0$ 的连续性. 更一般地，我们有结论：**指数函数 $y=a^x,(a>0,a\neq 1)$ 在 $(-\infty,+\infty)$ 内连续；对数函数 $y=\log_a x,(a>0,a\neq 1)$ 在 $(0,+\infty)$ 内连续.**

为了研究复合函数对函数连续性的保持问题，我们先研究复合函数的极限运算问题.

定理 2.7.3 若 $\lim\limits_{x \to x_0} \varphi(x) = u_0$，且函数 $f(u)$ 在点 u_0 连续，则有

$$\lim_{x \to x_0} f(\varphi(x)) = f(u_0) = f\left(\lim_{x \to x_0} \varphi(x)\right).$$

分析：只需证明 $\lim\limits_{x \to x_0} f(\varphi(x)) = f(u_0)$，即证明 $x \to x_0$ 时，有 $f(\varphi(x)) \to f(u_0)$. 而这是显然的，令 $u = \varphi(x)$，因为 $\lim\limits_{x \to x_0} \varphi(x) = u_0$，即 $x \to x_0$ 时 $\varphi(x) \to u_0$，也就是 $u \to u_0$. 又因为 $f(u)$ 在点 u_0 连续，即 $u \to u_0$ 时 $f(u) \to f(u_0)$，也就是 $f(\varphi(x)) \to f(u_0)$. 这就证明了 $x \to x_0$ 时，有 $f(\varphi(x)) \to f(u_0)$. 用 $\varepsilon - \delta$ 语言给出的详细证明如下：

证明：因为函数 $f(u)$ 在点 u_0 连续，即 $\forall \varepsilon > 0$，$\exists \eta > 0$，当 $|u - u_0| < \eta$ 时，恒有

$$|f(u) - f(u_0)| < \varepsilon.$$

对此 $\eta > 0$，令 $u = \varphi(x)$，因为 $\lim\limits_{x \to x_0} \varphi(x) = u_0$，所以 $\exists \delta > 0$，当 $|x - x_0| < \delta$ 时，恒有 $|\varphi(x) - u_0| = |u - u_0| < \eta$，从而 $|f(u) - f(u_0)| < \varepsilon$，即 $|f(\varphi(x)) - f(u_0)| < \varepsilon$. 从而证明了

$$\lim_{x \to x_0} f(\varphi(x)) = f(u_0).$$

而 $u_0 = \lim\limits_{x \to x_0} \varphi(x)$，代入上式即得

$$\lim_{x \to x_0} f(\varphi(x)) = f(u_0) = f\left(\lim_{x \to x_0} \varphi(x)\right).$$

注 1：观察定理 2.7.3 结论的形式，可以得出这样一个简单结论：**在函数连续的前提下，极限符号可以与函数符号互换位置**.

注 2：在定理 2.7.3 中，如果进一步假设 $u = \varphi(x)$ 在 $x = x_0$ 点连续，即 $\lim\limits_{x \to x_0} \varphi(x) = \varphi(x_0)$，则定理 2.7.3 仍然成立，不仅如此，由于 $u_0 = \varphi(x_0)$，我们还可以直接得到如下结论.

定理 2.7.4 若函数 $u = \varphi(x)$ 在点 $x = x_0$ 连续，且 $\varphi(x_0) = u_0$，而函数 $y = f(u)$ 在点 $u = u_0$ 连续，则复合函数 $y = f(\varphi(x))$ 在点 $x = x_0$ 连续.

例如，因为函数 $u = \ln x$ 在 $(0, +\infty)$ 上连续，函数 $y = \cos u$ 在 $(-\infty, +\infty)$ 内连续，则由这两个函数得到的复合函数 $y = \cos(\ln x)$ 在 $(0, +\infty)$ 上连续.

例 2.7.4 证明函数 $f(x) = x^\mu$ 为连续函数，其中 $x > 0$，$\mu \in \mathbf{R}$.

证明：$f(x) = x^\mu = \mathrm{e}^{\ln(x^\mu)} = \mathrm{e}^{\mu \ln x}$，因此 $\forall \mu \in \mathbf{R}$，函数 $f(x) = x^\mu$ 在 $(0, +\infty)$ 上是连续函数.

例 2.7.5 计算：$\lim\limits_{x \to +\infty} \sin(\sqrt{x+1} - \sqrt{x})$.

解：$\lim\limits_{x\to+\infty}\sin(\sqrt{x+1}-\sqrt{x})=\lim\limits_{x\to+\infty}\sin\left(\dfrac{1}{\sqrt{x+1}+\sqrt{x}}\right)=$

$\sin\left(\lim\limits_{x\to+\infty}\dfrac{1}{\sqrt{x+1}+\sqrt{x}}\right)=\sin 0=0$.

关于基本初等函数与初等函数的连续性问题，可用如下两个定理概括.

定理 2.7.5　基本初等函数在其定义域内都是连续的.

定理 2.7.6　所有初等函数在其定义区间内都是连续的.

注 1：这里的定义区间是指包含在定义域内的区间. 初等函数仅能保证在其定义区间内连续，其在定义域内不一定连续.

例如，函数 $y=\sqrt{x^2(x-2)}$，其定义域为 $\{0\}\cup[2,+\infty)$，显然该函数在 0 点是不连续的，但在区间 $[2,+\infty)$ 上是连续的.

注 2：既然初等函数在其定义区间内都是连续的，那么就可以用直接代入法计算初等函数 $y=f(x)$ 的极限，即 $\lim\limits_{x\to x_0}f(x)=f(x_0)$，$x\in$ 函数 $f(x)$ 的定义区间.

例 2.7.6　计算：$\lim\limits_{x\to1}\dfrac{x^2+\ln(2-x)}{4\arctan x}$.

解：因为 $\dfrac{x^2+\ln(2-x)}{4\arctan x}$ 是初等函数，$x=1$ 是其定义区间内的点，且分母的极限 $\lim\limits_{x\to1}4\arctan x=4\arctan1\neq0$，所以，

$$\lim\limits_{x\to1}\dfrac{x^2+\ln(2-x)}{4\arctan x}=\dfrac{1^2+\ln(2-1)}{4\arctan1}=\dfrac{1}{\pi}.$$

2.7.3　闭区间上连续函数的性质

为了研究闭区间上连续函数的性质，需要先明确最大值和最小值的概念.

定义 2.7.3　对于在区间 I 上有定义的函数 $f(x)$，若存在 $x_0\in I$，使得 $\forall x\in I$，$f(x)\leqslant f(x_0)\big(f(x)\geqslant f(x_0)\big)$，则称 $f(x_0)$ 是函数 $f(x)$ 在区间 I 上的最大（小）值. x_0 称为最大（小）值点. 记作：$f(x_0)=\max\limits_{x\in I}\{f(x)\}\big(f(x_0)=\min\limits_{x\in I}\{f(x)\}\big)$.

例如，$f(x)=\cos x$ 在 $[0,2\pi]$ 上有最大值 1 和最小值 -1. 其中，$x=0$，$x=2\pi$ 都是函数 $f(x)$ 的最大值点，$x=\pi$ 是函数 $f(x)$ 的最小值点.

定理 2.7.7　（**最值定理**）　闭区间上连续的函数一定有最大值和最小值.

图 2-7-1 给出了定理 2.7.7 的直观解释. 定理 2.7.7 表明，若函数 $f(x)$ 在闭区间 $[a,b]$ 上连续，则至少存在一点 $\xi_1\in[a,b]$，使得 $f(\xi_1)=\max\limits_{x\in[a,b]}\{f(x)\}$. 也至少存在一点 $\xi_2\in[a,b]$，使得

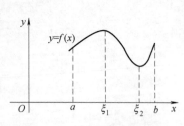

图 2-7-1　最值定理示意图

$$f(\xi_2)=\min_{x\in[a,b]}\{f(x)\}.$$

注 1：若区间是开区间，定理不一定成立，如图 2-7-2a 中所示情形.

注 2：若区间内有间断点，定理不一定成立，如图 2-7-2b 中所示情形.

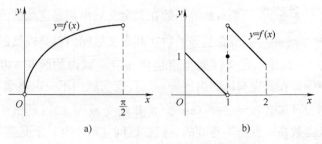

a)　　　　　　　　b)

图 2-7-2　最值定理补充说明示意图

由定理 2.7.7 可知，既然闭区间上的连续函数有最大值和最小值，则显然函数介于最大值和最小值之间，因此，可以直接得出如下定理.

定理 2.7.8　（有界性定理）　闭区间上连续的函数一定在该区间上有界.

闭区间上连续函数的性质不仅表现为有界，其连续性还决定了如下定理成立.

定理 2.7.9　（零点存在定理）　设函数 $f(x)$ 在闭区间 $[a,b]$ 上连续，且 $f(a)$ 与 $f(b)$ 异号（即 $f(a)f(b)<0$）. 则至少存在一点 $\xi\in(a,b)$，使得 $f(\xi)=0$.

定理 2.7.9 也称为零点存在定理. 所谓零点，就是使得 $f(x_0)=0$ 成立的点 x_0. 显然定理 2.7.9 中的 ξ 就是函数 $f(x)$ 的一个零点.

定理 2.7.9 同时说明，若方程 $f(x)=0$ 中的 $f(x)$ 满足定理 2.7.9 的条件，则其在 (a,b) 内至少存在一个实根. 因此，定理 2.7.9 也称为根的存在定理.

例 2.7.7　证明方程 $x^3-4x+1=0$ 在区间 $(0,1)$ 内至少有一个实根.

证明： 令 $f(x)=x^3-4x+1$，显然函数 $f(x)$ 是闭区间 $[0,1]$ 上的连续函数，$f(0)=1>0$，$f(1)=-2<0$. 因此，由零点存在定理知，至少存在一点 $\xi\in(a,b)$，使得 $f(\xi)=0$，即

$$\xi^3-4\xi+1=0.$$

方程 $x^3-4x+1=0$ 在区间 $(0,1)$ 内至少有一个实根 ξ.

定理 2.7.9 的几何意义如图 2-7-3 所示，即若连续曲线弧 $y=f(x)$ 的两个端点位于 x 轴的不同侧，则曲线弧与 x 轴至少

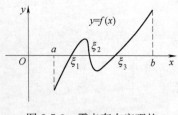

图 2-7-3　零点存在定理的几何意义

有一个交点.

零点存在定理的更一般化表述为如下定理.

定理 2.7.10　（**介值定理**）　设函数 $f(x)$ 在闭区间 $[a,b]$ 上连续，且在该区间端点有不同取值，$f(a)=A$，$f(b)=B$. 则对于 A，B 之间的任意一个数 C，至少存在一点 $\xi \in (a,b)$，使得 $f(\xi)=C$.

事实上，令 $g(x)=f(x)-C$，则 $g(a)=A-C$，$g(b)=B-C$. 所以 $g(x)$ 在闭区间 $[a,b]$ 上连续，且 $g(a)$ 与 $g(b)$ 异号. 因此，由零点存在定理知：至少存在一点 $\xi \in (a,b)$，使得 $g(\xi)=0$，即 $f(\xi)=C$.

定理 2.7.10 的几何意义如图 2-7-4 所示，即连续曲线弧 $y=f(x)$ 与水平线 $y=C$ 至少有一个交点，这里，$f(\xi_1)=f(\xi_2)=f(\xi_3)=C$.

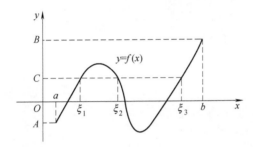

图 2-7-4　介值定理的几何意义

结合介值定理与最值定理，我们容易得到如下更一般化的介值定理.

推论 2.7.1　闭区间上连续的函数必取得介于最大值 M 与最小值 m 之间的任何值.

例 2.7.8　证明：若 $f(x)$ 在 $[a,b]$ 上连续，且 $a<x_1<x_2<\cdots<x_n<b$，则在 $[x_1,x_n]$ 上至少存在一点 ξ，使得 $f(\xi)=\dfrac{1}{n}[f(x_1)+f(x_2)+\cdots+f(x_n)]$.

证明：因为 $f(x)$ 在 $[a,b]$ 上连续，$[x_1,x_n] \subset [a,b]$，所以 $f(x)$ 在 $[x_1,x_n]$ 上连续. 由最值定理知，$\exists m$，$M \in \mathbf{R}$，使得 $m \leqslant f(x) \leqslant M$，$\forall x \in [x_1,x_n]$. 因此 $m \leqslant f(x_i) \leqslant M$，$i=1,2,\cdots,n$. 即，

$$m \leqslant \frac{1}{n}[f(x_1)+f(x_2)+\cdots+f(x_n)] \leqslant M$$

在闭区间 $[x_1,x_n]$ 应用介值定理，可知，至少存在一点 $\xi \in (a,b)$，使得

$$f(\xi)=\frac{1}{n}[f(x_1)+f(x_2)+\cdots+f(x_n)].$$

习题 2.7

1. 求下列函数的极限.

(1) $\lim\limits_{x \to 0} \sqrt{x^2 - 2x + 3}$；

(2) $\lim\limits_{x \to 0} \cos\left[(1+x)^{\frac{1}{x}}\right]$；

(3) $\lim\limits_{x \to \frac{\pi}{4}} \ln(\tan x)$；

(4) $\lim\limits_{t \to -1} \dfrac{e^{-2t} - 1}{t}$.

2. 证明方程 $x^5 - 3x = 1$ 至少有一实根介于 1 和 2 之间.

3. 设 $f(x)$ 在 $[0,1]$ 上连续，且满足 $f(0) > 0$，$f(1) < 1$，试证至少存在一点 $\xi \in (0,1)$，使得 $f(\xi) = \xi$.

第 3 章
导数与微分

微积分学是微分学与积分学的统称. 微分学主要研究函数的导数、微分以及导数与微分的应用，积分学主要研究不定积分、定积分以及它们的应用.

我们将从本章开始一元函数微分学的学习. 将要学习两个重要概念，第一个重要概念是导数，第二个重要概念是微分. 这两个概念都是由实际问题而产生的. 例如，为了研究由自变量的变化所引起的函数变化的快慢问题，需要引出导数的概念；为了分析函数的微小改变量（也就是增量）的线性近似问题，需要引入微分的概念. 另外，在本章，我们还要学习导数与微分的各种运算法则以及一些简单应用.

在本章的学习过程中，大家需要理解这一章的重要概念以及它们的意义和彼此之间的关系，掌握各种运算法则，并学会一些基本的应用.

3.1　导数的概念

牛顿（Newton）和莱布尼茨（Leibniz）是微积分学的奠基人，之所以认为是他们俩共同创立了微积分，是因为牛顿从"求变速直线运动的瞬时速度"的角度，而莱布尼茨从"求曲线上某一点处的切线"的角度，分别提出了导数的概念.

3.1.1　引出导数定义的两个实例

实例 1　变速直线运动的瞬时速度.

当物体的运动是匀速的，其位移 s 为时间 t 的线性函数 $s(t)=a+bt$，即在相同的时间间隔 $\Delta t=t_1-t_0$ 内，其位移的改变量 $\Delta s=s_1-s_0$ 是相同的：

$$\Delta s=a+bt_1-(a+bt_0)=b\Delta t.$$

所以，匀速运动物体的速度可表示为 $v=\dfrac{\Delta s}{\Delta t}=b$.

但问题是，若物体的运动是非匀速的，则如何计算该物体在某一个时刻 t_0 的瞬时速度？

例如，初速度为零的自由落体运动，如图 3-1-1 所示，位移是

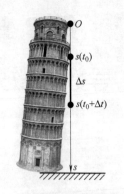

图 3-1-1　自由落体运动示意图

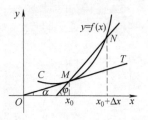

图 3-1-2　切线斜率示意图

时间的函数：$s(t)=\dfrac{1}{2}gt^2$，求 t_0 时刻的瞬时速度 $v(t_0)$.

我们设 $t_0+\Delta t$ 是与 t_0 很接近的时刻，自由落体物体在这段时间的平均速度为

$$\bar{v}=\frac{\Delta s}{\Delta t}=\frac{s(t_0+\Delta t)-s(t_0)}{\Delta t}=\frac{gt_0\Delta t+\dfrac{1}{2}g(\Delta t)^2}{\Delta t}=gt_0+\frac{1}{2}g\Delta t.$$

物体在 t_0 时刻的瞬时速度，就是平均速度当 $\Delta t\to 0$ 时的极限.

$$v(t_0)=\lim_{\Delta t\to 0}\frac{\Delta s}{\Delta t}=\lim_{\Delta t\to 0}\left(gt_0+\frac{1}{2}g\Delta t\right)=gt_0. \tag{3.1.1}$$

实例 2　平面曲线在一点处切线的斜率.

设 M 是平面曲线 C 上一点，如图 3-1-2 所示，N 是曲线 C 上另一点. 如果割线 MN 绕点 M 旋转而趋向极限位置 MT，直线 MT 就称为曲线 C 在点 M 处的切线. 简单来说，切线就是割线的极限位置. 所谓极限位置，即 $|MN|\to 0$、$\angle NMT\to 0$ 时割线的位置. 设 $M(x_0,f(x_0))$，$N(x_0+\Delta x,f(x_0+\Delta x))$，则割线 MN 的斜率为

$$\tan\varphi=\frac{f(x_0+\Delta x)-f(x_0)}{\Delta x}.$$

当 $|MN|\to 0$、$\angle NMT\to 0$ 时，$x_0+\Delta x\to x_0$，即 $\Delta x\to 0$，切线 MT 的斜率为

$$k=\tan\alpha=\lim_{\Delta x\to 0}\frac{\Delta y}{\Delta x}=\lim_{\Delta x\to 0}\frac{f(x_0+\Delta x)-f(x_0)}{\Delta x}. \tag{3.1.2}$$

3.1.2　导数的定义

对比式（3.1.1）和式（3.1.2），可以发现，实例 1 中，位移增量 Δs 与时间增量 Δt 之比的极限表示瞬时速度. 实例 2 中，在函数 $y=f(x)$ 对应的曲线上，因变量增量 Δy 与自变量增量 Δx 之比的极限表示曲线在 x_0 点处的斜率. 瞬时速度以及切线斜率，这两个有实际意义的量都是用增量比的极限来表示的.

从抽象的数量关系来看，这两个有实际意义的量都是通过如下两步获得的：

第一步：计算增量之比，即计算因变量的改变量与自变量的改变量的比.

第二步：计算当自变量改变量趋于零时增量之比的极限.

因此，在数学上，我们把增量比的极限这一概念一般化，并将之定义为**导数**（derivative）. 具体如下：

定义 3.1.1　设函数 $y=f(x)$ 在点 x_0 的某个邻域内有定义，当自变量 x 在 x_0 处取得增量 Δx（点 $x_0+\Delta x$ 仍然在该邻域内）时，相应地，函数 y 取得增量 $\Delta y=f(x_0+\Delta x)-f(x_0)$，如

果 Δy 与 Δx 之比当 $\Delta x \to 0$ 时的极限存在，即 $\lim\limits_{\Delta x \to 0} \dfrac{\Delta y}{\Delta x}$ 存在，则称函数 $y = f(x)$ 在点 x_0 处可导，并称这个极限为函数 $y = f(x)$ 在点 x_0 处的导数，记为 $y'|_{x=x_0}$，或者记为 $\dfrac{\mathrm{d}y}{\mathrm{d}x}\Big|_{x=x_0}$，或者记为 $\dfrac{\mathrm{d}f}{\mathrm{d}x}\Big|_{x=x_0}$，即

$$y'|_{x=x_0} = \lim_{\Delta x \to 0} \frac{\Delta y}{\Delta x} = \lim_{\Delta x \to 0} \frac{f(x_0 + \Delta x) - f(x_0)}{\Delta x}. \quad (3.1.3)$$

如果式（3.1.3）中的极限不存在，则称函数 $y = f(x)$ 在点 x_0 处**不可导**，称 x_0 为 $y = f(x)$ 的**不可导点**.

注 1：函数 $y = f(x)$ 在点 x_0 处的导数还可用如下方式表示：
$$f'(x_0) = \lim_{h \to 0} \frac{f(x_0 + h) - f(x_0)}{h}, \text{ 或者 } f'(x_0) = \lim_{x \to x_0} \frac{f(x) - f(x_0)}{x - x_0}.$$

中国创造：无人驾驶

注 2：函数 $y = f(x)$ 在点 x_0 处的导数是因变量在点 x_0 处的**变化率**的精确描述，它摒弃了自变量和因变量代表的几何或物理等方面的实际意义，纯粹从数量方面来表示函数变化率，以量化的形式刻画了因变量随自变量的变化而变化的**快慢程度**.

例 3.1.1 求函数 $f(x) = x^2$ 在 $x = 2$ 处的导数 $f'(2)$.

解：由导数的定义，$f'(2) = \lim\limits_{x \to 2} \dfrac{f(x) - f(2)}{x - 2} = \lim\limits_{x \to 2} \dfrac{x^2 - 2^2}{x - 2} = \lim\limits_{x \to 2} \dfrac{(x-2)(x+2)}{x-2} = \lim\limits_{x \to 2}(x+2) = 4.$

如果函数 $y = f(x)$ 在开区间 I 内的每点处都可导，就称函数 $f(x)$ 在开区间 I 内可导. 这样就可以进一步给出导函数的定义.

定义 3.1.2 若函数 $f(x)$ 在开区间 I 内可导，则 $\forall x \in I$，都对应着 $f(x)$ 的一个确定的导数值，从而构成一个新的函数，这个函数就称作原来函数 $f(x)$ 的导函数. 记作 y', $f'(x)$, $\dfrac{\mathrm{d}y}{\mathrm{d}x}$ 或 $\dfrac{\mathrm{d}f}{\mathrm{d}x}$，即

$$y' = \lim_{\Delta x \to 0} \frac{\Delta y}{\Delta x} = \lim_{\Delta x \to 0} \frac{f(x + \Delta x) - f(x)}{\Delta x}. \quad (3.1.4)$$

由定义 3.1.1 和定义 3.1.2，容易得到如下推论.

推论 3.1.1 函数 $f(x)$ 在点 x_0 处的导数 $f'(x_0)$ 与其导函数 $f'(x)$ 在 x_0 点处的值（也记作 $f'(x)|_{x=x_0}$）相等，即
$$f'(x_0) = f'(x)|_{x=x_0}.$$

例 3.1.2 求函数 $f(x) = x^2$ 的导函数 $f'(x)$，并以此计算数 $f'(2)$.

解：因为：
$$\frac{f(x + \Delta x) - f(x)}{\Delta x} = \frac{(x + \Delta x)^2 - x^2}{\Delta x} = \frac{2x\Delta x + (\Delta x)^2}{\Delta x} = 2x + \Delta x$$

所以　$f'(x) = \lim\limits_{\Delta x \to 0} \dfrac{f(x+\Delta x)-f(x)}{\Delta x} = \lim\limits_{\Delta x \to 0}(2x+\Delta x) = 2x.$

则　　　　　　　$f'(2) = f'(x)|_{x=2} = 2x|_{x=2} = 4.$

导数是用增量比的极限来定义，这其中自变量的增量 $\Delta x \to 0$ 的方式是任意的，若仅考虑 Δx 从单侧趋于 0 的情形，就有了单侧导数的相关概念.

定义 3.1.3　若极限 $\lim\limits_{\Delta x \to 0^+} \dfrac{\Delta y}{\Delta x} = \lim\limits_{\Delta x \to 0^+} \dfrac{f(x_0+\Delta x)-f(x_0)}{\Delta x}$ 存在，则称此极限值为函数的**右导数**（right derivative），记作 $f'_+(x_0)$，即

$$f'_+(x_0) = \lim\limits_{\Delta x \to 0^+} \dfrac{f(x_0+\Delta x)-f(x_0)}{\Delta x}.$$

同样，可定义函数 $f(x)$ 在点 x_0 处的**左导数**（left derivative），即

$$f'_-(x_0) = \lim\limits_{\Delta x \to 0^-} \dfrac{f(x_0+\Delta x)-f(x_0)}{\Delta x}.$$

右导数与左导数统称为单侧导数. 与单侧极限与极限的关系一样，单侧导数与导数也有如下关系.

定理 3.1.1　函数 $f(x)$ 在点 x_0 处可导的充分必要条件是：函数 $f(x)$ 在点 x_0 处的右导数和左导数均存在且相等.

定理 3.1.1 可利用函数极限存在的条件直接证明. 该定理常被用于判断分段函数在分段点处是否可导.

例 3.1.3　判断函数 $f(x) = \begin{cases} \sin x, & x>0, \\ x, & x \leqslant 0 \end{cases}$ 在点 $x=0$ 处是否可导，若可导，求出其导数.

解　当 $\Delta x > 0$ 时，$f(0+\Delta x)-f(0) = f(\Delta x)-f(0) = \sin(\Delta x)-0 = \sin(\Delta x)$，所以 $f(x)$ 在点 $x=0$ 处的右导数

$$f'_+(0) = \lim\limits_{\Delta x \to 0^+} \dfrac{f(x_0+\Delta x)-f(x_0)}{\Delta x} = \lim\limits_{\Delta x \to 0^+} \dfrac{\sin(\Delta x)}{\Delta x} = 1.$$

当 $\Delta x < 0$ 时，$f(0+\Delta x)-f(0) = f(\Delta x)-f(0) = \Delta x-0 = \Delta x$，所以 $f(x)$ 在点 $x=0$ 处的左导数

$$f'_-(0) = \lim\limits_{\Delta x \to 0^-} \dfrac{f(x_0+\Delta x)-f(x_0)}{\Delta x} = \lim\limits_{\Delta x \to 0^-} \dfrac{\Delta x}{\Delta x} = 1.$$

由于 $f'_+(0) = f'_-(0)$，因此函数 $f(x)$ 在点 $x=0$ 处可导，且 $f'(0) = f'_+(0) = f'_-(0) = 1.$

此外，有了单侧导数的定义，我们就可以定义闭区间上的可导函数.

定义 3.1.4　若函数 $f(x)$ 在开区间 (a,b) 内可导，且在区间左端点 a 处存在右导数 $f'_+(a)$，在区间右端点 b 处存在左导数 $f'_-(b)$，则称函数 $f(x)$ 在闭区间 $[a,b]$ 上可导.

用同样的方法，也可以定义半开半闭区间如 $(a,b]$ 或 $[a,b)$ 上的可导函数.

3.1.3 用定义求导数

以下根据导数的定义 3.1.2 来求部分基本初等函数的导函数. 为简便起见, 导函数也简称为导数.

例 3.1.4 求下列函数的导数.

(1) $f(x) = C$ (C 为常数).

(2) $f(x) = x^n$ (n 为正整数).

(3) $f(x) = \sin x$.

(4) $f(x) = a^x$ ($a > 0, a \neq 1$).

(5) $f(x) = \log_a x$ ($a > 0, a \neq 1$).

解: (1) 由于 $\forall x \in (-\infty, +\infty)$, 都有 $f(x) = C$, 所以 $f'(x) =$
$$\lim_{\Delta x \to 0} \frac{f(x + \Delta x) - f(x)}{\Delta x} = \lim_{\Delta x \to 0} \frac{C - C}{\Delta x} = 0. \quad \text{即} \quad (C)' = 0.$$

(2) 利用二项展开式 $(a + b)^n = a^n + na^{n-1}b + \dfrac{n(n-1)}{2!}a^{n-2}b^2$
$+ \cdots + nab^{n-1} + b^n$, 可得

$$f'(x) = \lim_{\Delta x \to 0} \frac{f(x + \Delta x) - f(x)}{\Delta x} = \lim_{\Delta x \to 0} \frac{(x + \Delta x)^n - x^n}{\Delta x}$$
$$= \lim_{\Delta x \to 0} \left(nx^{n-1} + \frac{n(n-1)}{2!}x^{n-2}\Delta x + \cdots + (\Delta x)^{n-1} \right) = nx^{n-1}.$$

即 $(x^n)' = nx^{n-1}$.

(3) 利用三角函数的和差化积公式:
$$\sin\alpha - \sin\beta = 2\cos\frac{\alpha + \beta}{2}\sin\frac{\alpha - \beta}{2},$$

可得

$$f'(x) = \lim_{\Delta x \to 0} \frac{f(x + \Delta x) - f(x)}{\Delta x} = \lim_{\Delta x \to 0} \frac{\sin(x + \Delta x) - \sin x}{\Delta x}$$
$$= \lim_{\Delta x \to 0} \frac{2\cos\dfrac{2x + \Delta x}{2}\sin\dfrac{\Delta x}{2}}{\Delta x} = \cos x.$$

即 $(\sin x)' = \cos x$. 类似地, 有 $(\cos x)' = -\sin x$.

(4) 由于 $\forall x \in (-\infty, +\infty)$,

$$f'(x) = \lim_{\Delta x \to 0} \frac{f(x + \Delta x) - f(x)}{\Delta x} = \lim_{\Delta x \to 0} \frac{a^{x + \Delta x} - a^x}{\Delta x}$$
$$= a^x \lim_{\Delta x \to 0} \frac{a^{\Delta x} - 1}{\Delta x} = a^x \ln a.$$

即 $(a^x)' = a^x \ln a$. 特别地, 当 $a = e$ 时, 有: $(e^x)' = e^x$.

(5) 由于 $\forall x \in (0, +\infty)$, 利用换底公式: $\log_a x = \dfrac{\ln x}{\ln a}$, 可得

$$f'(x) = \lim_{\Delta x \to 0} \frac{f(x + \Delta x) - f(x)}{\Delta x} = \lim_{\Delta x \to 0} \frac{\log_a\left(1 + \dfrac{\Delta x}{x}\right)}{\Delta x}$$
$$= \lim_{\Delta x \to 0} \frac{\ln\left(1 + \dfrac{\Delta x}{x}\right)}{\Delta x \ln a} = \lim_{\Delta x \to 0} \frac{\dfrac{\Delta x}{x}}{\Delta x \ln a} = \frac{1}{x \ln a}.$$

即 $(\log_a x)' = \dfrac{1}{x \ln a}$. 特别地，当 $a = e$ 时，有 $(\ln x)' = \dfrac{1}{x}$.

3.1.4 导数的几何意义

由实例 2 和图 3.1.2 可知，如果函数 $y = f(x)$ 在点 x_0 处可导，则 $f'(x_0)$ 就表示曲线 $y = f(x)$ 在点 $M(x_0, f(x_0))$ 处的切线的斜率，即 $k = \tan\alpha = f'(x_0)$，其中 α 为切线与 x 轴正向的夹角，这就是导数的几何意义. 另外，如果函数 $y = f(x)$ 在点 x_0 处连续，但

$$\lim_{\Delta x \to 0} \frac{f(x_0 + \Delta x) - f(x_0)}{\Delta x} = \infty,$$

极限不存在，即 $y = f(x)$ 在点 x_0 处不可导. 对于这种情况，为方便起见，称 $f(x)$ 在点 x_0 处有无穷导数，此时过曲线上点 $M(x_0, f(x_0))$ 的切线与 x 轴正向夹角为 $\dfrac{\pi}{2}$，即切线平行于 y 轴.

明确了导数的几何意义，就可以比较容易地得到曲线在点 $M(x_0, f(x_0))$ 处的切线方程以及法线方程：

切线方程为：$\qquad y - f(x_0) = f'(x_0)(x - x_0)$

法线方程为：$y - f(x_0) = -\dfrac{1}{f'(x_0)}(x - x_0), \quad f'(x_0) \neq 0$

例 3.1.5 求函数 $y = x^2$ 在点 $M(3, 9)$ 的切线方程和法线方程.

解：函数 $y = x^2$ 在点 $x = 3$ 处的导数为 $y'|_{x=3} = 2x|_{x=3} = 6$. 故所求的切线方程为 $y - 9 = 6(x - 3)$，即 $y = 6x - 9$.

法线方程为：$y - 9 = -\dfrac{1}{6}(x - 3)$，即 $y = -\dfrac{1}{6}x + \dfrac{19}{2}$.

3.1.5 导数的经济学意义

经济学上把一个函数在某点的导数称为该函数在该点的边际值. 例如，设某产品的总成本 C 是产量 x 的函数 $C = C(x)$，当产量由 x_0 变到 $x_0 + \Delta x$ 时，总成本相应的改变量为：$\Delta C = C(x_0 + \Delta x) - C(x_0)$，总成本的平均变化率为 $\dfrac{\Delta C}{\Delta x} = \dfrac{C(x_0 + \Delta x) - C(x_0)}{\Delta x}$，当 $\Delta x \to 0$ 时，极限 $\lim\limits_{\Delta x \to 0} \dfrac{C(x_0 + \Delta x) - C(x_0)}{\Delta x}$ 如果存在，则该极限表示的就是产量为 x_0 时总成本的变化率，也就相当于产量为 x_0 时，再多生产一个产品需要额外付出的成本，因此该极限值也就是成本函数 $C(x)$ 在 x_0 处的导数，就称为产量为 x_0 时的边际成本（marginal cost）.

例 3.1.6 某电动汽车配件厂，单日最大生产能力为 100

件，假设产品的总成本 C（万元）与日产量 x（件）之间的函数关系为 $C(x)=\dfrac{1}{2}x^2+10x+200$，求日产量为 50 件时的边际成本.

解：成本函数 $C(x)=\dfrac{1}{2}x^2+10x+200$ 在点 $x=50$ 处的导数为

$$C'(x)|_{x=50}=(x+10)|_{x=50}=60.$$

故日产量为 50 件时的边际成本为 60 万元.

3.1.6　可导性与连续性的关系

由导数的定义可知，若函数 $y=f(x)$ 在点 x_0 处可导，即

$$f'(x_0)=\lim_{\Delta x\to 0}\frac{\Delta y}{\Delta x}=\lim_{\Delta x\to 0}\frac{f(x_0+\Delta x)-f(x_0)}{\Delta x}$$

存在. 则 $\lim\limits_{\Delta x\to 0}\left[\dfrac{\Delta y}{\Delta x}-f'(x_0)\right]=0$，即 $\dfrac{\Delta y}{\Delta x}=f'(x_0)+\alpha$，其中 $\lim\limits_{\Delta x\to 0}\alpha=0$. 所以，$\Delta y=f'(x_0)\Delta x+\alpha\Delta x$. 显然有 $\lim\limits_{\Delta x\to 0}\Delta y=\lim\limits_{\Delta x\to 0}[f'(x_0)\Delta x+\alpha\Delta x]=0$. 即函数 $y=f(x)$ 在点 x_0 处连续. 从而得到以下定理.

定理 3.1.2　若函数 $f(x)$ 在点 x 处可导，则在该点一定连续.

定理 3.1.2 指出可导必定连续，那么连续能否得出可导呢？我们来看一个例子.

例 3.1.7　研究函数 $y=|x|$（见图 3-1-3）在 $x=0$ 处的连续性和可导性.

解：因为 $f(x)=|x|=\begin{cases}-x, & x<0, \\ x, & x\geqslant 0,\end{cases}$

所以，$\lim\limits_{x\to 0^+}f(x)=\lim\limits_{x\to 0^+}x=0$，$\lim\limits_{x\to 0^-}f(x)=\lim\limits_{x\to 0^-}(-x)=0$，因此，

$$\lim_{x\to 0}f(x)=0=f(0).$$

这说明函数 $y=|x|$ 在 $x=0$ 处是连续的.

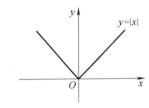

图 3-1-3　函数 $y=|x|$ 的图像

另外，$f'_+(0)=\lim\limits_{\Delta x\to 0^+}\dfrac{f(0+\Delta x)-f(0)}{\Delta x}=\lim\limits_{\Delta x\to 0^+}\dfrac{\Delta x-0}{\Delta x}=1$，

$f'_-(0)=\lim\limits_{\Delta x\to 0^-}\dfrac{f(0+\Delta x)-f(0)}{\Delta x}=\lim\limits_{\Delta x\to 0^-}\dfrac{-\Delta x-0}{\Delta x}=-1$，显然 $f'_+(0)\neq f'_-(0)$，这说明函数 $y=|x|$ 在 $x=0$ 处是不可导的.

例 3.1.7 说明函数在某点连续并不能推出函数在该点可导，也就是说函数在某点连续是函数在该点可导的必要条件，但不是充分条件.

习题 3.1

1. 利用导数定义，求下列函数在指定点 x_0 处的导数.

(1) $f(x)=ax+b,x_0=1$；

(2) $f(x) = \cos x, x_0 = \dfrac{\pi}{4}$;

(3) $f(x) = \dfrac{1}{x^2}, x_0 = 1$;

(4) $f(x) = \sin 2x, x_0 = \dfrac{\pi}{6}$.

2. 设函数 $f(x) = x(x-1)(x-2)\cdots(x-2020)$，用导数定义求 $f'(1)$.

3. 已知函数 $f(x)$ 满足 $f(1) = 0, f'(1) = 2$，求极限 $\lim\limits_{x \to 1} \dfrac{f(x)}{x-1}$.

4. 设函数 $f(x) = \begin{cases} ax+b, & x > 0, \\ \cos x, & x \leqslant 0, \end{cases}$ 为使函数 $f(x)$ 在 $x = 0$ 处连续且可导，a, b 应取什么值?

5. 如果 $f(x)$ 为偶函数，且 $f'(0)$ 存在，证明 $f'(0) = 0$.

3.2 函数的求导法则

导数定义为增量比的极限，因此按照定义求一个函数的导数时，需要先算比值再求极限. 这个过程通常较为麻烦. 本节将介绍一些求函数导数的法则，运用这些法则可以较为方便地求出初等函数的导数.

3.2.1 求导的四则运算法则

定理 3.2.1　若函数 $u = u(x)$，$v = v(x)$ 都在点 x 可导，则 $u \pm v$，Cu（C 是常数），uv，$\dfrac{u}{v}$（$v \neq 0$）也都在点 x 可导，且有

(1) $(u \pm v)' = u' \pm v'$;

(2) $(Cu)' = Cu'$;

(3) $(uv)' = u'v + uv'$;

(4) $\left(\dfrac{u}{v}\right)' = \dfrac{u'v - uv'}{v^2}$.

证明：这里仅证（3）和（4）.

(3) 设 $y = u(x)v(x)$，当自变量 x 有增量 Δx 时，函数 u, v, y 分别有增量 $\Delta u = u(x + \Delta x) - u(x)$，$\Delta v = v(x + \Delta x) - v(x)$，以及

$$\begin{aligned} \Delta y &= u(x + \Delta x)v(x + \Delta x) - u(x)v(x) \\ &= u(x + \Delta x)v(x + \Delta x) - u(x)v(x + \Delta x) + \\ &\quad u(x)v(x + \Delta x) - u(x)v(x) \\ &= (u(x + \Delta x) - u(x))v(x + \Delta x) + \\ &\quad u(x)(v(x + \Delta x) - v(x)) \\ &= \Delta u \, v(x + \Delta x) + u(x)\Delta v. \end{aligned}$$

因为 $\lim\limits_{\Delta x \to 0} \dfrac{\Delta u}{\Delta x} = u'$，$\lim\limits_{\Delta x \to 0} \dfrac{\Delta v}{\Delta x} = v'$，再由 $v(x)$ 在点 x 的可导性知，

$v(x)$ 在点 x 必连续，即 $\lim\limits_{\Delta x \to 0} v(x + \Delta x) = v(x)$. 所以，

$$
\begin{aligned}
(uv)' = y' &= \lim_{\Delta x \to 0} \frac{\Delta y}{\Delta x} = \lim_{\Delta x \to 0} \frac{\Delta u v(x + \Delta x) + u(x) \Delta v}{\Delta x} \\
&= \lim_{\Delta x \to 0} \frac{\Delta u}{\Delta x} \lim_{\Delta x \to 0} v(x + \Delta x) + u(x) \lim_{\Delta x \to 0} \frac{\Delta v}{\Delta x} \\
&= u'(x) v(x) + u(x) v'(x).
\end{aligned}
$$

(4) 设 $y = \dfrac{u(x)}{v(x)}$，$v(x) \neq 0$.

$$
\begin{aligned}
\Delta y &= \frac{u(x + \Delta x)}{v(x + \Delta x)} - \frac{u(x)}{v(x)} = \frac{u(x + \Delta x) v(x) - v(x + \Delta x) u(x)}{v(x + \Delta x) v(x)} \\
&= \frac{u(x + \Delta x) v(x) - u(x) v(x) + u(x) v(x) - v(x + \Delta x) u(x)}{v(x + \Delta x) v(x)} \\
&= \frac{[u(x + \Delta x) - u(x)] v(x) - u(x)[v(x + \Delta x) - v(x)]}{v(x + \Delta x) v(x)} \\
&= \frac{\Delta u v(x) - u(x) \Delta v}{v(x + \Delta x) v(x)}.
\end{aligned}
$$

因为 $u(x)$，$v(x)$ 在点 x 可导，以及 $v(x)$ 在点 x 连续，所以

$$
\begin{aligned}
\left(\frac{u}{v}\right)' = y' &= \lim_{\Delta x \to 0} \frac{\Delta y}{\Delta x} = \lim_{\Delta x \to 0} \left[\frac{1}{v(x + \Delta x) v(x)} \frac{\Delta u v(x) - u(x) \Delta v}{\Delta x} \right] \\
&= \lim_{\Delta x \to 0} \frac{1}{v(x + \Delta x) v(x)} \lim_{\Delta x \to 0} \frac{\Delta u v(x) - u(x) \Delta v}{\Delta x} \\
&= \frac{u'(x) v(x) - u(x) v'(x)}{\left(v(x)\right)^2}.
\end{aligned}
$$

特别地，当 $u(x) = 1$ 时，有 $\left(\dfrac{u}{v}\right)' = \left(\dfrac{1}{v}\right)' = -\dfrac{v'}{v^2}$.

此外，定理 3.2.1 中的 (1) (2) 合起来就有 $(C_1 u + C_2 v)' = C_1 u' + C_2 v'$，并可进一步推广到有限个函数的情形，例如

$$(\alpha u + \beta v + \gamma w)' = \alpha u' + \beta v' + \gamma w'.$$

这说明求导运算具有线性性质. 同样，定理 3.2.1 中的 (3) 也可推广到有限个函数的情形：

$$(uvw)' = u'vw + uv'w + uvw'.$$

例 3.2.1 求下列函数的导数.

(1) $y = 5x^3 + 7x + \sin x - 20\cos x$；

(2) $y = x^2 \ln x$；

(3) $y = \tan x$；

(4) $y = \sec x$.

解：(1)
$$
\begin{aligned}
y' &= (5x^3 + 7x + \sin x - 20\cos x)' \\
&= (5x^3)' + (7x)' + (\sin x)' - (20\cos x)' \\
&= 15x^2 + 7 + \cos x + 20\sin x.
\end{aligned}
$$

(2) $y' = (x^2)' \ln x + x^2 (\ln x)' = 2x \ln x + x^2 \dfrac{1}{x} = 2x \ln x + x$.

(3) $y'=(\tan x)'=\left(\dfrac{\sin x}{\cos x}\right)'=\dfrac{(\sin x)'\cos x-\sin x\,(\cos x)'}{\cos^2 x}$

$\qquad =\dfrac{\cos^2 x+\sin^2 x}{\cos^2 x}=\dfrac{1}{\cos^2 x}=\sec^2 x.$

(4) $y'=(\sec x)'=\left(\dfrac{1}{\cos x}\right)'=-\dfrac{(\cos x)'}{\cos^2 x}=\dfrac{\sin x}{\cos^2 x}$

$\qquad =\dfrac{1}{\cos x}\dfrac{\sin x}{\cos x}=\sec x\tan x.$

类似还有 $(\cot x)'=-\csc^2 x$，$(\csc x)'=-\csc x\cot x$.

3.2.2 反函数的求导法则

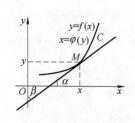

图 3-2-1 原函数与反函数

设函数 $x=\varphi(y)$，其反函数为 $y=f(x)$. 在几何上，函数 $x=\varphi(y)$ 与反函数 $y=f(x)$ 表示 Oxy 平面上的同一条曲线，如图 3-2-1 所示. 在曲线上任取一点 M，曲线过该点的切线与 x 轴正向的夹角为 α，与 y 轴正向的夹角为 β.

一方面，把曲线 C 看作函数 $y=f(x)$ 的图形时，函数 $y=f(x)$ 在 M 点的导数 $f'(x)$ 就等于过该点的切线的斜率（$\tan\alpha$），即

$$f'(x)=\tan\alpha.$$

另一方面，把曲线 C 看作函数 $x=\varphi(y)$ 对应的曲线时，函数 $x=\varphi(y)$ 在 M 点的导数 $\varphi'(y)$ 同样等于过该点的切线的斜率（$\tan\beta$），即

$$\varphi'(y)=\tan\beta.$$

由于 $\alpha+\beta=\dfrac{\pi}{2}$，即 $\tan\alpha\tan\beta=1$，所以 $\tan\alpha=\dfrac{1}{\tan\beta}$，即

$$f'(x)=\dfrac{1}{\varphi'(y)}.$$

用定理的形式将反函数求导法则描述如下.

定理 3.2.2   如果函数 $x=\varphi(y)$ 在某区间 I_y 内单调、可导且 $\varphi'(y)\neq0$，则其反函数 $y=f(x)$ 在其对应区间 I_x 也可导，且有

$$f'(x)=\dfrac{1}{\varphi'(y)}\quad\text{或者}\quad\dfrac{\mathrm{d}f(x)}{\mathrm{d}x}=\dfrac{1}{\dfrac{\mathrm{d}\varphi(y)}{\mathrm{d}y}}.$$

即**反函数的导数等于原函数导数的倒数**.

例 3.2.2   求反正弦函数 $y=\arcsin x$，$|x|<1$ 的导数.

解：因为 $y=\arcsin x$ 是函数 $x=\sin y$ 的反函数，而函数 $x=\sin y$ 在区间 $\left(-\dfrac{\pi}{2},\dfrac{\pi}{2}\right)$ 内严格单调、可导且 $(\sin y)'=\cos y>0$，$y\in\left(-\dfrac{\pi}{2},\dfrac{\pi}{2}\right)$，所以在其对应区间 $(-1,1)$ 内 $y=\arcsin x$ 也可导，且

$$(\arcsin x)' = \frac{1}{(\sin y)'} = \frac{1}{\cos y} = \frac{1}{\sqrt{1-\sin^2 y}} = \frac{1}{\sqrt{1-x^2}}.$$

类似可得

$$(\arccos x)' = -\frac{1}{\sqrt{1-x^2}}, \ |x| < 1.$$

例 3.2.3　求反正切函数 $y = \arctan x$，$x \in \mathbf{R}$ 的导数.

解： 因为 $y = \arctan x$ 是函数 $x = \tan y$ 的反函数，而函数 $x = \tan y$ 在区间 $\left(-\dfrac{\pi}{2}, \dfrac{\pi}{2}\right)$ 内严格单调、可导且 $(\tan y)' = \sec^2 y > 0$，$y \in \left(-\dfrac{\pi}{2}, \dfrac{\pi}{2}\right)$，所以在其对应区间 $(-\infty, \infty)$ 内 $y = \arctan x$ 也可导，且

$$(\arctan x)' = \frac{1}{(\tan y)'} = \frac{1}{\sec^2 y} = \frac{1}{1+\tan^2 y} = \frac{1}{1+x^2}.$$

类似可得

$$(\text{arccot} x)' = -\frac{1}{1+x^2}, \ x \in \mathbf{R}.$$

3.2.3　复合函数的求导法则（链式法则）

如果函数 $u = \varphi(x)$ 在点 x 处可导，函数 $y = f(u)$ 在对应点 u 处可导，那么复合函数 $y = f(\varphi(x))$ 在点 x 处是否可导呢？若可导，导数是什么呢？

为了研究这个问题，我们还需要从导数的定义出发，即设自变量 x 有增量 Δx，从而中间变量 u 有相应的增量 Δu，继而因变量 y 有相应的增量 Δy. 由于 $y = f(u)$ 在点 u 处可导，所以，

$$\lim_{\Delta u \to 0} \frac{\Delta y}{\Delta u} = f'(u).$$

则 $\dfrac{\Delta y}{\Delta u} = f'(u) + \alpha$，其中 α 是 $\Delta u \to 0$ 过程下的无穷小量，即 $\lim\limits_{\Delta u \to 0} \alpha = 0$. 因此，$\Delta y = f'(u)\Delta u + \alpha \Delta u$，由于 $u = \varphi(x)$ 在点 x 处可导，故连续，即 $\Delta x \to 0$ 时一定有 $\Delta u \to 0$，从而必有 $\alpha \to 0$，即 $\lim\limits_{\Delta x \to 0} \alpha = 0$，所以，

$$\lim_{\Delta x \to 0} \frac{\Delta y}{\Delta x} = \lim_{\Delta x \to 0} \frac{f'(u)\Delta u + \alpha \Delta u}{\Delta x}$$
$$= f'(u) \lim_{\Delta x \to 0} \frac{\Delta u}{\Delta x} + \lim_{\Delta x \to 0} \alpha \lim_{\Delta x \to 0} \frac{\Delta u}{\Delta x} = f'(u)\varphi'(x).$$

即

$$y' = \left[f(\varphi(x)) \right]' = f'(u)\varphi'(x).$$

用定理的形式将复合函数求导法则描述如下.

定理 3.2.3　如果函数 $u = \varphi(x)$ 在点 x 处可导，函数 $y = f(u)$ 在其对应点 $u = \varphi(x)$ 处可导，则复合函数 $y = f(\varphi(x))$ 在

点 x 处也可导，且

$$[f(\varphi(x))]' = f'(u)\varphi'(x) \quad \text{或者} \quad \frac{\mathrm{d}y}{\mathrm{d}x} = \frac{\mathrm{d}y}{\mathrm{d}u}\frac{\mathrm{d}u}{\mathrm{d}x}.$$

注1：复合函数求导法则也称为链式法则（chain rule），也就是复合函数的导数等于函数对中间变量的导数乘以中间变量对自变量的导数.

注2：该法则可以推广到两个以上函数复合的情形，例如，$y = f(u)$，$u = \varphi(v)$，$v = \psi(x)$，则复合函数 $y = f(\varphi(\psi(x)))$ 的导数为

$$y' = [f(\varphi(\psi(x)))]' = f'(u)\varphi'(v)\psi'(x). \quad \text{或者} \frac{\mathrm{d}y}{\mathrm{d}x} = \frac{\mathrm{d}y}{\mathrm{d}u}\frac{\mathrm{d}u}{\mathrm{d}v}\frac{\mathrm{d}v}{\mathrm{d}x}.$$

例3.2.4　求下列函数的导数.

(1) $y = x^\mu$，$x > 0$，μ 是任意实数；

(2) $y = \ln\sin x$；

(3) $y = \frac{1}{2}\arctan\frac{2x}{1-x^2}$.

解： (1) $y = x^\mu = \mathrm{e}^{\ln x^\mu} = \mathrm{e}^{\mu\ln x}$，所以 $y = \mathrm{e}^t$，$t = \mu\ln x$，从而，

$$y' = (\mathrm{e}^t)'(\mu\ln x)' = \mathrm{e}^t\frac{\mu}{x} = \mathrm{e}^{\mu\ln x}\frac{\mu}{x} = x^\mu\frac{\mu}{x} = \mu x^{\mu-1}.$$

(2) $y = \ln u$，$u = \sin x$，从而

$$y' = \frac{\mathrm{d}y}{\mathrm{d}x} = \frac{\mathrm{d}y}{\mathrm{d}u}\frac{\mathrm{d}u}{\mathrm{d}x} = \frac{1}{u}\cos x = \frac{\cos x}{\sin x} = \cot x.$$

(3) $y' = \frac{1}{2}\left(\arctan\frac{2x}{1-x^2}\right)' = \frac{1}{2}\frac{1}{1+\left(\frac{2x}{1-x^2}\right)^2}\left(\frac{2x}{1-x^2}\right)'$

$$= \frac{1}{2}\frac{1}{1+\left(\frac{2x}{1-x^2}\right)^2}\frac{2(1-x^2)-2x(-2x)}{(1-x^2)^2} = \frac{1}{1+x^2}.$$

例3.2.5　已知函数 $f(x)$ 可导，求函数 $y = f(\sec x)$ 的导数.

解： $y' = [f(\sec x)]' = f'(\sec x)(\sec x)' = f'(\sec x)\sec x\tan x.$

注：复合函数的求导既是重点也是难点. 在求复合函数的导数时，首先要清楚复合的层次，然后由外到内逐层求导. 在不熟练时，可以先设中间变量，一步一步逐层求导，如例3.2.4中的(1)和(2). 熟练掌握复合函数求导的法则之后，中间变量就可以省略不写，只要记住哪个是中间变量，并当作整体，代入计算，如例3.2.4中的(3)，直接得出结果.

例3.2.6　已知 $f(x) = \ln|x|$，$x \neq 0$，求 $f'(x)$.

解： $f(x) = \begin{cases} \ln x, & x > 0, \\ \ln(-x), & x < 0, \end{cases}$ 所以，当 $x > 0$ 时，$f'(x) =$

$(\ln x)' = \dfrac{1}{x}$，当 $x < 0$ 时，$f'(x) = [\ln(-x)]' = -\dfrac{1}{-x} = \dfrac{1}{x}$，因此，只要 $x \neq 0$，就有 $(\ln|x|)' = \dfrac{1}{x}$.

事实上，若函数 $g(x)$ 可导，则函数 $f(x) = \ln|g(x)|$，$g(x) \neq 0$ 也可导，且

$$f'(x) = [\ln|g(x)|]' = \dfrac{1}{g(x)} g'(x).$$

3.2.4　初等函数求导法则

将已经求得的基本初等函数的导数公式以及求导法则，简要汇总如下.

（1）基本初等函数的导数公式

$C' = 0$，C 为常数.

$(x^{\mu})' = \mu x^{\mu - 1}$，$x > 0$，$\mu$ 为实数.

$(a^x)' = a^x \ln a$，$a > 0$，$a \neq 1$.

$(e^x)' = e^x$.

$(\log_a x)' = \dfrac{1}{x \ln a}$，$a > 0$，$a \neq 1$.

$(\ln x)' = \dfrac{1}{x}$.

$(\sin x)' = \cos x$.　　　　　　$(\cos x)' = -\sin x$.

$(\tan x)' = \sec^2 x$.　　　　　　$(\cot x)' = -\csc^2 x$.

$(\sec x)' = \sec x \tan x$.　　　　$(\csc x)' = -\csc x \cot x$.

$(\arcsin x)' = \dfrac{1}{\sqrt{1 - x^2}}$，　$|x| < 1$.

$(\arccos x)' = -\dfrac{1}{\sqrt{1 - x^2}}$，　$|x| < 1$.

$(\arctan x)' = \dfrac{1}{1 + x^2}$.　　　$(\operatorname{arccot} x)' = -\dfrac{1}{1 + x^2}$.

（2）求导的四则运算法则

函数 $u = u(x)$，$v = v(x)$ 都在点 x 可导，则：

$(u \pm v)' = u' \pm v'$.

$(Cu)' = Cu'$，C 为常数.

$(uv)' = u'v + uv'$.

$\left(\dfrac{u}{v}\right)' = \dfrac{u'v - uv'}{v^2}$，$v \neq 0$.

（3）反函数的求导法则

如果函数 $x = \varphi(y)$ 与 $y = f(x)$ 互为反函数，$\varphi'(y)$ 存在且不为零，则有

$$f'(x) = \dfrac{1}{\varphi'(y)} \quad \text{或者} \quad \dfrac{\mathrm{d}f(x)}{\mathrm{d}x} = \dfrac{1}{\dfrac{\mathrm{d}\varphi(y)}{\mathrm{d}y}}.$$

（4）复合函数的求导法则

如果函数 $u=\varphi(x)$ 在点 x 处可导，函数 $y=f(u)$ 在其对应点 $u=\varphi(x)$ 处可导，则复合函数 $y=f(\varphi(x))$ 在点 x 处也可导，且

$$\left[f(\varphi(x))\right]'=f'(u)\varphi'(x) \quad \text{或者} \quad \frac{\mathrm{d}y}{\mathrm{d}x}=\frac{\mathrm{d}y}{\mathrm{d}u}\frac{\mathrm{d}u}{\mathrm{d}x}.$$

习题 3. 2

1. 求下列函数的导数.

(1) $y=\dfrac{1}{x^2}$;

(2) $y=a^x\mathrm{e}^x$;

(3) $y=x^4\sin^2 x$;

(4) $y=\dfrac{1}{x+\sin x}$;

(5) $y=\mathrm{e}^{3\sqrt{x}}$;

(6) $y=\ln\dfrac{1-x}{1+x}$.

2. 设函数 $f(x)=x(x-1)(x-2)\cdots(x-10)$，用求导法则计算 $f'(0)$.

3. 用反函数求导法则计算 $y=\ln x$ 的导数.

4. 已知 $f(x)$ 是单调可导函数，$\varphi(x)$ 是 $f(x)$ 的反函数，已知 $f(2)=4$，$f'(2)=-\sqrt{5}$，求 $\varphi'(4)$ 的值.

5. 设某件商品的需求量 Q（单位：t）与价格 p（单位：万元/t）的关系为 $Q=30-2p$，试求 $p=3$ 时的需求价格弹性，并说明该弹性的经济意义.

6. 证明下列结论.

(1) 若函数 $f(x)$ 可导且为奇函数，则 $f'(x)$ 为偶函数.

(2) 若函数 $f(x)$ 可导且为偶函数，则 $f'(x)$ 为奇函数.

7. 已知函数 $f(x)=\begin{cases} x^2\sin\dfrac{1}{x^2}, & x>0, \\ 0, & x\leqslant 0, \end{cases}$ 请回答以下问题：

(1) 函数 $f(x)$ 在 $x=0$ 处是否连续；

(2) 函数 $f(x)$ 在 $x=0$ 处是否可导，若可导，求出 $f'(0)$;

(3) 求 $f'(x)$;

(4) 判断 $\lim\limits_{x\to 0^+} f'(x)$ 是否存在，若存在，求出其值；

(5) 判断 $\lim\limits_{x\to 0^-} f'(x)$ 是否存在，若存在，求出其值；

(6) 判断在 $x=0$ 处，函数 $f(x)$ 的右导数是否等于导数 $f'(x)$ 在该点的右极限；

(7) 判断在 $x=0$ 处，函数 $f(x)$ 的左导数是否等于导数 $f'(x)$ 在该点的左极限.

3.3　隐函数与参数方程确定函数的求导方法

3.3.1　隐函数的求导方法

在第 3.2 节中研究的求导法则，适用于因变量 y 与自变量 x 之间的函数关系为 $y=y(x)$ 这种显性函数的情形. 但是，有些情形，变量 y 与变量 x 之间的函数关系并不能显性地表出，而是以 $F(x,y)=0$ 这种隐函数的形式出现.

对于隐函数 $F(x,y)=0$ 的情形，当需要研究一个变量关于另外一个变量的导数，例如研究 y 关于 x 的导数时，直接的想法是将隐函数显性化，即从隐函数中解出 $y=y(x)$，然后求导. 但是，当隐函数的形式较为复杂时，从 $F(x,y)=0$ 中是不容易或者无法解出 $y=y(x)$ 的，即隐函数不易或无法显性化，那如何求 y 关于 x 的导数呢？例如方程 $xy-\mathrm{e}^x-\mathrm{e}^y=0$ 确定了函数 $y=y(x)$，但我们不知道 $y=y(x)$ 的具体形式，如何求 y 关于 x 的导数呢？

对于由方程 $F(x,y)=0$ 确定的函数 $y=y(x)$，尽管不知道其显性表达形式，但我们可以采用这样的方法对 y 关于 x 求导：方程 $F(x,y)=0$ 两边对 x 求导，求的过程中，把 y 理解成 x 的函数，利用复合函数的求导法则进行求导，然后解出 y'. 这就是隐函数的求导方法.

例 3.3.1　已知由方程 $x^2+y^2-1=0$，$y>0$，确定了函数 $y=y(x)$，求 y'.

解：对方程两边关于 x 求导，则有
$$2x+2yy'=0,$$
整理：$yy'=-x$，解得 $y'=-\dfrac{x}{y}$.

注：隐函数求导的结果中，可以包含因变量 y.

例 3.3.2　已知由方程 $xy-\mathrm{e}^x-\mathrm{e}^y=0$ 确定了函数 $y=y(x)$，求 $\dfrac{\mathrm{d}y}{\mathrm{d}x}$.

解：对方程两边关于 x 求导，则有
$$y+xy'-\mathrm{e}^x-\mathrm{e}^yy'=0,$$
整理得 $(x-\mathrm{e}^y)y'=\mathrm{e}^x-y$，解得 $y'=\dfrac{\mathrm{e}^x-y}{x-\mathrm{e}^y}$.

3.3.2　对数求导法

求函数的导数时，如果先对函数两边取对数，然后两边求导，则这种求导方法称作对数求导法. 对数求导法经常用于幂指函数的求导. 所谓幂指函数，就是形如 $y=u(x)^{v(x)}$ 的函数. 借助对数

求导法对幂指函数求导的一般过程如下：

（1）方程两边取对数：$\ln y=\ln u\,(x)^{v(x)}=v(x)\ln u(x)$.

（2）利用隐函数求导法对方程两边求导：

$$\frac{1}{y}y'=v'(x)\ln u(x)+\frac{v(x)}{u(x)}u'(x).$$

（3）解出：$y'=y\Big(v'(x)\ln u(x)+\frac{v(x)}{u(x)}u'(x)\Big)$

$$=u\,(x)^{v(x)}\Big(v'(x)\ln u(x)+\frac{v(x)}{u(x)}u'(x)\Big).$$

例 3.3.3　设 $y=x^{\sin x}$，$x>0$，求 y'.

解：两边取对数：　　$\ln y=\ln x^{\sin x}=\sin x\ln x$，

两边求导：　　$\dfrac{1}{y}y'=\cos x\ln x+\sin x\dfrac{1}{x}=\cos x\ln x+\dfrac{\sin x}{x}$，

所以，　　　　　　　$y'=x^{\sin x}\Big(\cos x\ln x+\dfrac{\sin x}{x}\Big)$.

例 3.3.4　已知 $(\cos x)^y=(\sin y)^x$，求 y'.

解：两边取对数：$y\ln\cos x=x\ln\sin y$，

两边求导：　　$y'\ln\cos x-\dfrac{y\sin x}{\cos x}=\ln\sin y+x\dfrac{\cos y}{\sin y}y'$，

即　　　　　$y'\ln\cos x-y\tan x=\ln\sin y+x(\cot y)y'$，

整理得　　　　$y'(\ln\cos x-x\cot y)=\ln\sin y+y\tan x$，

所以，　　　　　　$y'=\dfrac{\ln\sin y+y\tan x}{\ln\cos x-x\cot y}$.

对数求导法不仅适用于幂指函数的情形，对于由若干个式子经过乘、除、乘方、开方等构成的函数，用对数求导法可简化求导运算的过程.

例 3.3.5　设 $y=\sqrt{\dfrac{x^2+4}{2+x^2}\sin^2 x\cdot 2^x}$，求 y'.

解：两边取对数：

$$\ln y=\frac{1}{2}\big[\ln(x^2+4)-\ln(2+x^2)+2\ln|\sin x|+x\ln 2\big],$$

两边求导得　　$\dfrac{1}{y}y'=\dfrac{1}{2}\Big(\dfrac{2x}{x^2+4}-\dfrac{2x}{2+x^2}+\dfrac{2\cos x}{\sin x}+\ln 2\Big)$，

所以，　　$y'=\sqrt{\dfrac{x^2+4}{2+x^2}\sin^2 x\cdot 2^x}\Big(\dfrac{x}{x^2+4}-\dfrac{x}{2+x^2}+\dfrac{\cos x}{\sin x}+\dfrac{\ln 2}{2}\Big)$.

3.3.3　由参数方程确定函数求导方法

若由参数方程 $\begin{cases}x=g(t),\\ y=f(t)\end{cases}$（$t$ 是参数）确定了 y 与 x 之间的函数关系 $y=y(x)$，则称 $y=y(x)$ 为由参数方程确定的函数. 对这类函数 $y=y(x)$ 求导的一个直接想法是：通过消参，得到函数 $y=y(x)$，然后求导. 但在实际问题的处理中，经常出现消参困难甚至无法消参的情形. 因此，我们需要寻求一种能直接通过参数方程得到其确定函数 $y=y(x)$ 导数的方法.

事实上，对参数方程 $\begin{cases} x=g(t), \\ y=f(t) \end{cases}$ 而言，变量 y 和变量 x 是通过参数 t 联系. 如果 $x=g(t)$ 具有反函数 $t=\varphi(x)$，则变量 y 和变量 x 直接的关系可表示为 $y=f(t)=f\big(\varphi(x)\big)$，这显然是一个复合函数，其中参变量 t 为中间变量. 这样，就可以借助复合函数和反函数的求导法则，得到

$$\frac{dy}{dx}=\frac{dy}{dt}\frac{dt}{dx}=\frac{dy}{dt}\frac{1}{\dfrac{dx}{dt}}=\frac{f'(t)}{g'(t)}.$$

以定理的形式，可将由参数方程确定函数的求导方法严格描述如下：

定理 3.3.1　设参数方程 $\begin{cases} x=g(t), \\ y=f(t) \end{cases}$（$t$ 是参数），若 $f(t)$ 与 $g(t)$ 都是可导函数，且 $g'(t)\neq0$，则

$$\frac{dy}{dx}=\frac{\dfrac{dy}{dt}}{\dfrac{dx}{dt}}=\frac{f'(t)}{g'(t)}.$$

例 3.3.6　求摆线 $\begin{cases} x=a(t-\sin t), \\ y=a(1-\cos t) \end{cases}$ 在 $t=\dfrac{\pi}{4}$ 时的切线斜率.

解： $\dfrac{dy}{dt}=a\sin t$，$\dfrac{dx}{dt}=a-a\cos t$，

所以，
$$\frac{dy}{dx}=\frac{\dfrac{dy}{dt}}{\dfrac{dx}{dt}}=\frac{a\sin t}{a-a\cos t}=\frac{\sin t}{1-\cos t}.$$

因此，该摆线在 $t=\dfrac{\pi}{4}$ 时的切线斜率为

$$\frac{dy}{dx}\bigg|_{t=\frac{\pi}{4}}=\frac{\sin t}{1-\cos t}\bigg|_{t=\frac{\pi}{4}}=\frac{\dfrac{\sqrt{2}}{2}}{1-\dfrac{\sqrt{2}}{2}}=\frac{\sqrt{2}}{2-\sqrt{2}}=\frac{\sqrt{2}(2+\sqrt{2})}{2}$$

$$=\sqrt{2}+1.$$

例 3.3.7　设 $\begin{cases} x=3t^2+2t, \\ e^y\sin t-y+1=0, \end{cases}$ 求 $\dfrac{dy}{dx}$.

解： 对方程 $e^y\sin t-y+1=0$ 两边关于 t 求导，得：$e^y\dfrac{dy}{dt}\sin t+e^y\cos t-\dfrac{dy}{dt}=0$，解得

$$\frac{dy}{dt}=\frac{e^y\cos t}{1-e^y\sin t}.$$

对方程 $x=3t^2+2t$ 两边关于 t 求导，得：$\dfrac{\mathrm{d}x}{\mathrm{d}t}=6t+2$. 所以，

$$\frac{\mathrm{d}y}{\mathrm{d}x}=\frac{\dfrac{\mathrm{d}y}{\mathrm{d}t}}{\dfrac{\mathrm{d}x}{\mathrm{d}t}}=\frac{\dfrac{\mathrm{e}^y\cos t}{1-\mathrm{e}^y\sin t}}{6t+2}=\frac{\mathrm{e}^y\cos t}{(1-\mathrm{e}^y\sin t)(6t+2)}.$$

例 3.3.8 设极坐标系下的曲线方程 $\rho=a\mathrm{e}^\theta$，求 $\theta=\dfrac{\pi}{2}$ 时的切线方程.

解： 因为 $\begin{cases}x=\rho(\theta)\cos\theta,\\ y=\rho(\theta)\sin\theta,\end{cases}$ 即 $\begin{cases}x=a\mathrm{e}^\theta\cos\theta,\\ y=a\mathrm{e}^\theta\sin\theta,\end{cases}$ 所以极坐标系下的曲线方程也是参数方程，其中参变量为 θ. 利用由参数方程确定函数的导数计算方法，可得

$$\frac{\mathrm{d}y}{\mathrm{d}x}=\frac{\dfrac{\mathrm{d}y}{\mathrm{d}\theta}}{\dfrac{\mathrm{d}x}{\mathrm{d}\theta}}=\frac{a\mathrm{e}^\theta\sin\theta+a\mathrm{e}^\theta\cos\theta}{a\mathrm{e}^\theta\cos\theta-a\mathrm{e}^\theta\sin\theta}=\frac{\sin\theta+\cos\theta}{\cos\theta-\sin\theta}.$$

所以，$\dfrac{\mathrm{d}y}{\mathrm{d}x}\Big|_{\theta=\frac{\pi}{2}}=\dfrac{1+0}{0-1}=-1$. 且当 $\theta=\dfrac{\pi}{2}$ 时，$x=a\mathrm{e}^\theta\cos\theta=0$，$y=a\mathrm{e}^\theta\sin\theta=a\mathrm{e}^{\frac{\pi}{2}}$.

故切线方程为：$y-a\mathrm{e}^{\frac{\pi}{2}}=-(x-0)$，即 $y=-x+a\mathrm{e}^{\frac{\pi}{2}}$.

习题 3.3

1. 求由下列方程所确定的隐函数 y 的导数 $\dfrac{\mathrm{d}y}{\mathrm{d}x}$.

(1) $x^2-y^2=4$；   (2) $y=1+x\mathrm{e}^y$；

(3) $y=x\sin y$；   (4) $y^2-2xy+b^2=0$；

(5) $y=\tan(x+y)$；   (6) $x^y=y^x$.

2. 已知参数方程为 $\begin{cases}x=\mathrm{e}^t\cos t,\\ y=\mathrm{e}^t\sin t,\end{cases}$ 求 $t=\dfrac{\pi}{6}$ 处的导数 $\dfrac{\mathrm{d}y}{\mathrm{d}x}$.

3. 设函数 $y=f(x)$ 由参数方程为 $\begin{cases}x=t^2+1,\\ y=4t-t^2,\end{cases}$ $t\geqslant0$ 确定.

(1) 求导数 $\dfrac{\mathrm{d}y}{\mathrm{d}x}$.

(2) 过点 $(-1,0)$ 引曲线 $y=f(x)$ 的切线，求切点并写出该切线方程.

4. 设曲线的极坐标方程为 $\rho=2\theta$，求 $\dfrac{\mathrm{d}y}{\mathrm{d}x}$.

5. 求心形线 $\rho=1+\sin\theta$ 在 $\theta=\dfrac{\pi}{3}$ 处的法线方程.

3.4　高阶导数

3.4.1　高阶导数的概念

　　如果函数 $f(x)$ 在某区间可导，则我们可以求出该函数的导函数 $f'(x)$．注意到导函数 $f'(x)$ 也是关于自变量 x 的函数，如果它仍可导，则可以求 $f'(x)$ 的导函数，结果记作 $f''(x)$，也称为函数 $f(x)$ 的二阶导数．以此类推，还有三阶导数、四阶导数等．二阶及二阶以上的导数通称为高阶导数，具体定义如下：

　　定义 3.4.1　　如果函数 $f(x)$ 的导函数 $f'(x)$ 在点 x 处可导，即如果极限 $\lim\limits_{\Delta x \to 0} \dfrac{f'(x+\Delta x)-f'(x)}{\Delta x}$ 存在，则称此极限为 $y=f(x)$ 在点 x 的二阶导数，记作 y''，$f''(x)$，$\dfrac{\mathrm{d}^2 y}{\mathrm{d}x^2}$ 或 $\dfrac{\mathrm{d}^2 f}{\mathrm{d}x^2}$，即

$$\frac{\mathrm{d}^2 y}{\mathrm{d}x^2}=\frac{\mathrm{d}\left(\frac{\mathrm{d}y}{\mathrm{d}x}\right)}{\mathrm{d}x}=\frac{\mathrm{d}}{\mathrm{d}x}\left(\frac{\mathrm{d}y}{\mathrm{d}x}\right)=\lim_{\Delta x \to 0}\frac{f'(x+\Delta x)-f'(x)}{\Delta x}.$$

若 y''，$f''(x)$ 在点 x 可导，则称其导数为 $y=f(x)$ 的三阶导数，记作 y'''，$f'''(x)$，$\dfrac{\mathrm{d}^3 y}{\mathrm{d}x^3}$ 或 $\dfrac{\mathrm{d}^3 f}{\mathrm{d}x^3}$，即

$$\frac{\mathrm{d}^3 y}{\mathrm{d}x^3}=\frac{\mathrm{d}}{\mathrm{d}x}\left(\frac{\mathrm{d}^2 y}{\mathrm{d}x^2}\right).$$

一般地，若 $y=f(x)$ 的 $n-1$ 阶导数在点 x 可导，则称其导数为 $y=f(x)$ 的 n 阶导数，记作 $y^{(n)}$，$f^{(n)}(x)$，$\dfrac{\mathrm{d}^n y}{\mathrm{d}x^n}$ 或 $\dfrac{\mathrm{d}^n f}{\mathrm{d}x^n}$，即

$$\frac{\mathrm{d}^n y}{\mathrm{d}x^n}=\frac{\mathrm{d}}{\mathrm{d}x}\left(\frac{\mathrm{d}^{n-1} y}{\mathrm{d}x^{n-1}}\right).$$

　　注 1：记号 $y^{(n)}$ 或者 $f^{(n)}(x)$ 表示函数 $y=f(x)$ 的 n 阶导数，而记号 y^n 或者 $f^n(x)$ 表示函数 $y=f(x)$ 的 n 次幂，需要注意二者的区别.

　　注 2：$f'(x)$ 称为一阶导数，二阶及二阶以上的导数称为高阶导数．为了叙述和表达的方便，我们将 $y=f(x)$ 自身称为零阶导数，记作 $f^{(0)}(x)$，或 $y^{(0)}$，即 $f^{(0)}(x)=f(x)$.

3.4.2　几个简单函数的高阶导数

　　例 3.4.1　　求 $y=x^m$ 的 n 阶导数，其中 m 是正整数.

　　解：由于常数的导数等于零，因此需要依据 n 和 m 的大小关系分情况讨论.

　　（1）当 $n<m$ 时，有 $y^{(n)}=m(m-1)(m-2)\cdots(m-n+1)x^{m-n}$.

（2）当 $n=m$ 时，有 $y^{(n)}=m!$.

（3）当 $n>m$ 时，有 $y^{(n)}=0$.

例 3.4.2   求 $y=x^{\mu}$ 的 n 阶导数，其中 μ 不是正整数.

解： 利用 $(x^{\mu})'=\mu x^{\mu-1}$ 可知，$y^{(n)}=(x^{\mu})^{(n)}=\mu(\mu-1)$ $(\mu-2)\cdots(\mu-n+1)x^{\mu-n}$.

例 3.4.3   求 $y=\dfrac{1}{1+x}$ 的 n 阶导数.

解： $y'=\left(\dfrac{1}{1+x}\right)'=-\dfrac{1}{(1+x)^2}$，$y''=\left(-\dfrac{1}{(1+x)^2}\right)'=\dfrac{2}{(1+x)^3}$，

$y'''=\left(\dfrac{2}{(1+x)^3}\right)'=-\dfrac{3\times 2}{(1+x)^4}$，$\cdots$，所以，

$$y^{(n)}=(-1)^n\frac{n!}{(1+x)^{n+1}}.$$

例 3.4.4   求指数函数 $y=a^x$ 的 n 阶导数.

解： 利用 $(a^x)'=a^x\ln a$ 可知，$y^{(n)}=(a^x)^{(n)}=a^x(\ln a)^n$. 特别地，当 $a=e$ 时，显然有 $(e^x)^{(n)}=e^x$.

例 3.4.5   求对数函数 $y=\ln(a+x)$ 的 n 阶导数.

解： $y'=(\ln(a+x))'=\dfrac{1}{a+x}$，$y''=\left(\dfrac{1}{a+x}\right)'=-\dfrac{1}{(a+x)^2}$，

$y'''=\left(-\dfrac{1}{(a+x)^2}\right)'=\dfrac{2}{(a+x)^3}$，$\cdots$，所以，

$$y^{(n)}=(-1)^{n-1}\frac{(n-1)!}{(a+x)^n}.$$

例 3.4.6   求三角函数 $y=\sin x$ 与 $y=\cos x$ 的 n 阶导数.

解： 对 $y=\sin x$，

$y'=\cos x=\sin\left(x+\dfrac{\pi}{2}\right)$，

$y''=\left[\sin\left(x+\dfrac{\pi}{2}\right)\right]'=\cos\left(x+\dfrac{\pi}{2}\right)=\sin\left(x+\dfrac{\pi}{2}+\dfrac{\pi}{2}\right)$

$\quad=\sin\left(x+\dfrac{2\pi}{2}\right)$，

$y'''=\left[\sin\left(x+\dfrac{2\pi}{2}\right)\right]'=\cos\left(x+\dfrac{2\pi}{2}\right)=\sin\left(x+\dfrac{2\pi}{2}+\dfrac{\pi}{2}\right)$

$\quad=\sin\left(x+\dfrac{3\pi}{2}\right)$，

因此，有：$(\sin x)^{(n)}=\sin\left(x+\dfrac{n\pi}{2}\right)$，同理，有 $(\cos x)^{(n)}=\cos\left(x+\dfrac{n\pi}{2}\right)$.

3.4.3 乘积的高阶导数求法

设 $y=uv$，其中 $u=u(x)$，$v=v(x)$ 有 n 阶导数. 则有

$(uv)'=u'v+uv'$，

$(uv)''=u''v+u'v'+u'v'+uv''=u''v+2u'v'+uv''$，

$$(uv)''' = u'''v + 3u''v' + 3u'v'' + uv'''.$$

这些表达式与二项式的展开结果非常相似，事实上，利用数学归纳法可以证明如下结论：

$$(uv)^{(n)} = \sum_{k=0}^{n} C_n^k u^{(n-k)} v^{(k)}$$
$$= u^{(n)}v + nu^{(n-1)}v' + \cdots$$
$$+ \frac{n(n-1)\cdots(n-k+1)}{k!} u^{(n-k)}v^{(k)} + \cdots + uv^{(n)}.$$

该公式称为**莱布尼茨（Leibniz）公式**.

例 3.4.7　设 $y = x^2 e^x$，求 $y^{(20)}$.

解：设 $u = e^x$，$v = x^2$，显然 $v' = 2x$，$v'' = 2$，$v^{(k)} = 0$，$k \geq 3$.
所以由莱布尼茨公式可得

$$y^{(20)} = (e^x)^{(20)} x^2 + C_{20}^1 (e^x)^{(19)} (2x) + C_{20}^2 (e^x)^{(18)} \times 2$$
$$= x^2 e^x + 40 x e^x + 380 e^x$$
$$= e^x (x^2 + 40x + 380).$$

求函数的高阶导数时，一种做法就是直接按照定义逐阶求出高阶导数，称之为直接法. 除此之外，还可以利用已知的高阶导数公式，如利用例 3.4.1 至例 3.4.6 的结果，通过导数的四则运算、变量代换等方法，间接求出函数的高阶导数，这种方法称为间接法. 例如，

例 3.4.8　设 $y = \dfrac{1}{1-x^2}$，求 $y^{(n)}$.

解：$y = \dfrac{1}{1-x^2} = \dfrac{1}{(1+x)(1-x)} = \dfrac{1}{2}\left(\dfrac{1}{x+1} - \dfrac{1}{x-1}\right)$，所以，

$$y^{(n)} = \frac{1}{2}\left[\left(\frac{1}{x+1}\right)^{(n)} - \left(\frac{1}{x-1}\right)^{(n)}\right] = \frac{1}{2}\left[\frac{(-1)^n n!}{(x+1)^{n+1}} - \frac{(-1)^n n!}{(x-1)^{n+1}}\right].$$

3.4.4　隐函数的二阶导数求法

求隐函数的二阶导数时，仍然采用隐函数的求导方法，即对求过一阶导数的方程两边再关于自变量 x 求导，求导的过程中，把 y 以及 y' 理解为 x 的函数，利用复合函数求导法则求导.

例 3.4.9　设函数 $y = y(x)$ 由方程 $y = 1 + xe^y$ 确定，求 $\dfrac{d^2 y}{dx^2}$
及 $\dfrac{d^2 y}{dx^2}\bigg|_{x=0}$.

解：对方程两边关于自变量 x 求导，得 $y' = e^y + xe^y y'$. 解得
$y' = \dfrac{e^y}{1-xe^y}$，所以，

$$y'' = \frac{e^y y'(1-xe^y) - e^y(-e^y - xe^y y')}{(1-xe^y)^2} = \frac{e^y y' + e^y e^y}{(1-xe^y)^2} = \frac{e^y y' + e^{2y}}{(1-xe^y)^2}.$$

把 $y' = \dfrac{e^y}{1-xe^y}$ 代入 y'' 的表达式中，有

$$y'' = \frac{e^y \dfrac{e^y}{1-xe^y} + e^{2y}}{(1-xe^y)^2} = \frac{2e^{2y} - xe^{3y}}{(1-xe^y)^3}.$$

另外，将 $x=0$ 代入原方程 $y=1+xe^y$ 可得：$y=1$，因此

$$\frac{d^2 y}{dx^2}\Big|_{x=0} = \frac{2e^2-0}{(1-0)^3} = 2e^2.$$

3.4.5　由参数方程确定的函数的二阶导数求法

求由参数方程 $\begin{cases} x=x(t), \\ y=y(t) \end{cases}$ 确定的函数的二阶导数时（其中 $x(t)$，$y(t)$ 有二阶导数且 $x'(t) \neq 0$），可先求出其一阶导数 $\dfrac{dy}{dx} = \dfrac{y'(t)}{x'(t)}$，该一阶导数仍表示为参变量 t 的函数. 然后再对该一阶导数关于自变量 x 求导数，即

$$\frac{d^2 y}{dx^2} = \frac{d}{dx}\left(\frac{dy}{dx}\right) = \frac{d}{dx}\left(\frac{y'(t)}{x'(t)}\right) = \frac{\dfrac{d}{dt}\left(\dfrac{y'(t)}{x'(t)}\right)}{\dfrac{dx}{dt}}.$$

例 3.4.10　设 $\begin{cases} x=\ln\cos t, \\ y=\sin t - t\cos t, \end{cases}$ 求 $\dfrac{d^2 y}{dx^2}$.

解： 利用由参数方程确定函数的求导方法，有

$$\frac{dy}{dx} = \frac{y'(t)}{x'(t)} = \frac{\cos t - \cos t + t\sin t}{\dfrac{1}{\cos t}(-\sin t)} = -t\cos t.$$

$$\frac{d^2 y}{dx^2} = \frac{\dfrac{d}{dt}\left(\dfrac{y'(t)}{x'(t)}\right)}{\dfrac{dx}{dt}} = \frac{\dfrac{d}{dt}(-t\cos t)}{\dfrac{dx}{dt}} = \frac{-\cos t + t\sin t}{\dfrac{1}{\cos t}(-\sin t)}$$

$$= \frac{\cos^2 t - t\sin t\cos t}{\sin t}.$$

习题 3.4

1. 求下列函数的高阶导数.

(1) $y=e^{-\sin x}$，求 y'';　　　　　(2) $y=f(\ln^2 x)$，求 y'';

(3) $y=1+xe^y$，求 y'';　　　　　(4) $y=\sin(kx)$，求 $y^{(n)}$;

(5) $y=\dfrac{1}{2x+1}$，求 $y^{(n)}$;

(6) $y=\ln(3+2x-x^2)$，$-1<x<3$，求 $y^{(n)}$.

2. 已知函数 $y=x^{x^x}$，求 $\dfrac{dy}{dx}$.

3. 已知 $x-y+\dfrac{1}{2}\sin y=0$，求 $\dfrac{d^2 y}{dx^2}$.

4. 设 $y=\arctan x$，求 $y^{(n)}(0)$.

5. 已知由参数方程 $\begin{cases} x=2t-t^2, \\ y=3t-t^3 \end{cases}$ 确定的函数为 $y=y(x)$，求 $\dfrac{\mathrm{d}y}{\mathrm{d}x}$，$\dfrac{\mathrm{d}^2 y}{\mathrm{d}x^2}$.

6. 已知参数方程 $\begin{cases} x=\mathrm{e}^t, \\ \mathrm{e}^t+y^3=2 \end{cases}$ 确定的函数 $y=y(x)$，求 $\dfrac{\mathrm{d}^2 y}{\mathrm{d}x^2}$，$\dfrac{\mathrm{d}^2 y}{\mathrm{d}x^2}\bigg|_{t=0}$.

3.5　函数的微分

函数的导数反映了函数的因变量相对于自变量变化而变化的快慢程度，即导数反映了函数的变化率. 若我们想研究当自变量有微小变化时，函数的因变量大体上会改变多少时，就需要研究函数的微分（differential）.

3.5.1　微分的概念

为了明确微分的概念，先来观察一个实例：设一边长为 x_0 的正方形铁片，受热后，边长由 x_0 增长到 $x_0+\Delta x$，则此铁片的面积大体上会改变多少呢？

由图 3-5-1 可知，正方形铁片面积的增量为
$$\Delta A=(x_0+\Delta x)^2-x_0^2=2x_0\Delta x+(\Delta x)^2$$
这一增量可分为两部分：第一部分 $2x_0\Delta x$ 是自变量增量的线性函数；第二部分 $(\Delta x)^2$，在自变量增量 $\Delta x\to 0$ 过程下，是 Δx 的高阶无穷小. 当 $|\Delta x|$ 很小时，正方形铁片面积的增量可用第一部分 $2x_0\Delta x$，也就是自变量增量的线性函数部分来近似，即函数的因变量大体上会改变 $2x_0\Delta x$.
$$\Delta A\approx 2x_0\Delta x,$$
且 $|\Delta x|$ 越小，近似的程度越好.

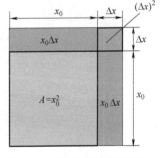

图 3-5-1　面积增量分解图

那么，是不是所有函数因变量的改变量都能表示为自变量改变量的线性函数与一个高阶无穷小的和呢？如果能表示，那么这个线性函数就是因变量的大体改变量，可用来近似表示因变量的增量. 为此，有如下定义：

定义 3.5.1　设函数 $y=f(x)$ 在点 x_0 的某一邻域内有定义，当自变量在点 x_0 处有增量 Δx 时（点 $x_0+\Delta x$ 仍在该邻域内），如果函数因变量的增量可表示为
$$\Delta y=f(x_0+\Delta x)-f(x_0)=A\Delta x+o(\Delta x)，\ \Delta x\to 0.$$
其中，A 是与 Δx 无关的量，$o(\Delta x)$ 是 Δx 的高阶无穷小量，那么称函数 $y=f(x)$ 在点 x_0 是可微的，$A\Delta x$ 称为函数 $y=f(x)$ 在点

x_0 处关于自变量的增量 Δx 的**微分**，记作 $\mathrm{d}y$，即

$$\mathrm{d}y = A\Delta x.$$

注 1：若函数 $y=f(x)$ 在点 x_0 可微，则函数 $y=f(x)$ 在点 x_0 的微分 $\mathrm{d}y$ 就是自变量改变量 Δx 的线性函数.

注 2：函数的增量 Δy 与微分 $\mathrm{d}y$ 的差 $\Delta y - \mathrm{d}y = o(\Delta x)$，是 $\Delta x \to 0$ 这个过程下 Δx 的高阶无穷小.

注 3：由于 $\Delta y = \mathrm{d}y + o(\Delta x)$，所以称 $\mathrm{d}y$ 是 Δy 的线性主部，且有近似等式：$\Delta y \approx \mathrm{d}y$.

3.5.2　微分与导数的关系

什么样的函数在点 x 可微呢？它和函数在点 x 可导有什么关系呢？

假设函数 $y=f(x)$ 在点 x_0 可微，即 $\Delta y = A\Delta x + o(\Delta x)$，$\Delta x \to 0$，两边同时除以 Δx，有 $\dfrac{\Delta y}{\Delta x} = A + \dfrac{o(\Delta x)}{\Delta x}$，取极限（让 $\Delta x \to 0$），则有

$$\lim_{\Delta x \to 0} \frac{\Delta y}{\Delta x} = \lim_{\Delta x \to 0}\left[A + \frac{o(\Delta x)}{\Delta x}\right] = A. \tag{3.5.1}$$

式（3.5.1）的左边恰好是函数 $y=f(x)$ 在点 x_0 处的因变量与自变量增量比的极限，该极限存在表明函数 $y=f(x)$ 在点 x_0 可导，且导数等于 A，即 $f'(x_0)=A$. 这同时表明，函数 $y=f(x)$ 若在点 x_0 可微，则 $y=f(x)$ 在点 x_0 可导，且 $f'(x_0)=A$.

反之，若函数 $y=f(x)$ 在点 x_0 可导，即 $f'(x_0)=\lim\limits_{\Delta x \to 0}\dfrac{\Delta y}{\Delta x}$，从而 $\dfrac{\Delta y}{\Delta x}=f'(x_0)+\alpha$，其中 $\lim\limits_{\Delta x \to 0}\alpha=0$. 因此，

$$\Delta y = f'(x_0)\Delta x + \alpha \Delta x = f'(x_0)\Delta x + o(\Delta x). \tag{3.5.2}$$

由于 $f'(x_0)$ 与 Δx 无关，所以式（3.5.2）表明函数 $y=f(x)$ 在点 x_0 处可微，且在该点的微分 $\mathrm{d}y=f'(x_0)\Delta x$. 这同时表明，函数 $y=f(x)$ 若在点 x_0 可导，则 $y=f(x)$ 在点 x_0 可微. 因此，有如下定理：

定理 3.5.1　函数 $y=f(x)$ 在点 x_0 可微的充分必要条件是函数 $y=f(x)$ 在点 x_0 可导，且 $A-f'(x_0)$，即函数在该点的微分 $\mathrm{d}y=f'(x_0)\Delta x$.

若函数 $y=f(x)$ 在区间 I 上的每一点 x 都可微，则称函数在区间 I 上可微，并将函数在点 $x \in I$ 的微分记作 $\mathrm{d}y=f'(x)\Delta x$，有时也记作 $\mathrm{d}f(x)=f'(x)\Delta x$.

注 1：一般将自变量的增量 Δx 看作自变量的微分，记作 $\mathrm{d}x$，即 $\mathrm{d}x=\Delta x$. 事实上，对于函数 $y=f(x)=x$，因为 $y=x$，所以有：

$$\mathrm{d}y=\mathrm{d}x. \tag{3.5.3}$$

又因为 $y=f(x)$，且 $f(x)=x$，所以由微分的表示有

$$dy=f'(x)\Delta x=\Delta x. \qquad (3.5.4)$$

对比式 (3.5.3) 和式 (3.5.4)，有结论：$dx=\Delta x$. 因此，$dy=f'(x)\Delta x$ 也表示为 $dy=f'(x)dx$.

注 2：由于 $dy=f'(x)dx$，所以有

$$f'(x)=\frac{dy}{dx}.$$

这里的导数符号 $\frac{dy}{dx}$ 之前是被看作一个整体符号，有了微分的概念之后，导数符号 $\frac{dy}{dx}$ 也可被看作微分的商，即 $\frac{dy}{dx}=dy\div dx$，因此，导数也称为**微商**.

例 3.5.1　求函数 $y=e^{-x^2}$ 的微分 dy.

解：因为 $y'=-2xe^{-x^2}$，所以 $dy=-2xe^{-x^2}dx$.

3.5.3　微分的几何意义

设图 3-5-2 中各点的坐标为：$M(x_M,y_M)$，$N(x_N,y_N)$，$P(x_P,y_P)$. 设函数 $y=f(x)$ 在点 x 可微（可导），则当自变量有增量 Δx，函数 y 有相应的增量 $\Delta y=y_N-y_M$. 过点 M 作曲线 $y=f(x)$ 的切线 T，切线与 x 轴正向的夹角为 α. 所以，$dy=f'(x)dx=\tan\alpha\Delta x$. 从而 $dy=y_P-y_M$，即 dy 是曲线 $y=f(x)$ 在点 x 处**切线的纵坐标增量**，这就是微分的几何意义.

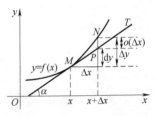

图 3-5-2　微分的几何解释

3.5.4　微分的计算

由于 $dy=f'(x)dx$，因此由基本的导数公式和运算法则，可以得到基本微分公式和微分运算法则.

1. 基本微分公式

(1) $d(C)=0(C$ 为常数$)$.　　(2) $d(x^\mu)=\mu x^{\mu-1}dx$.

(3) $d(a^x)=a^x\ln a dx$.　　(4) $d(e^x)=e^x dx$.

(5) $d(\log_a x)=\frac{1}{x\ln a}dx$.　　(6) $d(\ln x)=\frac{1}{x}dx$.

(7) $d(\sin x)=\cos x dx$.　　(8) $d(\cos x)=-\sin x dx$.

(9) $d(\tan x)=\sec^2 x dx$.　　(10) $d(\cot x)=-\csc^2 x dx$.

(11) $d(\sec x)=\sec x\tan x dx$.　　(12) $d(\csc x)=-\csc x\cot x dx$.

(13) $d(\arcsin x)=\frac{1}{\sqrt{1-x^2}}dx$.

(14) $d(\arccos x)=-\frac{1}{\sqrt{1-x^2}}dx$.

(15) $d(\arctan x)=\frac{1}{1+x^2}dx$.

(16) $d(\text{arccot} x)=-\frac{1}{1+x^2}dx$.

2. 四则运算法则

设 $u=u(x)$，$v=v(x)$ 在点 x 处可微，则有

(1) $\mathrm{d}(Cu)=C\mathrm{d}u$.　　　　(2) $\mathrm{d}(u\pm v)=\mathrm{d}u\pm\mathrm{d}v$.

(3) $\mathrm{d}(uv)=v\mathrm{d}u+u\mathrm{d}v$.　　　　(4) $\mathrm{d}\left(\dfrac{u}{v}\right)=\dfrac{v\mathrm{d}u-u\mathrm{d}v}{v^2}$.

我们以相除的微分运算法则为例，来证明微分的运算法则，证明过程如下：

$$\mathrm{d}\left(\frac{u}{v}\right)=\left(\frac{u}{v}\right)'\mathrm{d}x=\frac{u'v-uv'}{v^2}\mathrm{d}x=\frac{u'v\mathrm{d}x-uv'\mathrm{d}x}{v^2}=\frac{v\mathrm{d}u-u\mathrm{d}v}{v^2}.$$

其他运算法则可类似证明：

3. 复合函数的微分法则

设 $y=f(g(x))$，若 $u=g(x)$ 在点 x 处可微，$y=f(u)$ 在对应点 u 处可微，则 $y=f(g(x))$ 在点 x 处可微，且

$$\mathrm{d}y=f'(u)\mathrm{d}u. \tag{3.5.5}$$

这就是复合函数的微分法则．该法则的证明过程如下：

因为 $y=f(g(x))$，所以，

$$\mathrm{d}y=\Big[f(g(x))\Big]'\mathrm{d}x=f'(g(x))g'(x)\mathrm{d}x=f'(g(x))\mathrm{d}g(x)$$
$$=f'(u)\mathrm{d}u. \tag{3.5.6}$$

在式（3.5.6）中，u 是作为中间变量的．事实上，若函数 $y=f(u)$ 可导，其中 u 是自变量，则一定有 $\mathrm{d}y=f'(u)\mathrm{d}u$，因此，复合函数的微分法则同时表明：若函数 $y=f(u)$ 可导，则不论 u 是自变量，还是中间变量，都有 $\mathrm{d}y=f'(u)\mathrm{d}u$．这一性质称为**微分形式的不变性**．

4. 微分的计算

微分的计算方法有：①利用公式 $\mathrm{d}y=f'(x)\mathrm{d}x$，借助导数的计算方法直接计算；②利用基本微分公式和微分的四则运算法则计算；③利用微分形式的不变性来计算．

例 3.5.2　求函数 $y=\mathrm{e}^x\sin x$ 的微分 $\mathrm{d}y$.

解法 1：因为 $y'=\mathrm{e}^x\sin x+\mathrm{e}^x\cos x$，所以，$\mathrm{d}y=(\mathrm{e}^x\sin x+\mathrm{e}^x\cos x)\mathrm{d}x$.

解法 2：$\mathrm{d}y=\sin x\mathrm{d}(\mathrm{e}^x)+\mathrm{e}^x\mathrm{d}(\sin x)=\mathrm{e}^x\sin x\mathrm{d}x+\mathrm{e}^x\cos x\mathrm{d}x=(\mathrm{e}^x\sin x+\mathrm{e}^x\cos x)\mathrm{d}x$.

例 3.5.3　已知函数 $y=y(x)$ 由方程 $y=\tan(x+y)$ 确定，求 $\mathrm{d}y$.

解：方程两边取微分，有 $\mathrm{d}y=\mathrm{d}(\tan(x+y))$，即

$$\mathrm{d}y=\sec^2(x+y)\mathrm{d}(x+y)=\sec^2(x+y)(\mathrm{d}x+\mathrm{d}y)$$
$$=\sec^2(x+y)\mathrm{d}x+\sec^2(x+y)\mathrm{d}y$$

移项，解得

$$dy = \frac{\sec^2(x+y)}{1-\sec^2(x+y)}dx = \frac{1}{\cos^2(x+y)-1}dx.$$

3.5.5　微分在近似计算中的应用

设函数 $y=y(x)$ 在点 x_0 处可导，则当 $f'(x_0)\neq 0$ 时，

$$\Delta y = f(x_0+\Delta x)-f(x_0) \approx f'(x_0)\Delta x. \qquad (3.5.7)$$

记 $x_0+\Delta x=x$，则有

$$f(x) \approx f(x_0)+f'(x_0)(x-x_0). \qquad (3.5.8)$$

当 $\Delta x=x-x_0$ 很小时，关于 x 的线性函数 $L(x)=f(x_0)+f'(x_0)(x-x_0)$ 就是原函数 $f(x)$ 的很好的近似. 为此，给 $L(x)$ 一个名称如下：

定义 3.5.2　如果函数 $y=f(x)$ 在点 x_0 处可微，那么线性函数

$$L(x)=f(x_0)+f'(x_0)(x-x_0)$$

就称为 $f(x)$ 在点 x_0 处的**线性化**. 近似表达式 $f(x)\approx L(x)$ 称为 $f(x)$ 在点 x_0 处的**标准线性近似**，点 x_0 称为该近似的**中心**.

特别地，当 $x_0=0$ 时，

$$f(x) \approx L(x)=f(0)+f'(0)x. \qquad (3.5.9)$$

注 1：一些常用函数在 $x_0=0$ 时的标准线性近似公式如下：

(1) $\sqrt[n]{1+x} \approx 1+\dfrac{1}{n}x$.

(2) $\sin x \approx x$.

(3) $\tan x \approx x$.

(4) $e^x \approx 1+x$.

(5) $\ln(1+x) \approx x$.

注 2：标准线性近似可用于近似计算.

例 3.5.4　计算 $\sin 60°30'$ 的近似值.

解：利用关系 $\pi=180°$，把 $60°30'$ 写成弧度为：$60°30'=\dfrac{\pi}{3}+\dfrac{\pi}{360}$. 记 $x_0=\dfrac{\pi}{3}$，$x=\dfrac{\pi}{3}+\dfrac{\pi}{360}$.

令 $f(x)=\sin x$，则 $f'(x)=\cos x$，结合标准线性近似公式 $f(x)\approx f(x_0)+f'(x_0)(x-x_0)$，有 $\sin x\approx \sin x_0+\cos x_0(x-x_0)$，即

$$\sin\left(\frac{\pi}{3}+\frac{\pi}{360}\right) \approx \sin\frac{\pi}{3}+\cos\frac{\pi}{3}\times\left(\frac{\pi}{360}\right)=\frac{\sqrt{3}}{2}+\frac{1}{2}\cdot\frac{\pi}{360}.$$

3.5.6　微分在误差估计中的应用

在生产实践中，经常要测量一些数据，由于受测量仪器的精度、测量的环境和测量方法等因素的影响，测量得到的数据往往有误差，而根据有误差的数据计算所得到的结果相应地也会存在

误差. 微分就可以作为对误差进行分析的工具.

设某个量的精确值为 x，若经测量或者计算只能得到其近似值（或称为测量值）$\tilde{x}$. 称 $|x-\tilde{x}|$ 为近似值 $\tilde{x}$ 的**绝对误差**，绝对误差与 $|\tilde{x}|$ 的比值 $\dfrac{|x-\tilde{x}|}{|\tilde{x}|}$ 称为近似值 $\tilde{x}$ 的**相对误差**.

在实际工作中，一个量的精确值往往是无法得到的，因此，尽管有了测量值，绝对误差与相对误差也是无法求得的. 为了对绝对误差进行估计，实际工作中，通常采取的办法是将绝对误差确定在某一个范围内. 具体做法如下：

如果某个量的精确值为 x，测得其近似值为 $\tilde{x}$，又知道它的误差不超过 $\varepsilon(\tilde{x})$，即

$$|x-\tilde{x}| \leqslant \varepsilon(\tilde{x}),$$

那么，称 $\varepsilon(\tilde{x})$ 为测量值 $\tilde{x}$ 的**绝对误差限**，称 $\dfrac{\varepsilon(\tilde{x})}{|\tilde{x}|}$ 为测量值 $\tilde{x}$ 的**相对误差限**，记作 $\varepsilon_r(\tilde{x})$.

对函数而言，若自变量产生了测量误差，则代入函数 $y=f(x)$ 后得到的计算结果也会存在误差，因此，记 $\tilde{y}=f(\tilde{x})$ 作为 y 的近似值. 这其中产生的绝对误差就可以借助微分来表示：

$$|\Delta y| = |f(x)-f(\tilde{x})| \approx |f'(\tilde{x})(x-\tilde{x})| \leqslant |f'(\tilde{x})|\varepsilon(\tilde{x}).$$

$$(3.5.10)$$

因此，称 $\varepsilon(\tilde{y})=|f'(\tilde{x})|\varepsilon(\tilde{x})$ 为计算值 $\tilde{y}$ 的**绝对误差限**，相应地，计算值 $\tilde{y}$ 的**相对误差限** $\varepsilon_r(\tilde{y})$ 可表示为

$$\varepsilon_r(\tilde{y}) = \frac{\varepsilon(\tilde{y})}{|\tilde{y}|} = \frac{|f'(\tilde{x})|\varepsilon(\tilde{x})}{|f(\tilde{x})|} = \frac{|f'(\tilde{x})||\tilde{x}|\varepsilon(\tilde{x})}{|f(\tilde{x})||\tilde{x}|}$$

$$= \frac{|\tilde{x}f'(\tilde{x})|}{|f(\tilde{x})|}\varepsilon_r(\tilde{x}).$$

例 3.5.5   测量得到圆板的直径为 $\tilde{x}=5.2\mathrm{cm}$，其绝对误差限 $\varepsilon(\tilde{x})$ 为 $0.05\mathrm{cm}$，即直径为 $5.2\mathrm{cm} \pm 0.05\mathrm{cm}$. 请估计圆板面积的绝对误差限和相对误差限.

解：圆板面积 y 与直径 x 的函数关系为 $y=\dfrac{\pi}{4}x^2$. 所以，圆板面积的计算值为

$$\tilde{y} = \frac{\pi}{4}\tilde{x}^2 = \frac{\pi}{4} \times (5.2\mathrm{cm})^2 \approx 21.23\mathrm{cm}^2.$$

直径的绝对误差限为 $\varepsilon(\tilde{x})=0.05\mathrm{cm}$，相对误差限为 $\varepsilon_r(\tilde{x})=\dfrac{\varepsilon(\tilde{x})}{|\tilde{x}|}=\dfrac{0.05\mathrm{cm}}{5.2\mathrm{cm}}$. 所以，圆板面积的绝对误差限为

$$\varepsilon(\tilde{y}) = |y'(\tilde{x})|\varepsilon(\tilde{x}) = \frac{\pi}{2}\tilde{x}\varepsilon(\tilde{x}) \approx 0.41\mathrm{cm}^2.$$

圆板面积的相对误差限为

$$\varepsilon_r(\bar{y})=\frac{|\tilde{x}y'(\tilde{x})|}{|\tilde{y}|}\varepsilon_r(\tilde{x})=\frac{|\tilde{x}\frac{\pi}{2}\tilde{x}|}{|\tilde{y}|}\varepsilon_r(\tilde{x})\approx 0.0192.$$

习题 3.5

1. 求下列函数的微分.

(1) $y=\dfrac{x}{1-x}$;　　　　　(2) $y=x^2\sin x$;

(3) $y=\arctan\dfrac{1+e^x}{1-e^x}$;　　(4) $y=x^2e^{2x}$.

2. 计算表达式 $\dfrac{d(\arcsin x)}{d(1-x^2)}$.

3. 求由方程 $x+y=\arctan(x-y)$ 确定的函数 $y=y(x)$ 的微分.

4. 求由参数方程 $\begin{cases}x=t-\arctan t,\\ y=\ln(1+t^2)\end{cases}$ 确定的函数 $y=y(x)$ 的一阶导数和二阶导数.

5. 计算 $\sqrt[3]{996}$ 的近似值.

6. 一正方体的棱长 $x=10\mathrm{m}$，如果棱长增加 $0.1\mathrm{m}$，求此正方体体积增加的精确值和近似值.

第 4 章

中值定理与导数应用

第 3 章介绍了导数和微分，本章将介绍微分中值定理及泰勒定理，以及如何利用洛必达（L'Hospital）法则求未定式的极限，同时探讨如何借助导数研究函数的性态，最后介绍导数的应用.

在本章的学习过程中，大家需要学会利用中值定理证明含有中值的等式，能够利用洛必达法则求未定式的极限. 同时还需要掌握如何借助分析的方法研究函数的性态，从而能够画出函数的大致图形. 更重要的是，能够掌握如何运用导数研究实际中的优化问题，即求最值问题.

4.1 微分中值定理

微分中值定理主要是用来研究函数在某区间的性质与该函数在该区间内某一点的导数之间的关系. 微分中值定理既是用微分学知识解决实际问题的理论基础，也为微分学自身发展提供了理论支撑.

4.1.1 函数的极值与费马定理

定义 4.1.1 设函数 $f(x)$ 定义在区间 I 上，点 $x_0 \in I$，若存在点 x_0 的某一邻域 $N(x_0, \delta) \subset I$，使得 $\forall x \in \overset{\circ}{N}(x_0, \delta)$，恒有 $f(x) \leqslant f(x_0)$（或 $f(x) \geqslant f(x_0)$），则称 $f(x_0)$ 为函数 $f(x)$ 的一个极大值（或极小值），点 x_0 称为 $f(x)$ 的极大值点（或极小值点）.

函数的极大值与极小值统称为极值（extremum），极大值点与极小值点统称为极值点（extreme point）.

在图 4-1-1 中，点 x_1，x_3 是函数 $f(x)$ 的极大值点，点 x_2，x_4 是函数 $f(x)$ 的极小值点. 由于极值 $f(x_0)$ 是相对于 x_0 的某一邻域 $N(x_0, \delta)$ 而言的，故极值是局部性质，可以出现极小值比极大值还大的情况，例如，在图 4-1-1 中，就出现了极大值小于极小值的情形：$f(x_1) < f(x_4)$.

而函数的最值（最大值或最小值）则是对函数 $y = f(x)$ 在整个定义域或者指定区间上的函数值而言的，故最值是整体性质.

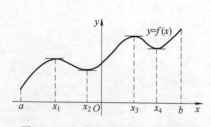

图 4-1-1　极值点与极值示意图

从图 4-1-1 可以直观地发现，若 $f(x)$ 在极值点可导，则在该点的曲线的切线都是水平的，这一结论是可以从理论上证明的.

定理 4.1.1 （**费马（Fermat）定理**） 设函数 $y=f(x)$ 在点 x_0 处可导，若 x_0 是函数的极值点，则 $f'(x_0)=0$.

证明： 不妨假设 x_0 是 $f(x)$ 的极大值点，即 $\exists \delta > 0$，$\forall x \in N(x_0, \delta)$，$f(x) \leqslant f(x_0)$，故当 $x \in N(x_0, \delta)$，且 $x > x_0$ 时，$f(x)$ 在 x_0 点的右导数

$$f'_+(x_0) = \lim_{x \to x_0^+} \frac{f(x) - f(x_0)}{x - x_0} \leqslant 0. \tag{4.1.1}$$

同理，当 $x \in N(x_0, \delta)$，且 $x < x_0$ 时，$f(x)$ 在 x_0 点的左导数

$$f'_-(x_0) = \lim_{x \to x_0^-} \frac{f(x) - f(x_0)}{x - x_0} \geqslant 0. \tag{4.1.2}$$

因为函数 $y=f(x)$ 在点 x_0 处可导，即 $f'(x_0)$ 存在，等价于左导数存在、右导数存在且相等. 即

$$0 \geqslant f'_+(x_0) = f'(x_0) = f'_-(x_0) \geqslant 0,$$

从而，$f'(x_0) = 0$.

注 1：通常称一阶导数 $f'(x_0)=0$ 的点 x_0 为函数 $y=f(x)$ 的**驻点**（stationary point）.

注 2：费马定理指出，若函数可导，则极值点一定是驻点. 反之未必成立. 例如函数 $y=x^3$，易知 $x=0$ 是 $y=x^3$ 的驻点，但不是极值点. 此外，"函数可导"这一要求也是必需的，否则，极值点也未必是驻点，例如 $x=0$ 是函数 $y=|x|$ 的极值点，但 $y=|x|$ 在 $x=0$ 处不可导，因此 $x=0$ 不是驻点.

在费马定理的基础上，容易得到如下微分中值定理.

4.1.2 罗尔定理

定理 4.1.2 （**罗尔（Rolle）定理**） 如果函数 $y=f(x)$ 在闭区间 $[a,b]$ 上连续，在开区间 (a,b) 内可导，且在区间端点的函数值相等，即 $f(a)=f(b)$，则至少有一点 $\xi \in (a,b)$，使得函数 $f(x)$ 在该点的导数等于零，即 $f'(\xi)=0$.

罗尔定理（Rolle theorem）的几何解释是直观的，即在图 4-1-2 中的曲线弧 AB 上，至少存在一点 C，使得该点处的切线是水平的. 因此，从几何上来看，罗尔定理应该是正确的，那么如何从分析的角度给出罗尔定理的理论证明呢？以下给出详细的证明过程.

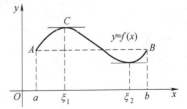

图 4-1-2 罗尔定理的几何解释

证明： 因为 $f(x)$ 在闭区间 $[a,b]$ 上连续，所以一定存在最大值 M 和最小值 m.

（1）若 $M=m$，则说明函数 $y=f(x)$ 为常函数，即有：$f'(x)=0$，$\forall x \in (a,b)$. 此时，$\forall \xi \in (a,b)$，都有 $f'(\xi)=0$. 罗尔

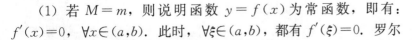

定理成立.

（2）若 $M \neq m$，因为 $f(a) = f(b)$，则 M 和 m 中至少有一个不等于 $f(a)$，不妨设 $M \neq f(a)$. 则在 (a,b) 内至少存在一点 ξ，使得 $f(\xi) = M$. 所以，ξ 必是函数 $y = f(x)$ 的极大值点. 又因为 $f(x)$ 在 ξ 点可导，由费马定理得 $f'(\xi) = 0$. 即罗尔定理成立.

注1：罗尔定理中有三个条件，缺少其中任何一个，都可能导致定理的结论不成立. 例如，$f_1(x) = \begin{cases} 1-x, & x \in (0,1] \\ 0, & x = 0 \end{cases}$，由于其在闭区间 $[0,1]$ 上不连续，尽管其在开区间 $(0,1)$ 内可导，且端点值相等 $f_1(0) = f_1(1)$，也不足以推出存在 $\xi_1 \in (0,1)$，使得 $f_1'(\xi_1) = 0$ 这样的结论. 事实上，$f_1'(x) = -1$，$\forall x \in (0,1)$，不存在导数等于零的点. 又如函数 $f_2(x) = |x|$，$x \in [-1,1]$，由于其在开区间 $(-1,1)$ 内不可导，尽管其在闭区间 $[-1,1]$ 上连续，且端点值相等 $f_2(-1) = f_2(1)$，也不足以推出存在 $\xi_2 \in (-1,1)$，使得 $f_2'(\xi_2) = 0$ 这样的结论. 事实上，$f_2'(x) = \begin{cases} 1, & x \in (0,1), \\ \text{不存在}, & x = 0, \\ -1, & x \in (-1,0), \end{cases}$ 不存在导数等于零的点. 再如，函数 $f_3(x) = x$，$x \in [0,1]$，由于其在端点值不相等，$f_3(0) \neq f_3(1)$，尽管其在闭区间 $[0,1]$ 上连续，在开区间 $(0,1)$ 内可导，也不足以推出存在 $\xi_3 \in (0,1)$，使得 $f_3'(\xi_3) = 0$ 这样的结论. 事实上，$f_3'(x) = 1$，$\forall x \in (0,1)$，不存在导数等于零的点.

注2：罗尔定理的条件是充分的，也就是说即使罗尔定理中的三个条件无法同时满足，定理的结论仍可能成立. 例如函数

$$f(x) = \begin{cases} \cos x, & x \in \left[-\pi, \dfrac{\pi}{2}\right), \\ \pi - x, & x \in \left[\dfrac{\pi}{2}, \pi\right], \end{cases}$$

函数图像如 4-1-3 所示. 该函数不满足罗尔定理中的任意一个条件，然而，该函数在点 $x = 0$ 处的导数为零，即定理的结论是成立的.

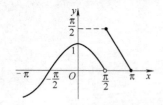

图 4-1-3 罗尔定理条件为非必要条件的例子

注3：罗尔定理只给出了导数零点的存在性，通常这样的零点是不易具体求出的.

例 4.1.1 证明方程 $x^7 - 7x + 1 = 0$ 有且仅有一个小于1的正实根.

证明： 设 $f(x) = x^7 - 7x + 1$，则函数 $f(x)$ 的零点就是方程的根. 显然 $f(x)$ 在闭区间 $[0,1]$ 上连续，且 $f(0) = 1 > 0$，$f(1) = -5 < 0$. 由连续函数的零点存在定理可知：$\exists x_0 \in (0,1)$，使 $f(x_0) = 0$. 即方程有小于1的正实根.

以下用反证法证明根的唯一性.

假设方程 $x^7 - 7x + 1 = 0$ 在区间 $(0,1)$ 内还有另外一个异于 x_0

的实根 x_1，则 $f(x_1)=0$. 显然函数 $f(x)$ 在 x_0, x_1 构成的闭区间上连续，开区间内可导，且端点值相等，即 $f(x_0)=f(x_1)=0$. 由罗尔定理可知，至少存在一点 ξ（在 x_0, x_1 之间），使得 $f'(\xi)=0$. 但 $f'(x)=7(x^6-1)<0$，$\forall x\in(0,1)$，不存在使得导数等于 0 的点，与 $f'(\xi)=0$ 矛盾，故假设不成立. 即方程 $x^7-7x+1=0$ 有且仅有一个小于 1 的正实根.

4.1.3　拉格朗日中值定理

定理 4.1.3　　（**拉格朗日**（Lagrange）**中值定理**）　如果函数 $f(x)$ 在闭区间 $[a,b]$ 上连续，在开区间 (a,b) 内可导，那么在 (a,b) 内至少有一点 $\xi(a<\xi<b)$，使等式成立：

$$f(b)-f(a)=f'(\xi)(b-a). \tag{4.1.3}$$

注 1：与罗尔定理相比，拉格朗日中值定理（Lagrange mean value theorem）的条件去掉了 $f(a)=f(b)$ 这一特殊要求，扩大了定理的应用范围.

注 2：定理的结论还可表述为

$$\frac{f(b)-f(a)}{b-a}=f'(\xi). \tag{4.1.4}$$

拉格朗日中值定理的几何解释也是相当直观的，即在图 4-1-4 中的曲线弧 AB 上，至少存在一点 C，使得该点处的切线平行于弦 AB，即斜率相等（与式（4.1.4）一致）. 因此，从几何上来看，拉格朗日中值定理应该是正确的，那么如何从分析的角度给出拉格朗日中值定理的理论证明呢？

受罗尔定理的启发，我们可以构造新的曲线，如图 4-1-5 中虚线所示曲线，则该曲线就是原曲线 $y=f(x)$ 与弦 AB 的差，这样可使得 $f(a)=f(b)$，对应的函数在区间 $[a,b]$ 上就满足罗尔定理的条件，从而可以得到拉格朗日中值定理的证明. 以下给出详细证明过程.

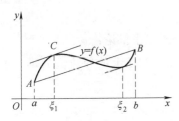

图 4-1-4　拉格朗日（Lagrange）
中值定理的几何解释

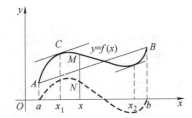

图 4-1-5　拉格朗日（Lagrange）
中值定理证明方法解析

证明：因为点 A, B 的坐标分别为：$A(a,f(a))$，$B(b,f(b))$，所以弦 AB 的方程为

$$y=f(a)+\frac{f(b)-f(a)}{b-a}(x-a). \tag{4.1.5}$$

用曲线 $f(x)$ 减去弦 AB，所得曲线在区间 $[a,b]$ 两端点的函数值相等，即构造如下函数：

$$F(x)=f(x)-\left[f(a)+\frac{f(b)-f(a)}{b-a}(x-a)\right]. \quad (4.1.6)$$

容易验证函数 $F(x)$ 在闭区间 $[a,b]$ 上连续，在开区间 (a,b) 内可导，且 $F(a)=F(b)$，因此，由罗尔定理可知，$\exists\xi\in(a,b)$，使得 $F'(\xi)=0$. 而由式（4.1.6）可知，$F'(x)=f'(x)-\frac{f(b)-f(a)}{b-a}$. 所以有

$$f'(\xi)-\frac{f(b)-f(a)}{b-a}=0.$$

或者写成

$$f(b)-f(a)=f'(\xi)(b-a).$$

注 1：式（4.1.3）和式（4.1.4）都称为**拉格朗日中值公式**. 式（4.1.4）的左边 $\frac{f(b)-f(a)}{b-a}$ 表示函数 $f(x)$ 在区间 $[a,b]$ 上的平均变化率，右边 $f'(\xi)$ 表示函数 $f(x)$ 在区间 (a,b) 内某一点的变化率，因此，拉格朗日中值公式反映了函数在一个区间上的平均变化率与某点变化率之间的关系.

注 2：设 $f(x)$ 在 $[a,b]$ 上连续，在 (a,b) 内可导，若 x_0，$x_0+\Delta x\in(a,b)$，则利用式（4.1.3）有

$$f(x_0+\Delta x)-f(x_0)=f'(x_0+\theta\Delta x)\Delta x, \quad 0<\theta<1,$$
$$(4.1.7)$$

也可以写成

$$\Delta y=f'(x_0+\theta\Delta x)\Delta x, \quad 0<\theta<1. \quad (4.1.8)$$

式（4.1.8）给出了增量 Δy 的精确表达式. 具体来说就是：拉格朗日中值公式精确地表达了函数在一个区间上的增量与函数在这个区间上某一点的导数之间的关系. 因此，拉格朗日中值公式又称为**有限增量公式**. 相应地，拉格朗日中值定理又称为**有限增量定理**.

基于拉格朗日中值定理，容易得到以下推论：

推论 4.1.1   如果函数 $f(x)$ 在区间 I 上的导数恒为零，则 $f(x)$ 在区间 I 上是一个常数.

证明：$\forall x_1,x_2\in I$，显然函数 $f(x)$ 在区间 $[x_1,x_2]$ 上满足拉格朗日中值定理的条件，因此 $\exists\xi\in(x_1,x_2)$，使得 $f(x_1)-f(x_2)=f'(\xi)(x_2-x_1)=0$. 即 $f(x_1)=f(x_2)$. 结合 x_1，x_2 的任意性可知，$f(x)$ 在区间 I 上任意两点的值都相等，所以 $f(x)$ 在区间 I 上是一个常数.

在学习推论 4.1.1 之前，我们知道常数的导数等于零. 有了推论 4.1.1，我们就有了如下推论 4.1.2 和推论 4.1.3：

推论 4.1.2　函数 $f(x)$ 在区间 I 上的导数恒为零的充分必要条件是函数 $f(x)$ 在区间 I 上是一个常数.

推论 4.1.3　若函数 $f(x)$，$g(x)$ 在区间 (a,b) 内可导，且恒有 $f'(x) = g'(x)$，则在区间 (a,b) 内 $f(x) = g(x) + C$，C 为常数.

例 4.1.2　证明　$\arcsin x + \arccos x = \dfrac{\pi}{2}$，$x \in [-1,1]$.

证明：设 $f(x) = \arcsin x + \arccos x$，$x \in [-1,1]$，则 $f'(x) = \dfrac{1}{\sqrt{1-x^2}} + \left(-\dfrac{1}{\sqrt{1-x^2}}\right) = 0$. 所以 $f(x) \equiv C$，$x \in [-1,1]$. 又因为 $f(0) = \arcsin 0 + \arccos 0 = 0 + \dfrac{\pi}{2} = \dfrac{\pi}{2}$，即 $C = \dfrac{\pi}{2}$. 所以，

$$\arcsin x + \arccos x = \dfrac{\pi}{2}, \ x \in [-1,1].$$

基于拉格朗日中值定理还可以给出判断可导函数单调性的简便方法.

推论 4.1.4　若函数 $f(x)$ 在闭区间 $[a,b]$ 上连续，在开区间 (a,b) 内可导，则 $f(x)$ 在区间 $[a,b]$ 上单调增加（或减少）的充要条件是：在 (a,b) 内有 $f'(x) \geqslant 0$（或 $f'(x) \leqslant 0$）.

证明：先证必要性. $\forall x \in (a,b)$，因为 $f(x)$ 在开区间 (a,b) 内可导，由导数的定义 $f'(x) = \lim\limits_{\Delta x \to 0} \dfrac{f(x+\Delta x) - f(x)}{\Delta x}$ 可知，若函数 $f(x)$ 单调增加，则 $\dfrac{f(x+\Delta x) - f(x)}{\Delta x} \geqslant 0$，利用极限的保号性可知：$f'(x) \geqslant 0$. 同理，若函数 $f(x)$ 单调减少，则 $f'(x) \leqslant 0$.

再证充分性. 因为函数 $f(x)$ 在闭区间 $[a,b]$ 上连续，在开区间 (a,b) 内可导，满足拉格朗日中值定理的条件，所以，$\forall x_1, x_2 \in (a,b)$，都有 $f(x_2) - f(x_1) = f'(\xi)(x_2 - x_1)$. 若在 (a,b) 内有 $f'(x) \geqslant 0$，则当 $x_2 > x_1$ 时，有 $f(x_2) \geqslant f(x_1)$，当 $x_2 < x_1$ 时，有 $f(x_2) \leqslant f(x_1)$，因此 $f(x)$ 在区间 $[a,b]$ 上单调增加. 同理可证，若 $f'(x) \leqslant 0$，则 $f(x)$ 在区间 $[a,b]$ 上单调减少.

推论 4.1.4 的意义在于，判断可导函数在某个区间上的单调性时，只需判断该函数在此区间上导函数与零的大小关系即可.

例 4.1.3　证明当 $x > 0$ 时，$\ln(1+x) < x$.

证明：设 $f(x) = x - \ln(1+x)$，则 $f'(x) = 1 - \dfrac{1}{1+x} > 0$，$\forall x > 0$. 这说明当 $x > 0$ 时，函数 $f(x)$ 单调递增. 再结合 $f(0) = 0 - \ln(1+0) = 0$. 所以，当 $x > 0$ 时，$f(x) > 0$，即当 $x > 0$ 时，$x > \ln(1+x)$.

4.1.4　柯西中值定理

定理 **4.1.4**　（**柯西（Cauchy）中值定理**）　如果函数 $f(x)$ 及 $F(x)$ 在闭区间 $[a,b]$ 上连续，在开区间 (a,b) 内可导，且 $F'(x)$ 在 (a,b) 内每一点处均不为零，那么在 (a,b) 内至少有一点 $\xi(a<\xi<b)$，使等式成立：

$$\frac{f(b)-f(a)}{F(b)-F(a)}=\frac{f'(\xi)}{F'(\xi)}. \tag{4.1.9}$$

柯西中值定理（Cauchy mean value theorem）的几何解释也是直观的．由拉格朗日中值定理的几何解释，我们知道在曲线弧 AB 上至少存在一点 C，使得曲线在该点的切线与弦 AB 平行．如果曲线弧 AB 对应的函数用参数方程的形式表现出来为 $\begin{cases}X=F(x),\\Y=f(x),\end{cases} a\leqslant x\leqslant b$，如图 4-1-6 所示．曲线在点 C 处切线的斜率为

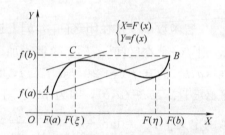

图 4-1-6　柯西（Cauchy）中值定理的几何解释

$$\frac{\mathrm{d}Y}{\mathrm{d}X}\bigg|_{x=\xi}=\frac{\dfrac{\mathrm{d}Y}{\mathrm{d}x}}{\dfrac{\mathrm{d}X}{\mathrm{d}x}}\bigg|_{x=\xi}=\frac{f'(x)}{F'(x)}\bigg|_{x=\xi}=\frac{f'(\xi)}{F'(\xi)}.$$

而弦 AB 在同一坐标系下的斜率为 $\dfrac{f(b)-f(a)}{F(b)-F(a)}$．两条线平行即斜率相等，因此式（4.1.9）成立．所以，从几何上来看，柯西中值定理是正确的，那么如何从分析的角度给出柯西中值定理的理论证明呢？

证明：构造辅助函数：

$$\varphi(x)=f(x)-f(a)-\frac{f(b)-f(a)}{F(b)-F(a)}[F(x)-F(a)].$$

显然，这样构造的函数 $\varphi(x)$ 满足罗尔定理的条件，因此，在 (a,b) 内至少有一点 ξ，使得 $\varphi'(\xi)=0$，即，

$$f'(\xi)-\frac{f(b)-f(a)}{F(b)-F(a)}F'(\xi)=0.$$

所以，

$$\frac{f(b)-f(a)}{F(b)-F(a)}=\frac{f'(\xi)}{F'(\xi)}.$$

注 1：若 $F(x)=x$，则 $F(b)-F(a)=b-a$，$F'(x)=1$，从而柯西中值定理的结论就简化为 $\dfrac{f(b)-f(a)}{b-a}=f'(\xi)$，这恰好是拉格朗日中值定理的结论. 因此，拉格朗日中值定理是柯西中值定理的一个特例.

注 2：尽管满足柯西中值定理条件的 $f(x)$，$F(x)$ 也满足拉格朗日中值定理的条件，但不能直接用拉格朗日中值定理来证明柯西中值定理，因为 $f(b)-f(a)=f'(\xi_1)(b-a)$，$F(b)-F(a)=F'(\xi_2)(b-a)$，所以有 $\dfrac{f(b)-f(a)}{F(b)-F(a)}=\dfrac{f'(\xi_1)}{F'(\xi_2)}$，但这里并不保证 $\xi_1=\xi_2$. 因此这个表达式与式（4.1.9）的右端有本质区别.

例 4.1.4　设 $x_1>0$，$x_2>0$，且 $x_1\neq x_2$，试证在 x_1 与 x_2 之间至少存在一点 ξ，使得
$$2\xi(e^{x_2}-e^{x_1})=e^{\xi}(x_2^2-x_1^2).$$

证明： 待证明的结论可改写为
$$\frac{x_2^2-x_1^2}{e^{x_2}-e^{x_1}}=\frac{2\xi}{e^{\xi}}.$$

因此，设函数 $f(x)=x^2$，$F(x)=e^x$，则显然 $f(x)$，$F(x)$ 在由 x_1，x_2 构成的区间上满足柯西中值定理的条件，所以，在 x_1 与 x_2 之间至少存在一点 ξ，使得
$$\frac{f(x_2)-f(x_1)}{F(x_2)-F(x_1)}=\frac{f'(\xi)}{F'(\xi)},$$

即
$$\frac{x_2^2-x_1^2}{e^{x_2}-e^{x_1}}=\frac{2\xi}{e^{\xi}}.$$

习题 4.1

1. 证明方程 $x^3+3x-2=0$ 有且仅有一个实根.

2. 证明以下不等式.

(1) 当 $x>0$ 时，$\ln\left(1+\dfrac{1}{x}\right)>\dfrac{1}{1+x}$.

(2) 当 $0<x<1$ 时，$e^{-x}+\sin x<1+\dfrac{x^2}{2}$.

3. 证明 $\arctan x+\mathrm{arccot}x=\dfrac{\pi}{2}$，$x\in(-\infty,+\infty)$.

4. 设 $f(x)$ 在 $[0,1]$ 上二阶可导，且 $f(0)=f(1)=0$，$F(x)=xf(x)$，证明：$F(x)$ 在 $(0,1)$ 内至少存在一点 ξ，使 $F''(\xi)=0$.

5. 函数 $f(x)=x^3$ 与 $g(x)=x^2+1$ 在区间 $[1,2]$ 上是否满足柯西定理的条件，若满足，求出定理中的 ξ 值.

4.2 未定式的极限

研究函数极限时，按照求极限的运算法则，仍有一类极限难以计算，例如当 $x \to a$ 或 $x \to \infty$ 时，两个函数 $f(x)$，$g(x)$ 都趋于零，或者都趋于无穷。此时，极限 $\lim\limits_{x \to a} \dfrac{f(x)}{g(x)}$，$\lim\limits_{x \to \infty} \dfrac{f(x)}{g(x)}$ 可能存在，也可能不存在。我们把这种类型的极限称为未定式的极限。特别地，分子分母都趋于零的比式的极限称为 $\dfrac{0}{0}$ 型，分子分母都趋于无穷的比式的极限称为 $\dfrac{\infty}{\infty}$ 型。

例如，$\lim\limits_{x \to 0} \dfrac{x - \tan x}{x^3}$，$\lim\limits_{x \to 1} \dfrac{\ln x}{x - 1}$ 是 $\dfrac{0}{0}$ 型未定式极限，$\lim\limits_{x \to +\infty} \dfrac{\ln x}{x}$，$\lim\limits_{x \to 0^+} \dfrac{\ln x}{\dfrac{1}{x}}$ 是 $\dfrac{\infty}{\infty}$ 型未定式极限。

除此之外，还有一些其他形式的极限，也一并称为未定式的极限。例如 $\lim\limits_{x \to 0^+} (x \ln x)$ 称为 $0 \cdot \infty$ 型未定式极限，$\lim\limits_{x \to 0} \left(\dfrac{1}{x} - \cot x \right)$ 称为 $\infty - \infty$ 型未定式极限，$\lim\limits_{x \to 0^+} x^x$ 称为 0^0 型未定式极限，$\lim\limits_{x \to \frac{\pi}{2}} (\sin x)^{\tan x}$ 称为 1^∞ 型未定式极限，$\lim\limits_{x \to +\infty} x^{\frac{1}{x}}$ 称为 ∞^0 型未定式极限。

本节将介绍如何利用微分中值定理，获得计算 $\dfrac{0}{0}$ 型、$\dfrac{\infty}{\infty}$ 型未定式极限的有效方法，即洛必达（L'Hospital）法则。其他类型的未定式极限则可通过适当的变换化为 $\dfrac{0}{0}$ 型、$\dfrac{\infty}{\infty}$ 型未定式极限来计算。

4.2.1 洛必达法则

定理 4.2.1 （**洛必达（L'Hospital）法则**） 设

(1) 当 $x \to a$ 时，函数 $f(x)$ 及 $F(x)$ 都趋于零；

(2) 在点 a 的某去心邻域 $\mathring{N}(a, \delta)$ 内，$f'(x)$ 及 $F'(x)$ 都存在且 $F'(x) \neq 0$；

(3) $\lim\limits_{x \to a} \dfrac{f'(x)}{F'(x)}$ 存在（或为无穷大）。

则 $\lim\limits_{x \to a} \dfrac{f(x)}{F(x)} = \lim\limits_{x \to a} \dfrac{f'(x)}{F'(x)}$。

证明： 考虑到当 $x \to a$ 时，函数 $f(x)$ 及 $F(x)$ 都趋于零，因此定义辅助函数如下：

$$f_1(x) = \begin{cases} f(x), & x \neq a, \\ 0, & x = a, \end{cases} \quad F_1(x) = \begin{cases} F(x), & x \neq a, \\ 0, & x = a, \end{cases}$$

$\forall x \in \mathring{N}(a,\delta)$，在以 a 与 x 为端点的区间上，$f_1(x)$，$F_1(x)$ 满足柯西中值定理的条件，则有

$$\frac{f(x)}{F(x)} = \frac{f_1(x)}{F_1(x)} = \frac{f_1(x) - f_1(a)}{F_1(x) - F_1(a)} = \frac{f_1'(\xi)}{F_1'(\xi)} = \frac{f'(\xi)}{F'(\xi)},$$

这里 ξ 介于 x 与 a 之间．因此，当 $x \to a$ 时，$\xi \to a$．所以

$$\lim_{x \to a} \frac{f(x)}{F(x)} = \lim_{\xi \to a} \frac{f'(\xi)}{F'(\xi)} = \lim_{x \to a} \frac{f'(x)}{F'(x)}.$$

定理 4.2.1 中给出的这种在一定条件下通过对分子、分母分别先求导、再求极限来确定未定式的值的方法称为**洛必达法则**.

注 1：定理 4.2.1 中 $x \to a$ 换成 $x \to a^+$，$x \to a^-$，$x \to +\infty$，$x \to -\infty$ 之一，定理 4.2.1 仍然成立.

注 2：如果 $\lim\limits_{x \to a} \dfrac{f'(x)}{F'(x)}$ 仍属 $\dfrac{0}{0}$ 型，且 $f'(x)$，$F'(x)$ 满足定理 4.2.1 的条件，则可继续使用洛必达法则，即

$$\lim_{x \to a} \frac{f'(x)}{F'(x)} = \lim_{x \to a} \frac{f''(x)}{F''(x)}.$$

注 3：使用洛必达法则时，首先要明确所求极限是否为未定式，否则不能用洛必达法则．若所求极限为未定式，则需要进一步验证定理 4.2.1 中的其他条件是否满足，否则也不能用洛必达法则.

注 4：当 $x \to a$，$x \to a^+$，$x \to a^-$，$x \to \infty$，$x \to +\infty$，$x \to -\infty$ 时，极限为 $\dfrac{\infty}{\infty}$ 未定式，上述洛必达法则同样适用.

4.2.2 $\dfrac{0}{0}$ 型或 $\dfrac{\infty}{\infty}$ 型未定式的极限

例 4.2.1 求 $\lim\limits_{x \to 0} \dfrac{x - \tan x}{x^3}$.

解：该极限为 $\dfrac{0}{0}$ 型，应用洛必达法则得

$$\lim_{x \to 0} \frac{x - \tan x}{x^3} = \lim_{x \to 0} \frac{1 - \sec^2 x}{3x^2} = \lim_{x \to 0} \frac{1 - \tan^2 x}{3x^2} = -\frac{1}{3}.$$

注：本题的最后一步用到了当 $x \to 0$ 时，$\tan x$ 与 x 是等价无穷小．一般来说，在计算未定式的极限时，将等价无穷小替换的方法与洛必达法则结合使用，会简化极限的计算过程.

例 4.2.2 求 $\lim\limits_{x \to +\infty} \dfrac{x^n}{e^{\lambda x}}$，其中 n 为正整数，$\lambda > 0$.

解：该极限为 $\dfrac{\infty}{\infty}$ 型，应用洛必达法则得

$$\lim_{x \to +\infty} \frac{x^n}{e^{\lambda x}} = \lim_{x \to +\infty} \frac{nx^{n-1}}{\lambda e^{\lambda x}} = \cdots = \lim_{x \to +\infty} \frac{n!}{\lambda^n e^{\lambda x}} = 0.$$

更一般地，有如下结果：若 $\lambda > 0$，$\alpha > 0$，则 $\lim\limits_{x \to +\infty} \dfrac{x^\alpha}{e^{\lambda x}} = 0.$

例 4.2.3 求 $\lim\limits_{x\to+\infty}\dfrac{\ln^n x}{x^\alpha}$，其中 n 为正整数，$\alpha>0$.

解：该极限为 $\dfrac{\infty}{\infty}$ 型，应用洛必达法则得

$$\lim_{x\to+\infty}\frac{\ln^n x}{x^\alpha}=\lim_{x\to+\infty}\frac{n\ln^{n-1}x}{x\alpha x^{\alpha-1}}$$

$$=\lim_{x\to+\infty}\frac{n\ln^{n-1}x}{\alpha x^\alpha}=\cdots=\lim_{x\to+\infty}\frac{n!}{\alpha^n x^\alpha}=0.$$

从例 4.2.2 和例 4.2.3 可以看出，当 $x\to+\infty$ 时，三个函数 $\ln^n x$，$x^\alpha(\alpha>0)$，$\mathrm{e}^{\lambda x}(\lambda>0)$ 均为无穷大量，但增大的"速度"却是不一样的，x^α 比 $\ln^n x$ 快得多，而 $\mathrm{e}^{\lambda x}$ 又比 x^α 快得多.

4.2.3 其他类型未定式的极限

除了 $\dfrac{0}{0}$ 型及 $\dfrac{\infty}{\infty}$ 型未定式之外，还有 $0\cdot\infty$，$\infty-\infty$，0^0，1^∞，∞^0 等类型未定式. 对于这种类型的未定式的极限，通常采用恒等变形、变量代换以及取对数等方法，将其转化为 $\dfrac{0}{0}$ 型或者 $\dfrac{\infty}{\infty}$ 型，然后用洛必达法则计算其极限.

例 4.2.4 求 $\lim\limits_{x\to0^+}(x^\lambda\ln x)$，其中 $\lambda>0$.

解：该极限为 $0\cdot\infty$ 型，可直接变形成 $\dfrac{1}{\infty}\cdot\infty$ 型，即 $\dfrac{\infty}{\infty}$ 型未定式，然后用洛必达法则计算极限.

$$\lim_{x\to0^+}(x^\lambda\ln x)=\lim_{x\to0^+}\frac{\ln x}{x^{-\lambda}}=\lim_{x\to0^+}\frac{\frac{1}{x}}{-\lambda x^{-\lambda-1}}$$

$$=\lim_{x\to0^+}\frac{1}{-\lambda x^{-\lambda}}=\lim_{x\to0^+}\frac{x^\lambda}{-\lambda}=0.$$

注：本题若直接变形成 $0\cdot\dfrac{1}{0}$，即 $\dfrac{0}{0}$ 型，则得不到结果. 如

$$\lim_{x\to0^+}(x^\lambda\ln x)=\lim_{x\to0^+}\frac{x^\lambda}{\frac{1}{\ln x}}=\lim_{x\to0^+}\frac{\lambda x^{\lambda-1}}{-\frac{1}{\ln^2 x}\frac{1}{x}}$$

$$=\lim_{x\to0^+}\frac{\lambda x^\lambda}{-\frac{1}{\ln^2 x}}.$$

继续应用洛必达法则也不会有结果. 这同时也说明，当 $\lim\limits_{x\to a}\dfrac{f'(x)}{F'(x)}$ 不存在或者无法计算结果时，并不能断定 $\lim\limits_{x\to a}\dfrac{f(x)}{F(x)}$ 不存在，这就提醒大家，洛必达法则不是"万能"的.

例 4.2.5 求 $\lim\limits_{x\to0}\left(\dfrac{1}{x}-\cot x\right)$.

解：该极限为 $\infty-\infty$ 型，可通过通分的形式变形成 $\dfrac{\infty}{\infty}$ 型，然后用洛必达法则计算极限.

$$\lim_{x \to 0}\left(\frac{1}{x} - \cot x\right) = \lim_{x \to 0}\left(\frac{1}{x} - \frac{\cos x}{\sin x}\right) = \lim_{x \to 0}\frac{\sin x - x\cos x}{x\sin x}$$

$$= \lim_{x \to 0}\frac{\sin x - x\cos x}{x^2} = \lim_{x \to 0}\frac{\cos x - \cos x + x\sin x}{2x}$$

$$= \lim_{x \to 0}\frac{x\sin x}{2x} = 0.$$

例 4.2.6　求 $\lim\limits_{x \to 0^+} x^x$.

解：该极限为 0^0 型，可通过取对数的方法将极限变形成 $0 \cdot \infty$ 型.

$$\lim_{x \to 0^+}x^x = \lim_{x \to 0^+}e^{\ln x^x} = \lim_{x \to 0^+}e^{x\ln x} = e^{\lim\limits_{x \to 0^+}x\ln x} = e^{\lim\limits_{x \to 0^+}\frac{\ln x}{\frac{1}{x}}}$$

$$= e^{\lim\limits_{x \to 0^+}\frac{\frac{1}{x}}{-x\cdot\frac{1}{x^2}}} = e^0 = 1.$$

这种通过取对数将 0^0，1^∞，∞^0 等形式的未定式转换成 $0 \cdot \infty$ 型的例子还有很多，这里就不再一一赘述，大家只有通过多练习，才能更好地掌握洛必达法则.

习题 4.2

1. 用洛必达法则求下列极限.

(1) $\lim\limits_{x \to 0}\dfrac{e^x - e^{-x}}{\sin x}$；

(2) $\lim\limits_{x \to \frac{\pi}{6}}\dfrac{1 - 2\sin x}{\cos 3x}$；

(3) $\lim\limits_{x \to 0}\dfrac{2^x - 3^x}{x}$；

(4) $\lim\limits_{x \to \frac{\pi}{2}^+}\dfrac{\ln\left(x - \dfrac{\pi}{2}\right)}{\tan x}$；

(5) $\lim\limits_{x \to 0}x\cot 2x$；

(6) $\lim\limits_{x \to 0}\left(\dfrac{1}{x} - \dfrac{1}{e^x - 1}\right)$.

2. 设函数 $f(x)$ 在点 $x = 0$ 处可导，且 $f(0) = 0$，求 $\lim\limits_{x \to 0}\dfrac{f(1 - \cos x)}{\tan x^2}$.

3. 设函数 $g(x)$ 具有二阶连续导数，且 $g(0) = 1$，$f(x) = \begin{cases} \dfrac{g(x) - \cos x}{x}, & x \neq 0, \\ a, & x = 0, \end{cases}$

(1) 确定 a 的值，使 $f(x)$ 在点 $x = 0$ 处连续.

(2) 求 $f'(x)$.

(3) 讨论 $f'(x)$ 在点 $x = 0$ 处的连续性.

4.3　泰勒公式

对于一些复杂函数，当直接计算其函数值较为困难甚至不可能时，我们希望能用简单函数近似表示复杂函数，从而使计算得以进行. 多项式函数只需要进行加、减、乘三种运算就能求出其函数值，因此是最为简单的一类函数. 如果能用多项式函数近似表示（数学上称为**逼近**）复杂函数，则无疑会对复杂函数的近似计算带来方便. 但问题是，一个较为复杂的函数 $f(x)$ 需要满足什么条件，才能用多项式函数近似？二者之间的误差（error）又是多少？英国数学家泰勒（Taylor）在这方面做出了伟大的贡献，以他名字命名的泰勒公式（Taylor formula）详细回答了这些问题. 本节将介绍泰勒公式及其简单应用.

4.3.1 泰勒公式的表达式

在学习微分时，已经知道：如果函数 $f(x)$ 在 x_0 处可微，则有近似表达式

$$f(x) \approx f(x_0) + f'(x_0)(x - x_0),$$

即在点 x_0 附近，可用一次多项式 $P_1(x) = f(x_0) + f'(x_0)(x - x_0)$ 近似函数 $f(x)$，且误差为 $o(x - x_0)$. 但这种近似存在明显的不足，表现在两个方面存在问题：

问题 1：近似的精度不高，所产生的误差仅是 $x \to x_0$ 过程下 $(x - x_0)$ 的高阶无穷小，是否为该过程下关于 $(x - x_0)^2$ 甚至 $x - x_0$ 更高次幂的高阶无穷小是不确定的.

问题 2：无法具体估计误差的大小.

因此，我们希望找到这样一个高次多项式

$$P_n(x) = a_0 + a_1(x - x_0) + a_2(x - x_0)^2 + \cdots + a_n(x - x_0)^n,$$

$$(4.3.1)$$

使得它能够更好地近似函数 $f(x)$，即 $f(x) \approx P_n(x)$，且误差 $R_n(x) = f(x) - P_n(x)$ 是 $x \to x_0$ 过程下关于 $(x - x_0)^n$ 的高阶无穷小，并能给出误差估计的表达式，用以具体估计误差大小.

为了给出式（4.3.1）中的多项式，我们只需要确定 $a_0, a_1, a_2, \cdots, a_n$ 的值. 然而，为了使误差 $R_n(x) = f(x) - P_n(x)$ 是 $x \to x_0$ 过程下关于 $(x - x_0)^n$ 的高阶无穷小，我们可以考虑这样一种情形：设 $P_n(x)$ 和 $f(x)$ 在点 x_0 处的函数值和它们的直到 n 阶的在 x_0 的导数值依次对应相同，即，$P_n(x_0) = f(x_0)$，$P_n'(x_0) = f'(x_0)$，$P_n''(x_0) = f''(x_0)$，$\cdots$，$P_n^{(n)}(x_0) = f^{(n)}(x_0)$. 这样利用式（4.3.1）就可以确定 $a_0, a_1, a_2, \cdots, a_n$ 的值，从而确定 n 次多项式 $P_n(x)$. 具体如下：

$$P_n(x_0) = f(x_0) \Rightarrow a_0 = f(x_0),$$

$$P_n'(x_0) = f'(x_0) \Rightarrow a_1 = f'(x_0), \cdots,$$

$$P_n^{(k)}(x_0) = f^{(k)}(x_0) \Rightarrow a_k = \frac{1}{k!} f^{(k)}(x_0), \cdots,$$

$$P_n^{(n)}(x_0) = f^{(n)}(x_0) \Rightarrow a_n = \frac{1}{n!} f^{(n)}(x_0).$$

所以，对于一个函数 $f(x)$，若它在点 x_0 处有直到 n 阶的导数，由这些导数就可以构造一个 n 次多项式：

$$P_n(x) = f(x_0) + f'(x_0)(x-x_0) + \frac{f''(x_0)}{2!}(x-x_0)^2 + \cdots$$

$$+ \frac{f^{(n)}(x_0)}{n!}(x-x_0)^n. \tag{4.3.2}$$

以下不加证明地给出泰勒定理，该定理表明，这样构造的多项式 (4.3.2) 恰好是我们要寻找的能够解决问题 1 和问题 2 的 n 次多项式.

定理 4.3.1　（**泰勒定理**）　如果函数 $f(x)$ 在含有 x_0 的某个开区间 (a,b) 内具有直到 $n+1$ 阶的导数，则对于任意 $x \in (a,b)$，有

$$f(x) = f(x_0) + f'(x_0)(x-x_0) + \cdots + \frac{f^{(n)}(x_0)}{n!}(x-x_0)^n$$

$$+ \frac{f^{(n+1)}(\xi)}{(n+1)!}(x-x_0)^{n+1}. \tag{4.3.3}$$

其中，ξ 介于 x 和 x_0 之间.

定理 4.3.1 中的式 (4.3.3) 称为 $f(x)$ 在点 x_0 处关于 $(x-x_0)$ 的 **n 阶泰勒公式**. 如果令

$$R_n(x) = \frac{f^{(n+1)}(\xi)}{(n+1)!}(x-x_0)^{n+1}, \tag{4.3.4}$$

则结合式 (4.3.2)，**n 阶泰勒公式**可简写为：$f(x) = P_n(x) + R_n(x)$. 这里的 $R_n(x)$ 就称为 n 阶泰勒公式的拉格朗日余项，也可写成：

$$R_n(x) = \frac{f^{(n+1)}(x_0 + \theta(x-x_0))}{(n+1)!}(x-x_0)^{n+1}, \quad 0 < \theta < 1.$$

$$\tag{4.3.5}$$

注 1：在带有拉格朗日余项的泰勒公式中，若取 $n=0$，就得到了拉格朗日中值公式，因此泰勒公式是拉格朗日中值公式的推广.

注 2：由于 $R_n^{(k)}(x_0) = f^{(k)}(x_0) - P_n^{(k)}(x_0) = 0, k = 1, 2, \cdots, n$. 容易证明当 $x \to x_0$ 时，误差 $R_n(x)$ 是比 $(x-x_0)^n$ 高阶的无穷小，即

$$R_n(x) = o((x-x_0)^n). \tag{4.3.6}$$

式 (4.3.6) 称为 n 阶泰勒公式的**皮亚诺**（Peano）**余项**. 即式 (4.3.3) 还可以表示为

$$f(x) = f(x_0) + f'(x_0)(x-x_0) + \cdots + \frac{f^{(n)}(x_0)}{n!}(x-x_0)^n$$

$$+ o((x-x_0)^n). \tag{4.3.7}$$

注 3：特别地，$x_0 = 0$ 时的泰勒公式称为**麦克劳林**（Maclaurin）**公式**：

$$f(x)=f(0)+f'(0)x+\cdots+\frac{f^{(n)}(0)}{n!}x^n+R_n(x). \quad (4.3.8)$$

4.3.2 函数的泰勒公式

例 4.3.1 求 $f(x)=e^x$ 的 n 阶麦克劳林公式.

解： 因为 $f'(x)=f''(x)=\cdots=f^{(n)}(x)=e^x$，所以 $f'(0)=f''(0)=\cdots=f^{(n)}(0)=1$. 且 $f^{(n+1)}(\xi)=e^\xi$，因此，函数 $f(x)=e^x$ 的 n 阶麦克劳林公式为

$$e^x=1+x+\frac{1}{2}x^2+\cdots+\frac{1}{n!}x^n+\frac{e^\xi}{(n+1)!}x^{n+1}.$$

其中，ξ 介于 0 与 x 之间.

在例 4.3.1 的基础上，我们还可以做进一步研究如下：

（1）近似函数 e^x 的多项式为：$P_n(x)=1+x+\frac{1}{2}x^2+\cdots+\frac{1}{n!}x^n$，

即 $e^x\approx1+x+\frac{1}{2}x^2+\cdots+\frac{1}{n!}x^n$.

（2）误差 $|R_n(x)|=\left|\frac{e^\xi}{(n+1)!}x^{n+1}\right|<\frac{e^{|x|}}{(n+1)!}|x|^{n+1}$，$\xi$ 介于 0 与 x 之间.

例如，若需要近似计算 e 的值，则取 $x=1$，即 $e\approx1+1+\frac{1}{2}+\cdots+\frac{1}{n!}$，其误差 $|R_n(x)|<\frac{e}{(n+1)!}<\frac{3}{(n+1)!}$. 如果取 $n=1,5,9$，得近似值

$$P_1=2, \ P_5=2.7166667, \ P_9=2.7182815.$$

与 $e=2.7182818\cdots$ 相比，n 越大，近似值越精确，这也体现了用麦克劳林多项式 $P_n(x)$ 逼近函数 $f(x)=e^x$ 的效果.

例 4.3.2 求 $f(x)=\sin x$ 的 n 阶麦克劳林公式.

解： 因为 $f^{(n)}(x)=\sin\left(x+\frac{n\pi}{2}\right)$，$n=0,1,\cdots$. 故 $f^{(n)}(0)=\begin{cases}0, & n=2k, \\ (-1)^k, & n=2k+1,\end{cases}k=0,1,\cdots$.

所以，

$$\sin x=x-\frac{x^3}{3!}+\frac{x^5}{5!}-\cdots+(-1)^{k-1}\frac{x^{2k-1}}{(2k-1)!}+R_{2k}(x).$$

其中，$R_{2k}(x)=\dfrac{\sin\left[\theta x+\dfrac{(2k+1)\pi}{2}\right]}{(2k+1)!}x^{2k+1}$，$0<\theta<1$.

类似地，还可以得到

$$\cos x=1-\frac{x^2}{2!}+\frac{x^4}{4!}-\cdots+(-1)^k\frac{x^{2k}}{(2k)!}+R_{2k+1}(x).$$

其中，$R_{2k+1}(x)=\dfrac{\cos[\theta x+(k+1)\pi]}{(2k+2)!}x^{2k+2}$，$0<\theta<1$.

例 4.3.3　求 $f(x)=\ln(1+x)$ 在点 $x_0=0$ 处的带皮亚诺余项的泰勒公式.

解: 因为 $f'(x)=\dfrac{1}{1+x}$, $f''(x)=-\dfrac{1}{(1+x)^2}$, $\cdots$, $f^{(k)}(x)=\dfrac{(-1)^{k-1}(k-1)!}{(1+x)^k}$, $k=2,\cdots,n$.

故 $f(0)=0$, $f'(0)=1$, $\cdots$, $f^{(k)}(0)=(-1)^{k-1}(k-1)!$, $k=2,\cdots,n$.

所以,

$$\ln(1+x)=x-\frac{x^2}{2}+\frac{x^3}{3}-\cdots+(-1)^{n-1}\frac{x^n}{n}+o(x^n).$$

类似地, 还可以得到

$$\frac{1}{1+x}=1-x+x^2-\cdots+(-1)^n x^n+o(x^n).$$

上述例 4.3.1 至例 4.3.3 都是通过直接求导数, 然后代入泰勒公式得到泰勒多项式和余项. 我们把这种方法称为直接法. 当我们掌握了一些函数的泰勒公式, 也可以利用已有的结果获得其他函数的泰勒公式, 这种方法, 我们称之为间接法.

例 4.3.4　求 $f(x)=\dfrac{1}{1-x}$ 在点 $x_0=0$ 处的带皮亚诺余项的泰勒公式.

解: 因为 $\dfrac{1}{1+x}=1-x+x^2-\cdots+(-1)^n x^n+o(x^n)$, 所以用 $-x$ 代替该泰勒公式中的 x, 即得

$$\frac{1}{1-x}=1+x+x^2+\cdots+x^n+o(x^n).$$

例 4.3.5　求 $f(x)=\dfrac{1}{4-x}$ 在点 $x_0=1$ 处的带皮亚诺余项的泰勒公式.

解: 因为 $f(x)=\dfrac{1}{4-x}=\dfrac{1}{3-(x-1)}=\dfrac{1}{3}\dfrac{1}{1-\dfrac{x-1}{3}}$, 把 $\dfrac{x-1}{3}$ 看成一个整体, 利用公式

$$\frac{1}{1-x}=1+x+x^2+\cdots+x^n+o(x^n),$$

有 $f(x)=\dfrac{1}{3}\dfrac{1}{1-\dfrac{x-1}{3}}$

$$=\frac{1}{3}\left[1+\frac{x-1}{3}+\left(\frac{x-1}{3}\right)^2+\cdots+\left(\frac{x-1}{3}\right)^n+o\left(\left(\frac{x-1}{3}\right)^n\right)\right]$$

$$=\frac{1}{3}+\frac{x-1}{3^2}+\frac{(x-1)^2}{3^3}+\cdots+\frac{(x-1)^n}{3^{n+1}}+o((x-1)^n).$$

泰勒公式不仅用于近似计算, 它也是求复杂函数的极限、导数值和证明等式与不等式的重要工具.

例 4.3.6 计算 $\lim\limits_{x\to 0}\dfrac{e^{x^3}+\sin x-x-1}{x^3}$.

解：因为 $e^{x^3}=1+x^3+o(x^3)$，$\sin x=x-\dfrac{x^3}{3!}+o(x^3)$，所以，

$$\lim_{x\to 0}\frac{e^{x^3}+\sin x-x-1}{x^3}=\lim_{x\to 0}\frac{1+x^3+x-\dfrac{x^3}{3!}-x-1+o(x^3)}{x^3}$$

$$=\lim_{x\to 0}\frac{x^3-\dfrac{x^3}{3!}+o(x^3)}{x^3}=\frac{5}{6}.$$

例 4.3.7 设函数 $f(x)=\dfrac{\cos x-1}{x}$，求 $f^{(3)}(0)$.

解：因为 $\cos x=1-\dfrac{1}{2!}x^2+\dfrac{1}{4!}x^4+o(x^4)$，所以 $\dfrac{\cos x-1}{x}=$ $-\dfrac{1}{2}x+\dfrac{1}{24}x^3+o(x^3)$. 由泰勒公式中系数的表示可知：$\dfrac{f^{(3)}(0)}{3!}=$ $\dfrac{1}{24}$，从而 $f^{(3)}(0)=\dfrac{1}{4}$.

例 4.3.8 设函数 $f(x)$ 在区间 (a,b) 内二阶可导，且 $f''(x)<0$，求证 $\forall x_1,x_2\in(a,b)$，有

$$f\Big(\frac{x_1+x_2}{2}\Big)\geqslant\frac{1}{2}\big[f(x_1)+f(x_2)\big].$$

证明：令 $x_0=\dfrac{x_1+x_2}{2}$，则函数 $f(x)$ 在点 x_0 处的一阶泰勒公式为

$$f(x)=f(x_0)+f'(x_0)(x-x_0)+\frac{1}{2!}f''(\xi)(x-x_0)^2,$$

其中 ξ 介于 x 与 x_0 之间. 则有

$$f(x_1)=f(x_0)+f'(x_0)(x_1-x_0)+\frac{1}{2!}f''(\xi_1)(x_1-x_0)^2.$$

$$\tag{4.3.9}$$

$$f(x_2)=f(x_0)+f'(x_0)(x_2-x_0)+\frac{1}{2!}f''(\xi_2)(x_2-x_0)^2.$$

$$\tag{4.3.10}$$

其中，ξ_1 介于 x_1 与 x_0 之间，ξ_2 介于 x_2 与 x_0 之间. 结合 $x_0=\dfrac{x_1+x_2}{2}$，有 $x_1-x_0=-(x_2-x_0)$.

所以，将式 (4.3.9) 与式 (4.3.10) 相加可得

$$f(x_1)+f(x_2)=2f\Big(\frac{x_1+x_2}{2}\Big)+\frac{1}{2}\big[f''(\xi_1)+f''(\xi_2)\big]\Big(\frac{x_1-x_2}{2}\Big)^2.$$

因为 $f''(x)<0$ 且 $\Big(\dfrac{x_1-x_2}{2}\Big)^2\geqslant 0$，所以，$f(x_1)+f(x_2)\leqslant$ $2f\Big(\dfrac{x_1+x_2}{2}\Big)$，从而有

$$f\left(\frac{x_1+x_2}{2}\right) \geqslant \frac{1}{2}[f(x_1)+f(x_2)].$$

习题 4.3

1. 利用泰勒公式求下列极限.

(1) $\lim\limits_{x\to 0}\dfrac{\cos x-\mathrm{e}^{-\frac{x^2}{2}}}{x^4}$;　　　　(2) $\lim\limits_{x\to 0}\dfrac{x^2\ln(1+x^2)}{\mathrm{e}^{x^2}-x^2-1}$.

2. 求函数 $f(x)=\tan x$ 的二阶麦克劳林公式.

3. 求函数 $f(x)=x\mathrm{e}^{-x}$ 的 n 阶麦克劳林公式.

4. 设函数 $f(x)=\cos x\ln(1+x)-x$, 求 $f^{(5)}(0)$.

4.4　函数的性态

对函数性态进行研究是深刻理解函数性质的有效方法, 在学习高等数学之前, 我们是用初等数学的方法研究函数的性态, 如单调性、凹凸性、极值点等, 研究过程一般需要借助特殊的数学技巧. 本节, 我们从高等数学的角度, 介绍如何以导数为工具来研究函数的性态.

4.4.1　函数的极值与最值

在第 4.1 节, 我们已经引入了函数极值的概念, 并在费马定理中指出: 可微函数的极值点必为驻点, 但驻点未必是极值点. 此外, 函数的不可导点也可能是极值点.

因此, 如何判断函数的驻点或不可导点是否为极值点? 如果是极值点, 那么该点是极大值点还是极小值点? 对于这个问题, 我们可以借助函数一阶导数的符号与函数单调性的关系来辅助判断. 判断方法如下:

人民的数学家——华罗庚

定理 4.4.1　（**极值的第一充分条件**）　设函数 $f(x)$ 在点 x_0 处连续, 在点 x_0 的某去心邻域 $\mathring{N}(x_0,\delta)$ 可导:

(1) 如果 $x\in(x_0-\delta,x_0)$ 时有 $f'(x)>0$, 而 $x\in(x_0,x_0+\delta)$ 时有 $f'(x)<0$, 则 $f(x)$ 在点 x_0 处取得极大值.

(2) 如果 $x\in(x_0-\delta,x_0)$ 时有 $f'(x)<0$, 而 $x\in(x_0,x_0+\delta)$ 时有 $f'(x)>0$, 则 $f(x)$ 在点 x_0 处取得极小值.

(3) 如果当 $x\in(x_0-\delta,x_0)$ 及 $x\in(x_0,x_0+\delta)$ 时, $f'(x)$ 符号相同, 则 $f(x)$ 在点 x_0 处无极值.

证明:（1）当 $x\in(x_0-\delta,x_0)$ 时有 $f'(x)>0$, 则函数 $f(x)$ 在 $(x_0-\delta,x_0)$ 内单调增加, 所以

$$f(x)<f(x_0),x\in(x_0-\delta,x_0).$$

另外, 当 $x\in(x_0,x_0+\delta)$ 时有 $f'(x)<0$, 则函数 $f(x)$ 在

$(x_0, x_0+\delta)$ 内单调减少，所以
$$f(x) < f(x_0), x \in (x_0, x_0+\delta).$$
即 $f(x) < f(x_0)$，$\forall x \in \mathring{N}(x_0, \delta)$. 这说明 $f(x)$ 在点 x_0 处取得极大值.

（2）同理可证.

（3）不妨设 $f(x) > 0$，$\forall x \in \mathring{N}(x_0, \delta)$. 因此，$f(x)$ 在邻域 $\mathring{N}(x_0, \delta)$ 内单调增加，不可能在点 x_0 处取得极值.

极值的第一充分条件在几何上的直观反映如图 4-4-1 所示.

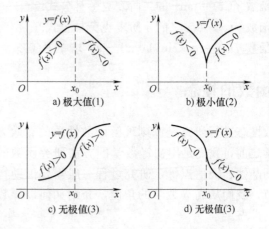

图 4-4-1　极值第一充分条件的几何直观

例 4.4.1　求函数 $f(x) = 2x^3 - 9x^2 + 12x - 3$ 的单调区间和极值.

解：函数的定义域为 $D: (-\infty, +\infty)$. 然后求函数的驻点和不可导点.
$$f'(x) = 6x^2 - 18x + 12 = 6(x-1)(x-2).$$
解方程 $f'(x) = 0$ 得 $x_1 = 1$，$x_2 = 2$. 且该函数无不可导点.

点 $x_1 = 1$，$x_2 = 2$ 将函数的定义域分为三个区间，$f'(x)$ 的符号情况和 $f(x)$ 的单调情况见表 4-4-1.

表 4-4-1　例 4.4.1 中 $f'(x)$ 的符号情况和 $f(x)$ 的单调情况

x	$(-\infty, 1)$	1	$(1, 2)$	2	$(2, +\infty)$
$f'(x)$	>0	$=0$	<0	$=0$	>0
$f(x)$	↗	极大	↘	极小	↗

由表 4-4-1 可知，函数的单增区间为 $(-\infty, 1)$ 及 $(2, +\infty)$，单减区间为 $(1, 2)$. $x = 1$ 是函数的极大值点，对应的极大值为 $f(1) = 2$，$x = 2$ 是函数的极小值点，对应的极小值为 $f(2) = 1$.

结合例 4.4.1，我们可以归纳出求函数极值的步骤.

（1）明确定义域，求函数 $f(x)$ 的导数 $f'(x)$，确定 $f(x)$ 的

不可导点并求函数的驻点.

(2) 根据 $f(x)$ 的每一个驻点及不可导点，把定义域分成若干个区间，并列表表示.

(3) 求出导数 $f'(x)$ 在每个区间的符号（与 0 的大小关系）.

(4) 判断 $f(x)$ 在每个区间上的单调性，并确定极值点.

(5) 将极值点代入函数 $f(x)$，求出极值.

例 4.4.2　求函数 $f(x)=1-(x-2)^{\frac{2}{3}}$ 的单调区间和极值.

解：函数的定义域为 $D:(-\infty,+\infty)$. 然后确定函数的不可导点并求函数的驻点.

$$f'(x)=-\frac{2}{3}(x-2)^{-\frac{1}{3}},x\neq2.$$

解方程 $f'(x)=0$，无解. 而当 $x=2$ 时，$f'(x)$ 不存在，但函数 $f(x)$ 在该点连续.

点 $x=2$ 将函数的定义域分为两个区间，$f'(x)$ 的符号情况和 $f(x)$ 的单调情况见表 4-4-2.

表 4-4-2　例 4.4.2 中 $f'(x)$ 的符号情况和 $f(x)$ 的单调情况

x	$(-\infty,2)$	2	$(2,+\infty)$
$f'(x)$	>0	不存在	<0
$f(x)$	↑	极大	↓

由表 4-4-2 可知，函数的单增区间为 $(-\infty,2)$，单减区间为 $(2,+\infty)$. $x=2$ 是函数的极大值点，对应的极大值为 $f(2)=1$.

如果函数 $f(x)$ 的导数 $f'(x)$ 在驻点的左右邻域内的符号不容易确定，但函数 $f(x)$ 在驻点二阶可导，则可利用下述定理来判断该驻点是否为极值点，以及是极大值点还是极小值点.

定理 4.4.2　（**极值的第二充分条件**）　设函数 $f(x)$ 在点 x_0 处存在二阶导数，且 $f'(x_0)=0$，$f''(x_0)\neq0$. 那么：

(1) 若 $f''(x_0)<0$，则函数 $f(x)$ 在点 x_0 处取得**极大值**.

(2) 若 $f''(x_0)>0$，则函数 $f(x)$ 在点 x_0 处取得**极小值**.

证明：(1) 由二阶导的定义：$f''(x_0)=\lim\limits_{x\to x_0}\dfrac{f'(x)-f'(x_0)}{x-x_0}=$

$\lim\limits_{x\to x_0}\dfrac{f'(x)}{x-x_0}<0$.

由函数极限的保号性可知，存在 x_0 的去心邻域 $\mathring{N}(x_0,\delta)$，使得当 $x\in\mathring{N}(x_0,\delta)$ 时，有

$$\frac{f'(x)}{x-x_0}<0, \tag{4.4.1}$$

因此，当 $x\in(x_0-\delta,x_0)$ 时，$x-x_0<0$，即 $f'(x)>0$. 当 $x\in(x_0,x_0+\delta)$ 时，$x-x_0>0$，即 $f'(x)<0$. 由极值的第一充分条件

可知，函数 $f(x)$ 在点 x_0 处取得极大值.

（2）同理可证.

例 4.4.3 求函数 $f(x)=x^3(x-1)$ 的极值.

解：因为 $f'(x)=3x^2(x-1)+x^3=x^2(4x-3)$. 令 $f'(x)=0$，得驻点 $x_1=0$，$x_2=\dfrac{3}{4}$.

$f''(x)=2x(4x-3)+4x^2=6x(2x-1)$. 显然，$f''\left(\dfrac{3}{4}\right)=\dfrac{9}{4}>0$，故有极小值 $f\left(\dfrac{3}{4}\right)=-\dfrac{27}{256}$.

而 $f''(0)=0$，极值的第二充分条件失效，只能用极值的第一充分条件. 而在 $x_1=0$ 附近，都有 $f'(x)<0$，单调性没有改变，所以 $f(0)$ 不是极值.

在实际问题的研究中，除了研究函数 $f(x)$ 的极值之外，还需要经常研究 $f(x)$ 的最值. 由连续函数的性质可知，闭区间 $[a,b]$ 上的连续函数一定有最大值和最小值. 那么怎么来求最值呢？如果这个最值 $f(x_0)$ 在区间内部取得，则 x_0 一定是函数 $f(x)$ 的极值点，否则最值就在区间的端点取得. 因此，求闭区间 $[a,b]$ 上函数 $f(x)$ 的最值可按以下步骤进行：

（1）求出 $f(x)$ 在区间 (a,b) 内的所有驻点和不可导点，假如共有 m 个：$\{x_1,x_2,\cdots,x_m\}$.

（2）分别计算各点的函数值 $\{f(x_1),f(x_2),\cdots,f(x_m)\}$，以及区间端点的函数值 $f(a)$，$f(b)$.

（3）比较（2）中各值的大小，最大的为最大值，最小的为最小值.

例 4.4.4 求函数 $f(x)=2x^3+3x^2-12x+14$ 在区间 $[-3,4]$ 上的最值.

解：因为 $f'(x)=6x^2+6x-12=6(x+2)(x-1)$，令 $f'(x)=0$，得驻点 $x_1=-2$，$x_2=1$.

由于本题无不可导点，因此分别计算驻点、边界点对应的函数值：

$$f(-3)=23,\ f(-2)=34,\ f(1)=7,\ f(4)=142.$$

则函数在区间 $[-3,4]$ 上的最大值为 142，最小值为 7.

4.4.2 函数的凸性与拐点

单调性研究的是函数（或与之对应曲线）的增减，然而，仅单调性还不能准确反映函数的特性，如图 4-4-2 所示，城市化率在整个阶段单调性相同，但增长曲线在城市化率达到 70% 之前和之后的弯曲方向却不同，注意力曲线在其随时间下降阶段也呈现这种特性.

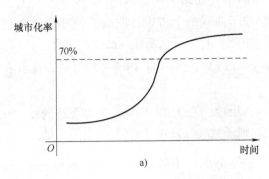

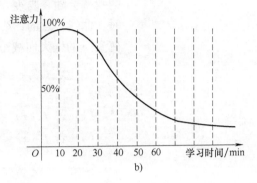

图 4-4-2　两个例子

以图 4-4-3 所示函数 $y=f(x)$ 为例,从该函数对应的曲线可以看出,该曲线图形是向下凸的,且可以直观地发现,若在曲线上任取两点 A,B,曲线的弧段总位于 A,B 两点所张成弦的**下方**. 即

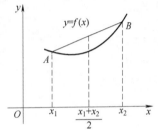

图 4-4-3　下凸函数对应曲线示意图

$$f\left(\frac{x_1+x_2}{2}\right)<\frac{1}{2}[f(x_1)+f(x_2)].$$

据此,可以给出函数 $f(x)$ 为下凸函数的定义:

定义 4.4.1　设函数 $y=f(x)$ 在 (a,b) 上有定义,若 $\forall x_1,x_2\in(a,b)$,$x_1\neq x_2$,都有

$$f\left(\frac{x_1+x_2}{2}\right)<\frac{1}{2}[f(x_1)+f(x_2)] \qquad (4.4.2)$$

成立,则称函数 $f(x)$ 在 (a,b) 内是下凸函数.

同样,以图 4-4-4 所示函数 $y=f(x)$ 为例,从该函数对应的曲线可以看出,该曲线图形是向上凸的,且可以直观地发现,若在曲线上任取两点 A,B,曲线的弧段总位于 A,B 两点所张成弦的**上方**. 即

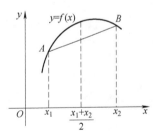

图 4-4-4　上凸函数对应曲线示意图

$$f\left(\frac{x_1+x_2}{2}\right)>\frac{1}{2}[f(x_1)+f(x_2)].$$

据此,可以给出函数 $f(x)$ 为上凸函数的定义.

定义 4.4.2　设函数 $y=f(x)$ 在 (a,b) 上有定义,若 $\forall x_1,x_2\in(a,b)$,$x_1\neq x_2$,都有

$$f\left(\frac{x_1+x_2}{2}\right)>\frac{1}{2}[f(x_1)+f(x_2)], \qquad (4.4.3)$$

成立,则称函数 $f(x)$ 在 (a,b) 内是上凸函数.

注 1:下凸函数 $f(x)$ 的图形是向下凸的,也称曲线 $y=f(x)$ 是下凸的,或者称曲线是凹的. 上凸函数 $f(x)$ 的图形是向上凸的,也称曲线 $y=f(x)$ 是上凸的,或者称曲线是凸的.

注 2:定义中对函数是否连续、是否可导并没有要求. 对于二阶可导的函数,判断其凹凸性有更好的方法. 因为,当曲线 $y=f(x)$ 下凸时,曲线各点的切线都位于曲线的下方,且曲线

的斜率会随着自变量 x 的增大而增大；而当曲线 $y=f(x)$ 上凸时，曲线各点的切线都位于曲线的上方，且曲线的斜率会随着自变量 x 的增大而减小. 由此，有如下判断曲线凸性的定理：

定理 4.4.3   设 $y=f(x)$ 在 (a,b) 内有二阶导数，那么在 (a,b) 内：

(1) 若 $f''(x)>0$，则函数 $f(x)$ 在 (a,b) 内是下凸的；

(2) 若 $f''(x)<0$，则函数 $f(x)$ 在 (a,b) 内是上凸的.

证明：(1) $\forall x_1,x_2\in(a,b)$，不妨设 $x_1<x_2$，$x_0=\dfrac{x_1+x_2}{2}$，利用泰勒公式，将 $f(x)$ 在 x_0 展开：

$$f(x)=f(x_0)+f'(x_0)(x-x_0)+\frac{1}{2}f''(\xi)(x-x_0)^2,$$

$$(4.4.4)$$

其中，ξ 介于 x，x_0 之间. 分别将 x_1，x_2 代入式（4.4.4），有

$$f(x_1)=f(x_0)+f'(x_0)(x_1-x_0)+\frac{1}{2}f''(\xi_1)(x_1-x_0)^2,$$

$$f(x_2)=f(x_0)+f'(x_0)(x_2-x_0)+\frac{1}{2}f''(\xi_2)(x_2-x_0)^2.$$

因为 $f''(x)>0$，所以，$f''(\xi_1)>0$，$f''(\xi_2)>0$，即

$$f(x_1)>f(x_0)+f'(x_0)(x_1-x_0),$$
$$f(x_2)>f(x_0)+f'(x_0)(x_2-x_0),$$

两式相加有

$$f(x_1)+f(x_2)>2f(x_0)=2f\left(\frac{x_1+x_2}{2}\right).$$

即 $f\left(\dfrac{x_1+x_2}{2}\right)<\dfrac{1}{2}[f(x_1)+f(x_2)]$. 所以函数 $f(x)$ 在 (a,b) 内是下凸的.

(2) 同理可证.

例 4.4.5   讨论 $f(x)=3x^3+2x^2+1$ 的凸性.

解：函数的定义域为 $(-\infty,+\infty)$，且二阶可导.

$f'(x)=9x^2+4x$，$f''(x)=18x+4$. 令 $f''(x)=0$，得 $x=-\dfrac{2}{9}$.

当 $x>-\dfrac{2}{9}$ 时，$f''(x)>0$，所以 $f(x)$ 在 $\left(-\dfrac{2}{9},+\infty\right)$ 内是下凸函数，对应的曲线是下凸的.

当 $x<-\dfrac{2}{9}$ 时，$f''(x)<0$，所以 $f(x)$ 在 $\left(-\infty,-\dfrac{2}{9}\right)$ 内是上凸函数，对应的曲线是上凸的.

在例 4.4.5 中可以发现，函数 $f(x)$ 在点 $x=-\dfrac{2}{9}$ 左右两侧的

凸性相反，反映到函数的曲线上，就是在曲线上点 $\left(-\dfrac{2}{9},\right.$ $\left.f\left(-\dfrac{2}{9}\right)\right)$ 的两侧，曲线的凸性发生了改变．我们把这类曲线上的点称为曲线的拐点（inflection point）．具体定义如下：

定义 4.4.3　设函数 $f(x)$ 在 (a,b) 内有定义，$x_0\in$ (a,b)．若 $f(x)$ 在 x_0 左右两侧的凸性相反，则称 $(x_0,f(x_0))$ 是函数对应曲线 $y=f(x)$ 的拐点．

如何寻找曲线 $y=f(x)$ 的拐点呢？由定理 4.4.3 可知，判断曲线凸性的一个依据是二阶导数 $f''(x)$ 的符号．若 $f''(x)$ 在 x_0 左右两侧异号，则点 $(x_0,f(x_0))$ 就是曲线 $y=f(x)$ 的拐点．所以，要寻找拐点，对二阶可导的函数来说，只需要找出使得 $f''(x)$ 符号发生变化的分界点即可．进一步，如果 $f(x)$ 具有二阶连续导数，则在这样的分界点处必有 $f''(x)=0$．当然，函数 $f(x)$ 二阶导数不存在的点，也可能是使 $f(x)$ 的凸性发生改变的分界点．

因此，判断函数 $f(x)$ 凸性区间与曲线 $y=f(x)$ 拐点的一般步骤如下：

（1）确定函数 $f(x)$ 的定义域并计算二阶导数 $f''(x)$．

（2）令 $f''(x)=0$，解出全部实根，并求出所有二阶导数不存在的点．

（3）对（2）中求出的点，检查左右两侧的凸性，确定凸性区间，并依据凸性是否改变，确定曲线的拐点坐标．

例 4.4.6　求函数 $f(x)=x^{\frac{5}{3}}+40x^{\frac{2}{3}}$ 的凸性区间及曲线的拐点．

解：函数 $f(x)$ 的定义域为 $(-\infty,+\infty)$，且当 $x\neq0$ 时，
$$f'(x)=\frac{5}{3}x^{\frac{2}{3}}+\frac{80}{3}x^{-\frac{1}{3}},\ f''(x)=\frac{10}{9}x^{-\frac{1}{3}}-\frac{80}{9}x^{-\frac{4}{3}}=\frac{10x-80}{9x^{\frac{4}{3}}}.$$
令 $f''(x)=0$，得 $x=8$．而 $x=0$ 是函数二阶导数不存在的点．

这两个点把定义域分成了三个区间，见表 4-4-3．

表 4-4-3　例 4.4.6 中函数凸性区间与曲线拐点

x	$(-\infty,0)$	0	$(0,8)$	8	$(8,+\infty)$
$f''(x)$	<0	不存在	<0	$=0$	>0
$f(x)$	上凸		上凸	拐点 $(8,192)$	下凸

即函数在区间 $(-\infty,0)$ 内是上凸函数，对应的曲线是上凸的；函数在区间 $(0,8)$ 内是上凸函数，对应的曲线是上凸的；函数在区间 $(8,+\infty)$ 内是下凸函数，对应的曲线是下凸的．点 $(8,192)$ 是曲线的拐点，点 $(0,0)$ 不是曲线的拐点．

习题 4.4

1. 求函数 $y=2x^3-6x^2-18x+7$ 的单调区间和极值.

2. 求下列函数的最大值和最小值.

(1) $y=x^4-8x^2$，$-1\leqslant x\leqslant 3$；

(2) $y=|2x^3-9x^2+12x|$，$-\dfrac{1}{4}\leqslant x\leqslant\dfrac{5}{2}$.

3. 求下列函数的凸性区间和拐点.

(1) $y=3x-2x^2$；

(2) $y=xe^{-x}$.

4. 利用函数的凸性证明不等式：$\dfrac{1}{2}(\ln x+\ln y)<\ln\dfrac{x+y}{2}$（$x>0,y>0,x\neq y$）.

4.5　函数作图

对于一个函数，若能作出其图形，就能从直观上了解该函数的性态特征，并可从其图形清楚地看出因变量与自变量之间的相互依赖关系.

利用描点法来作函数的图形是常用的方法之一，但这种方法常会遗漏曲线的一些关键点，如极值点、拐点等，使得曲线的单调性、凸性等一些函数的重要性态难以准确显示出来.

在前面的章节中，我们已经掌握了函数一阶导数、二阶导数与函数单调性、凸性、极值点以及曲线拐点之间的关系. 函数的这些分析性质必然将有助于我们更为准确地描绘出曲线.

但由于有些函数的定义域或者值域为无穷区间，例如反正切函数、对数函数等，要想较为准确地描绘出这些函数对应的曲线，就需要研究曲线向无穷延伸时的变化趋势. 要解决这个问题，需要引入渐近线（asymptote）的概念.

4.5.1　渐近线

定义 4.5.1　当曲线 $y=f(x)$ 上的一动点沿着曲线移向无穷时，如果该动点到某定直线 L 的距离趋向于零，那么直线 L 就称为曲线 $y=f(x)$ 的一条渐近线.

给定坐标系后，曲线 $y=f(x)$ 上的动点沿着曲线移向无穷时，有三种可能的情况，如图 4-5-1 所示.

对于图 4-5-1a 中的情形，$x\rightarrow+\infty$ 时，y 趋于有限数，也就是定义 4.5.1 中的定直线 L 为一条水平的直线，此时称定直线 L 为水平渐近线. 具体定义如下：

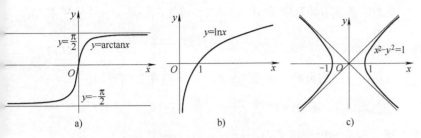

图 4-5-1　渐近线类别图

定义 4.5.2　如果 $\lim\limits_{x \to +\infty} f(x)=b$ 或者 $\lim\limits_{x \to -\infty} f(x)=b$，$b$ 为常数，那么直线 $y=b$ 就是曲线 $y=f(x)$ 的一条水平渐近线.

例如，曲线 $y=\arctan x$ 有两条水平渐近线：$y=\dfrac{\pi}{2}$，$y=-\dfrac{\pi}{2}$.

对于图 4-5-1b 中的情形，x 趋于 0 时，$y \to -\infty$，也就是定义 4.5.1 中的定直线 L 为一条铅直的直线，此时称定直线 L 为铅直渐近线. 具体定义如下：

定义 4.5.3　如果 $\lim\limits_{x \to x_0^+} f(x)=\infty$，或者 $\lim\limits_{x \to x_0^-} f(x)=\infty$，那么直线 $x=x_0$ 就是曲线 $y=f(x)$ 的一条铅直渐近线.

例如，曲线 $y=\ln x$ 有一条铅直渐近线：$x=0$.

对于图 4-5-1c 中的情形，$x \to +\infty$ 时，$y \to +\infty$，但在这个过程中，曲线上的点与定直线 L 的距离趋向于零，也就是定义 4.5.1 中的定直线 L 为一条斜的直线，此时称定直线 L 为斜渐近线. 具体定义如下：

定义 4.5.4　如果 $\lim\limits_{x \to +\infty} [f(x)-(ax+b)]=0$，或者 $\lim\limits_{x \to -\infty} [f(x)-(ax+b)]=0$，$a$，$b$ 为常数，那么直线 $y=ax+b$ 就是 $y=f(x)$ 的一条斜渐近线.

例如，曲线 $y=\sqrt{1+x^2}$ 有两条斜渐近线：$y=x$ 和 $y=-x$.

斜渐近线的确定不如水平渐近线和铅直渐近线那么直观，可按照如下方法计算系数 a，b. 以 $\lim\limits_{x \to +\infty} [f(x)-(ax+b)]=0$ 为例，显然有 $\lim\limits_{x \to +\infty} \dfrac{[f(x)-(ax+b)]}{x}=0$，即 $\lim\limits_{x \to +\infty} \left[\dfrac{f(x)}{x}-a-\dfrac{b}{x}\right]=0$，由于 $\lim\limits_{x \to +\infty} \dfrac{b}{x}=0$，所以，如果 $\lim\limits_{x \to +\infty} \dfrac{f(x)}{x}$ 存在，则必有

$$a=\lim\limits_{x \to +\infty} \dfrac{f(x)}{x}. \tag{4.5.1}$$

结合 $\lim\limits_{x \to +\infty} [f(x)-(ax+b)]=0$，可知

$$b=\lim\limits_{x \to +\infty} [f(x)-ax]. \tag{4.5.2}$$

此外，从式 (4.5.1) 和式 (4.5.2) 可知，如果 $\lim\limits_{x \to +\infty} \dfrac{f(x)}{x}$ 不存在，或者 $\lim\limits_{x \to +\infty} \dfrac{f(x)}{x} = 0$，或者 $\lim\limits_{x \to +\infty} \dfrac{f(x)}{x} = a \neq 0$，但 $\lim\limits_{x \to +\infty} (f(x) - ax)$ 不存在，则均可判断曲线 $y = f(x)$ 不存在斜渐近线.

例 4.5.1 求 $f(x) = \dfrac{x^3 + x + 1}{(x+1)^2}$ 的渐近线.

解： 函数的定义域 D：$(-\infty, -1) \cup (-1, +\infty)$.

（1）水平渐近线：因为 $\lim\limits_{x \to +\infty} \dfrac{x^3 + x + 1}{(x+1)^2} = +\infty$，$\lim\limits_{x \to -\infty} \dfrac{x^3 + x + 1}{(x+1)^2} = -\infty$，所以曲线没有水平渐近线.

（2）铅直渐近线：因为 $\lim\limits_{x \to -1^+} \dfrac{x^3 + x + 1}{(x+1)^2} = -\infty$，所以曲线有铅直渐近线，为 $x = -1$.

（3）斜渐近线：设斜渐近线方程为 $y = ax + b$，因为 $\lim\limits_{x \to +\infty} \dfrac{f(x)}{x} = \lim\limits_{x \to +\infty} \dfrac{x^3 + x + 1}{x(x+1)^2} = 1$，所以，$a = 1$. 以及，$\lim\limits_{x \to +\infty} [f(x) - ax] = \lim\limits_{x \to +\infty} \left[\dfrac{x^3 + x + 1}{(x+1)^2} - x \right] = -2$，所以曲线有斜渐近线：$y = x - 2$. 另外，当 $x \to -\infty$ 时，所得斜渐近线结果与 $x \to +\infty$ 相同. 即曲线有唯一斜渐近线：$y = x - 2$.

4.5.2 函数作图的步骤

掌握了函数一阶导数、二阶导数与函数单调性、凸性、极值点和曲线拐点之间的关系，以及掌握了渐近线与函数曲线向无穷远延伸时的变化趋势之间的关系，我们就可以借助函数的这些分析性质更为准确地描绘出函数的曲线.

在平面直角坐标系下画函数 $f(x)$ 的图形，主要步骤如下：

（1）确定函数 $f(x)$ 的定义域、间断点、奇偶性和周期性.

（2）求出方程 $f'(x) = 0$ 和 $f''(x) = 0$ 在函数定义域内的全部实根，用这些根同函数的间断点或导数不存在的点把函数的定义域划分成若干个小区间.

（3）确定在这些部分区间内 $f'(x)$ 和 $f''(x)$ 的符号，并由此确定函数 $f(x)$ 的单调区间、凸性区间及曲线的拐点（建议列表讨论）.

（4）确定函数图形的水平渐近线、铅直渐近线、斜渐近线.

（5）描出极值点、拐点以及一些特殊点（如同坐标轴的交点），并依据单调性和凸性连接各点.

例 4.5.2 作函数 $f(x) = \dfrac{4(x+1)}{x^2} - 2$ 的图形.

解： 定义域 D：$(-\infty, 0) \cup (0, +\infty)$，函数为非奇非偶函数，

且无对称性，无周期性.

$$f'(x)=-\frac{4(x+2)}{x^3},\ f''(x)=\frac{8(x+3)}{x^4}.$$

令 $f'(x)=0$ 得驻点 $x=-2$　令 $f''(x)=0$　得特殊点 $x=-3$.

点 $x=-3$，$x=-2$，$x=0$ 将定义域分为四个小区间，以下列表（见表 4-5-1）确定函数升降区间、凹凸区间及极值和拐点.

表 4-5-1　例 4.5.2 中函数的性态分析

x	$(-\infty,-3)$	-3	$(-3,-2)$	-2	$(-2,0)$	0	$(0,+\infty)$
$f'(x)$	<0		<0	0	>0		<0
$f''(x)$	<0	0	>0		>0		>0
$f(x)$	↘	拐点 $\left(-3,-\dfrac{26}{9}\right)$	↘	极小值 -3	↗	间断点	↘

为了给出曲线向无穷远延伸时的变化趋势，还需要研究曲线的渐近线：

水平渐近线：因为 $\lim\limits_{x\to\infty}f(x)=\lim\limits_{x\to\infty}\left[\frac{4(x+1)}{x^2}-2\right]=-2$，所以曲线有水平渐近线：$y=-2$.

铅直渐近线：因为 $\lim\limits_{x\to0}f(x)=\lim\limits_{x\to0}\left[\frac{4(x+1)}{x^2}-2\right]=+\infty$，所以曲线有铅直渐近线：$x=0$.

斜渐近线：设斜渐近线方程为 $y=ax+b$，因为 $\lim\limits_{x\to+\infty}\frac{f(x)}{x}=\lim\limits_{x\to+\infty}\left[\frac{4(x+1)}{x^3}-\frac{2}{x}\right]=0$，且 $\lim\limits_{x\to-\infty}\frac{f(x)}{x}=\lim\limits_{x\to-\infty}\left[\frac{4(x+1)}{x^3}-\frac{2}{x}\right]=0$，所以曲线不存在斜渐近线.

结合极值点、曲线的拐点、单调性、凸性以及曲线与坐标轴的交点 $(1-\sqrt{3},0)$，$(1+\sqrt{3},0)$，可作出函数图形（见图 4-5-2）.

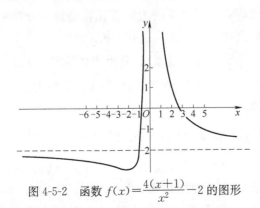

图 4-5-2　函数 $f(x)=\dfrac{4(x+1)}{x^2}-2$ 的图形

习题 4.5

1. 求下列曲线的渐近线.

(1) $y=\dfrac{x^3}{1+x^2}+\arctan(1+x^2)$；

(2) $y=\dfrac{(x+1)^3}{(x-1)^2}$；

(3) $y=\sqrt{x^2-2x}$.

2. 作下列函数的图形.

(1) $y=x^4-6x^2+8x$；

(2) $y=\dfrac{2x}{1+x^2}$；

(3) $y=x^2+\dfrac{1}{x}$.

4.6　导数在经济分析中的应用

导数不仅在几何、物理等学科中有着广泛的应用，它在经济领域也有着广泛的应用. 事实上，随着市场经济的不断完善，尤其是大数据时代的到来和人工智能技术的不断发展应用，企业的经营者在对企业的经济行为进行决策时，除了依据市场情况进行定性分析外，还需要进行定量分析，从而做出科学的经营决策.

本节将基于需求函数、供给函数、成本函数等，讨论导数在经济分析中的应用.

4.6.1　边际分析

"边际"是经济学中的一个重要概念，用来描述某个经济变量相对另一个经济变量的变化率，例如成本函数 $C=C(x)$ 中，成本 C 关于产量 x 的变化率. 而导数就是描述变化率的有力工具，因此，利用导数研究经济变量的边际变化，是经济分析中的一个重要方法，我们把这种方法称为边际分析.

定义 4.6.1　（边际成本）　若生产某种产品 x 单位时所需的总成本函数 $C(x)$ 为可导函数，则 $C'(x)$ 就称为边际成本函数，简称边际成本.

注：由导数的定义 $C'(x)=\lim\limits_{\Delta x\to0}\dfrac{\Delta C(x)}{\Delta x}=\lim\limits_{\Delta x\to0}\dfrac{C(x+\Delta x)-C(x)}{\Delta x}$

可知，边际成本的经济学含义为：当产量为 x 时，再生产 1 单位（$\Delta x=1$）产品所需要增加的成本为 $\Delta C(x)$. 因为实际生产过程中生产的产品最少为 1 单位，所以这里是用 $C'(x)$ 来近似表示：

$$\frac{C(x+1)-C(x)}{1}=\frac{\Delta C(x)}{1}\approx C'(x).$$

例 4.6.1　某智能传感器生产厂家，当每月产量为 x 个时，总成本为 $C(x)=5000+\frac{1}{2}x^2$，单位为元. 求月产量分别为 90 个、100 个和 110 个时的边际成本，并解释其经济学含义.

解：$C'(x)=x$. 所以，月产量为 90 个、100 个和 110 个时的边际成本分别为 90 元、100 元和 110 元. 其经济学含义是：当月产量为 90 个时，再多生产 1 个智能传感器就需要多付出 90 元；当月产量为 100 个时，再多生产 1 个智能传感器就需要多付出 100 元；当月产量为 110 个时，再多生产 1 个智能传感器就需要多付出 110 元.

定义 4.6.2　（**边际收益**）　若销售某种产品 x 单位时，所获得的总收益函数 $R(x)$ 为可导函数，则 $R'(x)$ 就称为边际收益函数，简称**边际收益**（marginal revenue）.

例 4.6.2　某智能传感器生产厂家，当每月销售量为 x 个时，总收益为 $R(x)=400x-\frac{1}{2}x^2$，单位为元. 求月销售量分别为 90 个、100 个和 110 个时的边际收益，并解释其经济学含义.

解：$R'(x)=400-x$. 所以，月销售量为 90 个、100 个和 110 个时的边际收益分别为 310 元、300 元和 290 元. 其经济学含义是：当月销售量为 90 个时，再多销售 1 个智能传感器就能够多获得 310 元的收益；当月销售量为 100 个时，再多销售 1 个智能传感器就能够多获得 300 元的收益；当月销售量为 110 个时，再多销售 1 个智能传感器就能够多获得 290 元的收益.

定义 4.6.3　（**边际利润**）　若销售某种产品 x 单位时，所获得的总利润函数 $L(x)$ 为可导函数，则 $L'(x)$ 就称为边际利润函数，简称**边际利润**（marginal profit）.

例 4.6.3　某智能传感器生产厂家，当每月产量为 x 个时，总成本为 $C(x)=5000+\frac{1}{2}x^2$，假设生产的产品均能销售出去，即月销售量也为 x 个，对应的总收益为 $R(x)=400x-\frac{1}{2}x^2$. 成本和收益单位都为元. 求 x 分别为 90 个、100 个和 110 个时的边际利润，并解释其经济学含义.

解：因为 $L(x)=R(x)-C(x)=\left(400x-\frac{1}{2}x^2\right)-\left(5000+\frac{1}{2}x^2\right)=-5000+400x-x^2$，所以 $L'(x)=400-2x$. 所以，月销售量为 90 个、100 个和 110 个时的边际利润分别为 220

元、200 元和 180 元. 其经济学含义是：当月产量为 90 个时，再多生产 1 个智能传感器就能够多获得 220 元的利润；当月产量为 100 个时，再多生产 1 个智能传感器就能够多获得 200 元的利润；当月产量为 110 个时，再多生产 1 个智能传感器就能够多获得 180 元的利润.

4.6.2　最优值分析

在经济分析中，"最小投入，最大产出"是应用经济学研究的主要内容，而"最小"和"最大"正是导数应用中最值问题的体现. 因此，导数作为重要的数学工具，除了用于边际分析之外，还常用于求经济应用问题中的最值，如平均成本最小化问题、库存成本最小化问题、利润最大化问题等.

定义 4.6.4　（平均成本）　在总成本中，单位产品所消耗的成本称为平均成本：

$$\overline{C}(x) = \frac{C(x)}{x}.$$

式中，x 表示产量；$C(x)$ 表示总成本；$\overline{C}(x)$ 表示平均成本.

例 4.6.4　某智能传感器生产厂家，当每月产量为 x 个时，总成本为 $C(x) = 5000 + \frac{1}{2}x^2$，单位为元. 求平均成本，以及月产量为多少时，平均成本最小.

解：平均成本：$\overline{C}(x) = \frac{C(x)}{x} = \frac{5000 + \frac{1}{2}x^2}{x} = \frac{5000}{x} + \frac{x}{2}$.

对平均成本求导：　$\overline{C}'(x) = -\frac{5000}{x^2} + \frac{1}{2}$，

令 $\overline{C}'(x) = 0$，得 $x = 100$.

又因为 $\overline{C}''(x) = \frac{10000}{x^3} > 0$，所以当月产量为 $x = 100$ 时，平均成本最小.

此外，对平均成本求导 $\overline{C}'(x) = \frac{xC'(x) - C(x)}{x^2}$，若 $x = x_0$ 是平均成本的极值点，则 $\overline{C}'(x_0) = 0$，从而 $x_0 C'(x_0) - C(x_0) = 0$，即

$$C'(x_0) = \frac{C(x_0)}{x_0} = \overline{C}(x_0).$$

这说明，**在平均成本的极值点处，边际成本与平均成本相等**，同时可以证明，若成本函数 $C(x)$ 为下凸函数（$C''(x) > 0$），则当平均成本与边际成本相等时，平均成本取得极小值.

库存成本优化是导数在经济分析中的重要应用之一. 企业通

过确定持产成本、再订购成本可以控制企业在存货上占用的资金（也称存货成本），实现库存成本的优化.

总存货成本＝年度持产成本＋年度再订购成本　　(4.6.1)

在企业每年所需原材料总量一定，且假定原材料的消耗为均匀消耗（单位时间内的原材料消耗量为常数）的情况下，研究库存优化问题时，必然涉及每年订购原材料多少批次，以及每批次订购多少原材料的问题. 因为订购的批次少，则每批次订购的量（称为**批量**）就多，占用的资金、库房面积等就多，导致年度持产成本增加. 若订购的批次多，显然批量会下降，但单次订购产生的额外费用（如送货费、订购文书费等）就会多次累加，导致年度总存货成本增加. 因此，这里需要依据式（4.6.1），研究库存的优化问题.

年度持产成本简单来说，就等于单位产品库存一年的费用与平均存货量的乘积. 而平均存货量又与批量有着直接的关系. 假设批量（每批次订购的量）为 x，则平均库存量可用 $\dfrac{x}{2}$ 近似表示. 图 4-6-1 和图 4-6-2 对这个关系进行了直观解释.

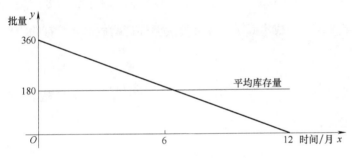

图 4-6-1　订购批次为 1 时平均库存与批量的关系

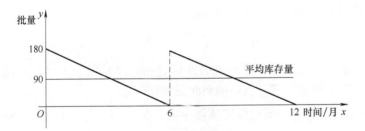

图 4-6-2　订购批次为 2 时平均库存与批量的关系

假设一年按照 360 天来计算，某企业对某种原材料的需求量为 360 单位. 如果每年的订购批次为 1 批次，则每批次的批量应为 360 单位的原材料. 而原材料的库存从年初的 360 单位到年末的 0 单位，在原材料的消耗为均匀消耗的假设下，平均库存量为批量 360 的一半，即 180 单位.

企业对某种原材料的需求量为 360 单位．每年的订购批次为 2 批次，则每批次的批量应为 180 单位．而第一批订购的原材料的库存从年初的 180 单位到年中（6 月）的 0 单位，而第二批订购的原材料的库存从年中（6 月）的 180 单位到年末的 0 单位，在原材料的消耗为均匀消耗的假设下，平均库存量为批量 180 的一半，即 90 单位．

通过上面的直观分析可知，在库存消耗为均匀消耗的假设下，用批量 x 的一半 $\dfrac{x}{2}$ 表示平均库存量是合理的．

例 4.6.5　某智能传感器销售商每年销售 2400 个智能传感器，库存 1 个传感器一年的费用为 18 元，每批次额外订购成本为 150 元．为最小化总存货成本，该销售商每年应订购多少次？每次批量为多少？

解：设批量为 x，则该销售商每年应订购的次数为 $\dfrac{2400}{x}$．总存货成本 $C(x)$ 可以表示为

$C(x)=$ 年度持产成本 $C_1(x)+$ 年度再订购成本 $C_2(x)$．

年度持产成本 $C_1(x)=$ 单位库存成本 × 平均库存量 $=18\cdot\dfrac{x}{2}=9x$．

年度再订购成本 $C_2(x)=$ 每批次额外订购成本 × 再订购次数

$$=150\cdot\frac{2400}{x}=\frac{360000}{x}.$$

故 $C(x)=9x+\dfrac{360000}{x}$．则 $C'(x)=9-\dfrac{360000}{x^2}$，令 $C'(x)=0$，得 $x_1=200$，$x_2=-200$（舍）．

而 $C''(x)=\dfrac{720000}{x^3}$，即 $C''(200)>0$．

因此，批量为 200 个时，总存货成本 $C(x)$ 取得极小值，根据问题的实际意义，该极小值也是最小值．即为最小总存货成本，销售商每年应订购的次数为 $\dfrac{2400}{200}=12$ 次，每次批量为 200 个．

最大化利润是企业追求的目标之一，以导数为工具，可以较为方便地研究经济分析中的利润最大化问题．

例 4.6.6　某智能传感器生产厂家，当每月产量为 x 个时，总成本为 $C(x)=5000+\dfrac{1}{2}x^2$，假设生产的产品均能销售出去，即月销售量也为 x 个，对应的总收益为 $R(x)=400x-\dfrac{1}{2}x^2$，单位（元）．求为使利润最大化，该厂家每月应生产并销售多少个智能传感器，并求出该最大利润．

解：利润函数为：$L(x)=R(x)-C(x)=-5000+400x-x^2$，对利润函数求导：$L'(x)=400-2x$．令 $L'(x)=0$，得：$x=200$．

而 $L''(x) = -2 < 0$. 即 $x = 200$ 时利润函数 $L(x)$ 取极大值. 结合问题的实际意义可知, 该极大值也为最大值, 且 $L(200) = -5000 + 80000 - 40000 = 35000$ 元.

所以, 厂家每月应生产并销售 200 个智能传感器可使利润最大, 最大利润为 35000 元.

4.6.3 弹性分析

边际分析研究的是经济函数的绝对变化率, 例如边际成本研究的是增加 1 单位的产量会导致成本改变多少. 但当需要研究某个经济变量 (如价格) 增加 1%, 会导致另外一个经济变量 (如需求量) 变化百分之几时, 我们就必须研究弹性 (elasticity).

在微观经济学中, 弹性用来表示因变量对自变量变化反应的敏感程度. 以需求价格弹性 (price elasticity of demand) 为例, 它表示商品需求量的变动对于该商品价格变动的反应程度, 是商品需求量对其价格变化的反应**敏感程度**的一种度量, 通常用需求价格弹性系数来表示, 其公式为

需求价格弹性系数＝需求量的变动率／商品价格变动率.

按照这个思路, 同样可以给出供给价格弹性 (price elasticity of supply), 它表示商品供给量的变动对于该商品价格变动的反应程度, 其公式为

供给价格弹性系数＝供给量的变动率／商品价格变动率.

把上述关于弹性的描述进行数学抽象, 可以给出弹性的一般化定义.

定义 4.6.5 (**弹性**) 设函数 $y = f(x)$, 函数的相对改变量 $\dfrac{\Delta y}{y} = \dfrac{f(x+\Delta x) - f(x)}{y}$ 与自变量的相对改变量 $\dfrac{\Delta x}{x}$ 之比 $\dfrac{\Delta y/y}{\Delta x/x}$ 在 $\Delta x \to 0$ 过程下的极限, 称为函数 $f(x)$ 在点 x 处的弹性. 即

$$\frac{E}{Ex} f(x) = \frac{Ey}{Ex} = \lim_{\Delta x \to 0} \frac{\Delta y/y}{\Delta x/x} = \lim_{\Delta x \to 0} \frac{\Delta y}{\Delta x} \frac{x}{y} = y' \frac{x}{y} \quad (4.6.2)$$

注: $\dfrac{Ey}{Ex}$ 反映了变量 y 对变量 x 的弹性. 在数值上, $\dfrac{Ey}{Ex}$ 表示在 x 处, 当 x 发生 1% 的改变, 变量 y 近似地改变 $\dfrac{Ey}{Ex}$%. 在进行经济分析时, 通常略去 "近似" 这两个字.

定义 4.6.6 (**需求价格弹性**) 设需求函数 $Q = f(P)$, 这里 P 表示价格. 则需求价格弹性

$$\frac{EQ}{EP} = \lim_{\Delta P \to 0} \frac{\Delta Q/Q}{\Delta P/P} = Q' \frac{P}{Q}. \quad (4.6.3)$$

注: 若用 η 表示 $\dfrac{EQ}{EP}$, 即 $\eta = \dfrac{EQ}{EP}$, 则在数值上, 需求价格弹性 η 表示当价格为 P 时, 价格发生 1% 的改变, 需求量将发生 η% 的

变动.

定义 4.6.7   （供给价格弹性） 设供给函数 $S=f(P)$，这里 P 表示价格. 则供给价格弹性

$$\frac{ES}{EP}=\lim_{\Delta P\to 0}\frac{\Delta S/S}{\Delta P/P}=S'\frac{P}{S}. \tag{4.6.4}$$

注：若用 β 表示 $\frac{ES}{EP}$，即 $\beta=\frac{ES}{EP}$. 则在数值上，供给价格弹性 β 表示当价格为 P 时，价格发生 1% 的改变，供给量将发生 $\beta\%$ 的变动.

例 4.6.7   设市场对某智能传感器商品的需求函数为 $Q=800-2P$，这里 P 为价格，单位为元.

（1）求当 $P=150$ 元和 $P=300$ 元时的需求价格弹性 $\frac{EQ}{EP}$，并说明其经济学意义.

（2）智能传感器的价格 P 为多少时，$\left|\frac{EQ}{EP}\right|=1$？并说明其经济学意义.

（3）智能传感器的价格 P 为多少时，生产厂商的总收益最大？

解： $Q'=(800-2P)'=-2$，所以需求价格弹性 $\frac{EQ}{EP}=Q'\frac{P}{Q}=-\frac{2P}{Q}=\frac{P}{P-400}$. 因此：

（1）当 $P=150$ 元时，$\left.\frac{EQ}{EP}\right|_{P=150}=\frac{150}{150-400}=-0.6$. 当 $P=300$ 元时，$\left.\frac{EQ}{EP}\right|_{P=300}=\frac{300}{300-400}=-3$. 这说明：当价格为 150 元时，若价格上涨 1%，则需求量会下降 0.6%；当价格为 300 元时，若价格上涨 1%，则需求量会下降 3%.

（2）由 $\frac{EQ}{EP}=\frac{P}{P-400}$ 可知，当 $P=200$ 时，$\left|\frac{EQ}{EP}\right|=|-1|=1$. 这说明，当价格为 200 元时，若价格上涨 1%，则需求量会下降 1%.

（3）总收益函数 $R=PQ=P(800-2P)=800P-2P^2$. 所以 $R'=800-4P$. 令 $R'=0$，可得 $P=200$，$R''=-4<0$，结合（b）题的实际意义知，当价格 P 为 200 元时，生产厂商的总收益最大.

此外，从例 4.6.7 可以看出，使得 $\left|\frac{EQ}{EP}\right|=1$ 的 P 值，与使得厂商的总收益最大的 P 值是相等的. 事实上，由 $R'=Q+PQ'=0$，可得 $Q'=-\frac{Q}{P}$，代入 $\frac{EQ}{EP}$ 的表达式 $\frac{EQ}{EP}=Q'\frac{P}{Q}$，即可证明这一结论成立.

习题 4.6

1. 若某商品的需求函数为 $p=\dfrac{b}{a+Q}+C$, (其中 $Q>0$, a, b, c 为常数), p 表示商品的价格, Q 表示商品的需求量, 试求:

(1) 总收益函数.

(2) 边际收益函数.

2. 设某产品的需求函数为 $p=10-3Q$, 其中 p 为价格, Q 表示商品的需求量, 且平均成本 $\overline{C}=Q$, 问当产品的需求量为多少时, 可使利润最大? 并求此最大利润.

3. 设某商品的需求量 y 是价格 x 的函数, $y=1000-100x$, 求当价格 x 为 8 时的需求弹性, 并解释其经济意义.

4. 某商品的需求函数为 $Q(p)=75-p^2$, 其中 p 为价格.

(1) 求 $p=4$ 时的边际需求.

(2) 求 $p=4$ 时的需求价格弹性, 并说明经济意义.

(3) 当 p 为多少时, 总收益最大, 最大值是多少?

5 第 5 章
不定积分

微积分由微分学和积分学构成，前面我们研究了一元函数的微分学，从本章开始，我们研究一元函数的积分学．一元函数的积分学分两种：不定积分（indefinite integral）和定积分（definite integral）．二者有着显著的不同，但微积分基本定理（也称牛顿-莱布尼茨公式）又将二者紧密联系到了一起．我们将分两章分别介绍不定积分与定积分，本章介绍不定积分的基本概念、性质以及不定积分的计算方法等．

5.1 不定积分的概念与性质

5.1.1 原函数

数学中的许多运算都有逆运算，例如，加法是减法的逆运算，乘法是除法的逆运算等．那么，求导运算是否也存在逆运算呢？例如 $y=f(x)$ 是一个已知函数，我们能否找到某个函数 $F(x)$，使得 $F'(x)=f(x)$．这就是要解决的求导运算的逆运算．为此，给出原函数的定义．

定义 5.1.1　　（**原函数**）　设 $y=f(x)$ 是定义在区间 I 上的函数，如果在区间 I 上，可导函数 $F(x)$ 的导函数为 $f(x)$，即 $F'(x)=f(x)$，则称 $F(x)$ 是 $f(x)$ 在区间 I 上的一个**原函数**．

例如．因为 $(\sin x)'=\cos x$，所以 $\sin x$ 是 $\cos x$ 的一个原函数．又如，因为 $(\ln x)'=\dfrac{1}{x}$，$x>0$，所以 $\ln x$ 是 $\dfrac{1}{x}$ 在 $(0,+\infty)$ 的一个原函数．

然而，因为 $(\sin x+1)'=\cos x$，所以 $\sin x+1$ 也是 $\cos x$ 的一个原函数，同理，$\sin x+2$ 也是 $\cos x$ 的一个原函数．这说明：一个函数如果存在原函数，则原函数不是唯一的．

事实上，有如下定理成立：

定理 5.1.1　　若 $y=F(x)$ 是 $y=f(x)$ 在区间 I 上的一个原函数，则 $F(x)+C$（C 为任意常数）也是 $y=f(x)$ 在区间 I 上的原函数．

定理 5.1.1 的证明是非常直接的，因为 $(F(x)+C)'=F'(x)$．但定理 5.1.1 揭示了这样一个性质，即**一个函数的原函数如果存**

在，则一定是无穷多个. 那么，这么多原函数之间有什么关系呢？

定理 5.1.2　若 $y=F(x)$ 和 $y=G(x)$ 是 $f(x)$ 在区间 I 上的任意两个原函数，则 $F(x)-G(x)=C$，其中 C 为某常数.

证明： 因为 $F'(x)=f(x)$，$G'(x)=f(x)$，所以 $[F(x)-G(x)]'=F'(x)-G'(x)=0$. 所以 $F(x)-G(x)=C$，C 为某常数.

定理 5.1.2 揭示了这样一个重要结论：**若 $y=F(x)$ 是 $f(x)$ 在区间 I 上的一个原函数，则函数 $f(x)$ 的全体原函数为：$y=F(x)+C$.** 即找到一个原函数就能找到全体原函数.

从一个已知函数出发来求它的导函数，这种运算就是我们熟知的求导运算.

若 $y=f(x)$ 是已知函数，其原函数存在，则求其原函数的运算可看作求导运算的逆运算，这种逆运算通常称为积分运算.

这其中就蕴含了两个问题：①函数 $y=f(x)$ 在区间 I 上满足什么条件就存在原函数？②如何求出函数 $y=f(x)$ 在区间 I 上所有原函数？

对于问题①，我们不加证明地给出如下原函数存在定理：

定理 5.1.3　（**原函数存在定理**）　如果函数 $f(x)$ 在区间 I 上连续，则在区间 I 上存在可导函数 $F(x)$，使得 $F'(x)=f(x)$. 简言之，连续函数一定有原函数.

对于问题②，若要求出函数 $y=f(x)$ 在区间 I 上所有原函数，由定理 5.1.2，我们知道只需要求出函数 $y=f(x)$ 的任意一个原函数 $y=F(x)$ 即可，因为 $y=F(x)+C$ 就是要求的所有原函数.

5.1.2　不定积分的概念

定义 5.1.2　（**不定积分**）　函数 $f(x)$ 在区间 I 上的全体原函数称为 $f(x)$ 在区间 I 的不定积分，记作 $\int f(x)\mathrm{d}x$，即

$$\int f(x)\mathrm{d}x = F(x)+C.$$

式中，称 $f(x)$ 为被积函数（integrand）；称 x 为积分变量（integral variable）；称 $f(x)\mathrm{d}x$ 为被积表达式；称 $\int$ 为积分符号（integral sign）；$F(x)$ 为 $f(x)$ 在区间 I 上的任意一个原函数；C 为任意常数，也称积分常数（constant of integration）.

例 5.1.1　求 $\int \sin x \mathrm{d}x$.

解： 因为 $(-\cos x)'=\sin x$，所以 $\int \sin x \mathrm{d}x = -\cos x + C$.

例 5.1.2　求 $\int \dfrac{1}{1+x^2}\mathrm{d}x$.

解： 因为 $(\arctan x)'=\dfrac{1}{1+x^2}$，所以 $\int \dfrac{1}{1+x^2}\mathrm{d}x = \arctan x + C$.

例 **5.1.3** 设曲线通过点 $(1,2)$，且其上任一点处的切线斜率等于这点横坐标的两倍，求此曲线方程.

解：设曲线方程为 $y = f(x)$，根据题意知 $f'(x) = 2x$，即 $f(x)$ 是 $2x$ 的一个原函数，因为

$$\int 2x \mathrm{d}x = x^2 + C,$$

所以 $f(x) = x^2 + C$. 由曲线通过点 $(1,2)$，得 $C = 1$. 所求曲线方程为 $y = x^2 + 1$.

函数 $f(x)$ 的原函数的图形称为 $f(x)$ 的**积分曲线**. 显然，求不定积分得到一积分曲线族，如例 5.1.3 中 $y = 2x$ 的不定积分为 $y = x^2 + C$，C 的每一个不同取值都使得 $y = x^2 + C$ 对应了平面内的一条曲线，而由于 C 为任意常数，所以 $y = x^2 + C$ 就构成了一个积分曲线族. 而这一族积分曲线具有一个显著的特征，就是不同曲线上的点，当横坐标相同时，其切线的斜率相同，如图 5-1-1 所示.

同时，由定义 5.1.1 和定义 5.1.2，我们发现求导运算与求不定积分运算在不考虑任意常数 C 的情形下，二者互为逆运算，且有下列等式成立：

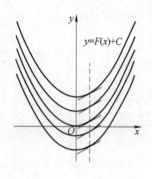

图 5-1-1 积分曲线族

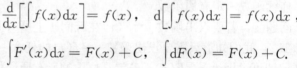

$$\frac{\mathrm{d}}{\mathrm{d}x}\left[\int f(x)\mathrm{d}x\right] = f(x), \quad \mathrm{d}\left[\int f(x)\mathrm{d}x\right] = f(x)\mathrm{d}x,$$

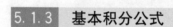

$$\int F'(x)\mathrm{d}x = F(x) + C, \quad \int \mathrm{d}F(x) = F(x) + C.$$

5.1.3 基本积分公式

利用积分运算与求导运算的关系，我们可以根据部分初等函数的求导公式得出基本积分公式.

(1) $\displaystyle\int \mathrm{d}x = x + C.$

(2) $\displaystyle\int x^\mu \mathrm{d}x = \frac{x^{\mu+1}}{\mu+1} + C, \mu \neq -1.$

(3) $\displaystyle\int \frac{1}{x}\mathrm{d}x = \ln|x| + C.$

(4) $\displaystyle\int \mathrm{e}^x \mathrm{d}x = \mathrm{e}^x + C.$

(5) $\displaystyle\int a^x \mathrm{d}x = \frac{a^x}{\ln a} + C.$

(6) $\displaystyle\int \cos x \mathrm{d}x = \sin x + C.$

(7) $\displaystyle\int \sin x \mathrm{d}x = -\cos x + C.$

(8) $\displaystyle\int \frac{1}{\cos^2 x}\mathrm{d}x = \int \sec^2 x \mathrm{d}x = \tan x + C.$

(9) $\int \dfrac{1}{\sin^2 x}\mathrm{d}x = \int \csc^2 x \mathrm{d}x = -\cot x + C.$

(10) $\int \sec x \tan x \mathrm{d}x = \sec x + C.$

(11) $\int \csc x \cot x \mathrm{d}x = -\csc x + C.$

(12) $\int \dfrac{1}{\sqrt{1-x^2}}\mathrm{d}x = \arcsin x + C.$

(13) $\int \dfrac{1}{1+x^2}\mathrm{d}x = \arctan x + C.$

以上积分公式均可通过对等式右边的函数求导来证明. 而等式右边的函数均为基本初等函数的简单形式，所以，这些公式也称为基本积分公式.

另外，由于函数 $f(x)$ 的不定积分等于 $f(x)$ 的一个原函数加上任意常数 C，而由于原函数并不唯一，因此积分运算的结果，就其形式而言，也可以是多种多样的. 例如，基本积分公式 (12)，因为 $(-\arccos x)' = \dfrac{1}{\sqrt{1-x^2}}$，所以，基本公式 (12) 也可以写成 $\int \dfrac{1}{\sqrt{1-x^2}}\mathrm{d}x = -\arccos x + C$ 的形式.

5.1.4 不定积分的线性性质

利用导数与微分的四则运算性质，可以证明不定积分有如下线性性质：

定理 5.1.4 $\displaystyle\int (\alpha f(x) + \beta g(x))\mathrm{d}x = \alpha \int f(x)\mathrm{d}x + \beta \int g(x)\mathrm{d}x,$ 其中，α，β 是任意常数.

有了基本积分公式以及不定积分的运算性质，可以计算一些简单函数的不定积分.

例 5.1.4 求 $\displaystyle\int \left(\dfrac{3}{1+x^2} - \dfrac{2}{\sqrt{1-x^2}} \right)\mathrm{d}x.$

解：$\displaystyle\int \left(\dfrac{3}{1+x^2} - \dfrac{2}{\sqrt{1-x^2}} \right)\mathrm{d}x = \int \dfrac{3}{1+x^2}\mathrm{d}x - \int \dfrac{2}{\sqrt{1-x^2}}\mathrm{d}x$

$$= 3\int \dfrac{1}{1+x^2}\mathrm{d}x - 2\int \dfrac{1}{\sqrt{1-x^2}}\mathrm{d}x$$

$$= 3\arctan x - 2\arcsin x + C.$$

注意，例 5.1.4 利用了不定积分的线性性质以及基本积分公式 (12) 和 (13)，由于 C 为任意常数，而两个任意常数的代数和仍然为任意常数，所以在结果中只需要用一个 C 表示即可.

例 5.1.5 求 $\displaystyle\int \dfrac{1}{1+\cos 2x}\mathrm{d}x.$

解：$\displaystyle\int \dfrac{1}{1+\cos 2x}\mathrm{d}x = \int \dfrac{1}{1+2\cos^2 x -1}\mathrm{d}x = \dfrac{1}{2}\int \dfrac{1}{\cos^2 x}\mathrm{d}x =$

$$\frac{1}{2}\int \sec^2 x\mathrm{d}x = \frac{1}{2}\tan x + C.$$

注意，例 5.1.5 的计算过程表明，在计算不定积分时，有时需要先对被积函数进行恒等变形，再使用基本积分公式.

例 5.1.6　某智能传感器生产厂家，每月的产量为 x 个智能传感器，现已知其边际成本恰好为 x，即 $C'(x)=x$，且每月的固定成本为 5000 元，那么，该厂家的成本函数如何表示？以及若每月生产 100 个产品，需要投入多少成本？

解：因为 $C'(x)=x$，所以

$$C(x) = \int x\mathrm{d}x = \frac{1}{2}x^2 + C.$$

又因为固定成本为 5000 元，即 $C(0)=5000$ 代入函数 $C(x)$，得 $C(x)=\frac{1}{2}x^2+5000$.　即该厂家的成本函数为 $C(x)=\frac{1}{2}x^2+5000$.

若每月生产 100 个产品，需要投入成本为：$C(100)=\frac{1}{2}(100)^2+5000=10000$.

习题 5.1

1. 利用基本积分公式及不定积分的性质计算下列不定积分.

(1) $\displaystyle\int \sin^2 \frac{x}{2}\mathrm{d}x$;　　　(2) $\displaystyle\int \left(\frac{1}{x^2} - 3\cos x + \frac{1}{x}\right)\mathrm{d}x$;

(3) $\displaystyle\int \frac{1}{x^2(1+x^2)}\mathrm{d}x$;　　(4) $\displaystyle\int \frac{1}{\sin^2 x \cos^2 x}\mathrm{d}x$.

2. 一曲线通过点 $(\mathrm{e}^2, 3)$，且在任一点处的切线的斜率等于该点横坐标的倒数，求曲线的方程.

3. 设商品的需求量 Q 是价格 p 的函数，且该商品在价格为 0 时，需求量为 1000，已知需求函数的变化率（边际需求）为 $Q'(p)=2000\mathrm{e}^{-0.125p}$，求需求量对价格的函数关系.

5.2　不定积分的换元积分法

利用不定积分的基本积分公式和线性性质只能计算被积函数是基本积分公式中有的几个函数的情形，或者简单加减变形后的情形. 所以，要解决初等函数的不定积分，有必要进一步研究不定积分一般化的计算方法.

不定积分的换元积分法（integration by substitution）是求不定积分的一种常用方法，其基本思想是通过变量替换化为可利用基本积分公式的形式，从而求出原函数.

第一类换元法

第一类换元法也称凑微分法，为了介绍其思想，先看一个例子.

引例　求 $\int \cos 2x \mathrm{d}x$.

显然，$\cos 2x$ 的不定积分不是 $\sin 2x$，因为 $\sin 2x$ 的导数不等于被积函数 $\cos 2x$. 导致这个问题的原因很直接，就是被积函数 $\cos 2x$ 是一个复合函数. 所以，如果我们把这里的 $2x$ 看作中间变量，令 $u=2x$，则 $\mathrm{d}u=\mathrm{d}(2x)=2\mathrm{d}x$，这样，待求的积分通过变形，就可以利用基本积分公式计算出结果：

$$\int \cos 2x \mathrm{d}x = \int \cos 2x \cdot \frac{1}{2} \cdot (2x)' \mathrm{d}x = \int \cos 2x \cdot \frac{1}{2} \mathrm{d}(2x)$$

$$= \int \cos u \cdot \frac{1}{2} \mathrm{d}u = \frac{1}{2} \int \cos u \mathrm{d}u$$

$$= \frac{1}{2} \sin u + C = \frac{1}{2} \sin 2x + C.$$

在上述计算过程中，$\int \cos 2x \mathrm{d}x$ 并不是基本积分公式，然而通过"拼凑"和替换变形后得到的 $\int \cos u \mathrm{d}u$ 却是基本积分公式，从而得出了计算结果.

对于更一般的情形，设 $F'(u)=f(u)$，则

$$\int f(u) \mathrm{d}u = F(u) + C. \tag{5.2.1}$$

如果 $u=\varphi(x)$，则 $\mathrm{d}F(\varphi(x))=f(\varphi(x))\varphi'(x)\mathrm{d}x$，所以

$$\int f(\varphi(x))\varphi'(x)\mathrm{d}x = F(\varphi(x)) + C = F(u) + C. \tag{5.2.2}$$

对比式（5.2.1）和式（5.2.2），可知下述等式成立：

$$\int f(\varphi(x))\varphi'(x)\mathrm{d}x = \int f(u)\mathrm{d}u. \tag{5.2.3}$$

式（5.2.3）的意义在于：对于某个函数的积分，如 $\int g(x)\mathrm{d}x$，若该积分不能简单地通过线性变换转化成基本积分公式的形式，但该积分可以通过适当的"拼凑"，变形成如下形式：

$$\int g(x)\mathrm{d}x = \int f(\varphi(x))\varphi'(x)\mathrm{d}x.$$

利用式（5.2.3），即可得到等式：$\int g(x)\mathrm{d}x = \int f(u)\mathrm{d}u$. 而 $\int f(u)\mathrm{d}u$ 是可以利用基本积分公式计算出结果的：$F(u)+C$，再利用 $u=\varphi(x)$，即得 $\int g(x)\mathrm{d}x$ 的结果：$F(\varphi(x))+C$. 这样就解决了 $\int g(x)\mathrm{d}x$ 的计算问题. 我们把这个方法称为不定积分的第一类

换元法，由于在解决问题的过程中，要想方设法将 $\int g(x)\mathrm{d}x$ 拼凑成 $\int f(\varphi(x))\varphi'(x)\mathrm{d}x$ 的形式，因此，第一类换元法也称凑微分法. 该方法以定理的形式可表述如下：

定理 5.2.1 （**第一类换元法**） 设函数 $f(u)$ 具有原函数 $F(u)$，$u=\varphi(x)$ 可微，则有积分换元公式

$$\int f(\varphi(x))\varphi'(x)\mathrm{d}x = \int f(u)\mathrm{d}u = F(u)+C = F(\varphi(x))+C.$$

$$(5.2.4)$$

例 5.2.1 求 $\int \dfrac{1}{3+2x}\mathrm{d}x$.

解： 若将 $3+2x$ 看作中间变量，令 $u=\varphi(x)=3+2x$，则 $\varphi'(x)=2$. 利用积分换元公式，

$$\int \frac{1}{3+2x}\mathrm{d}x = \int \frac{1}{3+2x} \cdot \frac{1}{2} \cdot (3+2x)'\mathrm{d}x$$

$$= \frac{1}{2}\int \frac{1}{3+2x}\mathrm{d}(3+2x) = \frac{1}{2}\int \frac{1}{u}\mathrm{d}u$$

$$= \frac{1}{2}\ln|u|+C = \frac{1}{2}\ln|3+2x|+C.$$

注： 在例 5.2.1 的求解过程中，我们用到了 $2\mathrm{d}x=(3+2x)'\mathrm{d}x$ 来凑微分，更一般地，

$$\int f(ax+b)\mathrm{d}x = \frac{1}{a}\int f(ax+b)\mathrm{d}(ax+b) = \frac{1}{a}\int f(u)\mathrm{d}u.$$

其中，$u=ax+b$.

例 5.2.2 求 $\int x\mathrm{e}^{x^2}\mathrm{d}x$.

解： $\int x\mathrm{e}^{x^2}\mathrm{d}x = \dfrac{1}{2}\int \mathrm{e}^{x^2} \cdot 2x\mathrm{d}x = \dfrac{1}{2}\int \mathrm{e}^{x^2}(x^2)'\mathrm{d}x = \dfrac{1}{2}\int \mathrm{e}^{x^2}\mathrm{d}x^2$，

令 $u=x^2$，则原式 $= \dfrac{1}{2}\int \mathrm{e}^u\mathrm{d}u = \dfrac{1}{2}\mathrm{e}^u + C = \dfrac{1}{2}\mathrm{e}^{x^2} + C.$

注： 在例 5.2.2 的求解过程中，我们用到了 $x\mathrm{d}x=\dfrac{1}{2}\mathrm{d}(x^2)$ 来凑微分，更一般地，

$$\int x^{n-1}f(x^n)\mathrm{d}x = \frac{1}{n}\int f(x^n)\mathrm{d}(x^n) = \frac{1}{n}\int f(u)\mathrm{d}u.$$

其中，$u=x^n$.

例 5.2.3 求 $\int \dfrac{1}{1+\mathrm{e}^x}\mathrm{d}x$.

解： $\int \dfrac{1}{1+\mathrm{e}^x}\mathrm{d}x = \int \dfrac{1+\mathrm{e}^x-\mathrm{e}^x}{1+\mathrm{e}^x}\mathrm{d}x = \int\left(1-\dfrac{\mathrm{e}^x}{1+\mathrm{e}^x}\right)\mathrm{d}x$

$$= \int \mathrm{d}x - \int \frac{\mathrm{e}^x}{1+\mathrm{e}^x}\mathrm{d}x = x - \int \frac{1}{1+\mathrm{e}^x}\mathrm{d}\mathrm{e}^x$$

$$= x - \int \frac{1}{1+\mathrm{e}^x}\mathrm{d}(1+\mathrm{e}^x) = x - \ln(1+\mathrm{e}^x)+C.$$

例 5.2.4　求 $\displaystyle\int \frac{1}{x(1+2\ln x)}\mathrm{d}x$.

解：$\displaystyle\int \frac{1}{x(1+2\ln x)}\mathrm{d}x = \int \frac{1}{1+2\ln x}\cdot\frac{1}{x}\mathrm{d}x$

$$= \int \frac{1}{1+2\ln x}(\ln x)'\mathrm{d}x$$

$$= \int \frac{1}{1+2\ln x}\mathrm{d}(\ln x)$$

$$= \int \frac{1}{1+2\ln x}\cdot\frac{1}{2}\mathrm{d}(2\ln x)$$

$$= \frac{1}{2}\int \frac{1}{1+2\ln x}\mathrm{d}(2\ln x)$$

$$= \frac{1}{2}\int \frac{1}{1+2\ln x}\mathrm{d}(1+2\ln x).$$

令 $u = 1+2\ln x$，则原式 $= \dfrac{1}{2}\displaystyle\int \frac{1}{u}\mathrm{d}u = \dfrac{1}{2}\ln|u| + C =$

$\dfrac{1}{2}\ln|1+2\ln x| + C.$

例 5.2.5　求 $\displaystyle\int \frac{1}{a^2+x^2}\mathrm{d}x$，其中 $a>0$.

解：$\displaystyle\int \frac{1}{a^2+x^2}\mathrm{d}x = \frac{1}{a^2}\int \frac{1}{1+\frac{x^2}{a^2}}\mathrm{d}x = \frac{1}{a^2}\int \frac{1}{1+\frac{x^2}{a^2}}a\,\mathrm{d}\left(\frac{x}{a}\right)$

$$= \frac{1}{a}\int \frac{1}{1+\left(\frac{x}{a}\right)^2}\mathrm{d}\left(\frac{x}{a}\right)$$

$$= \frac{1}{a}\arctan\frac{x}{a} + C.$$

注：例 5.2.5 所得的结论具有一般性，在后续不定积分的计算中可以直接利用.

例 5.2.6　求 $\displaystyle\int \frac{1}{x^2-8x+25}\mathrm{d}x$.

解：$\displaystyle\int \frac{1}{x^2-8x+25}\mathrm{d}x = \int \frac{1}{(x-4)^2+3^2}\mathrm{d}x$

$$= \int \frac{1}{(x-4)^2+3^2}\mathrm{d}(x-4)$$

$$= \frac{1}{3}\arctan\frac{x-4}{3} + C.$$

例 5.2.7　求 $\displaystyle\int \frac{1}{a^2-x^2}\mathrm{d}x$.

解：$\displaystyle\int \frac{1}{a^2-x^2}\mathrm{d}x = \int \frac{1}{2a}\left(\frac{1}{a-x}+\frac{1}{a+x}\right)\mathrm{d}x$

$$= \frac{1}{2a}\int \frac{1}{a-x}\mathrm{d}x + \frac{1}{2a}\int \frac{1}{a+x}\mathrm{d}x$$

$$= -\frac{1}{2a}\int \frac{1}{a-x}\mathrm{d}(a-x) + \frac{1}{2a}\int \frac{1}{a+x}\mathrm{d}(a+x)$$

$$=-\frac{1}{2a}\ln|a-x|+\frac{1}{2a}\ln|a+x|+C$$

$$=\frac{1}{2a}\ln\left|\frac{a+x}{a-x}\right|+C.$$

例 5.2.8　求 $\int\frac{\cos x}{\sqrt{\sin x}}dx.$

解： $\int\frac{\cos x}{\sqrt{\sin x}}dx=\int\frac{1}{\sqrt{\sin x}}d(\sin x)=2\sqrt{\sin x}+C.$

注：在不定积分的计算中，常采用这样一种变换：

$$\int\cos xf(\sin x)dx=\int f(\sin x)d(\sin x)=\int f(u)du.$$

或者

$$\int\sin xf(\cos x)dx=-\int f(\cos x)d(\cos x)=-\int f(u)du.$$

例 5.2.9　求 $\int\tan xdx.$

解： $\int\tan xdx=\int\frac{\sin x}{\cos x}dx=-\int\frac{1}{\cos x}d(\cos x)=-\ln|\cos x|+C.$

同理可得　　　 $\int\cot xdx=\ln|\sin x|+C.$

例 5.2.10　求 $\int\cos^2 x\sin^5 xdx.$

解： $\int\cos^2 x\sin^5 xdx=-\int\cos^2 x\sin^4 xd(\cos x)$

$$=-\int\cos^2 x(1-\cos^2 x)^2d(\cos x)$$

$$=-\int\cos^2 x(1-2\cos^2 x+\cos^4 x)d(\cos x)$$

$$=-\int(\cos^2 x-2\cos^4 x+\cos^6 x)d(\cos x)$$

$$=-\frac{1}{3}\cos^3 x+\frac{2}{5}\cos^5 x-\frac{1}{7}\cos^7 x+C.$$

注：当被积函数是三角函数相乘时，拆开奇次幂项去凑微分.

例 5.2.11　求 $\int\cos^2 xdx.$

解： $\int\cos^2 xdx=\int\frac{1+\cos 2x}{2}dx=\frac{1}{2}\int dx+\frac{1}{2}\int\cos 2xdx$

$$=\frac{1}{2}x+\frac{1}{4}\sin 2x+C.$$

注：当被积函数是三角函数的偶次幂时，常用半角公式降低幂次，然后再计算.

例 5.2.12　求 $\int\frac{1}{\sqrt{a^2-x^2}}dx$，其中 $a>0$.

解：$\displaystyle\int\frac{1}{\sqrt{a^2-x^2}}\mathrm{d}x=\int\frac{1}{a\sqrt{1-\left(\dfrac{x}{a}\right)^2}}\mathrm{d}x$

$$=\int\frac{1}{\sqrt{1-\left(\dfrac{x}{a}\right)^2}}\mathrm{d}\left(\frac{x}{a}\right)=\arcsin\frac{x}{a}+C.$$

例 5.2.13　求 $\displaystyle\int\csc x\mathrm{d}x$.

解：$\displaystyle\int\csc x\mathrm{d}x=\int\frac{1}{\sin x}\mathrm{d}x=\int\frac{1}{2\sin\dfrac{x}{2}\cos\dfrac{x}{2}}\mathrm{d}x$

$$=\int\frac{1}{2\tan\dfrac{x}{2}\cos^2\dfrac{x}{2}}\mathrm{d}x=\int\frac{1}{\tan\dfrac{x}{2}}\sec^2\frac{x}{2}\mathrm{d}\left(\frac{x}{2}\right)$$

$$=\int\frac{1}{\tan\dfrac{x}{2}}\mathrm{d}\left(\tan\frac{x}{2}\right)=\ln\left|\tan\frac{x}{2}\right|+C.$$

另解：$\displaystyle\int\csc x\mathrm{d}x=\int\frac{1}{\sin x}\mathrm{d}x=\int\frac{\sin x}{\sin^2 x}\mathrm{d}x=\int\frac{\sin x}{1-\cos^2 x}\mathrm{d}x$

$$=-\int\frac{1}{1-\cos^2 x}\mathrm{d}(\cos x).$$

令 $u=\cos x$，结合例 5.2.7，则

$$\text{原式}=-\int\frac{1}{1-u^2}\mathrm{d}u=\frac{1}{2}\ln\left|\frac{1-u}{1+u}\right|+C=\frac{1}{2}\ln\left|\frac{1-\cos x}{1+\cos x}\right|+C$$

$$=\frac{1}{2}\ln\left|\frac{(1-\cos x)^2}{1-\cos^2 x}\right|+C=\frac{1}{2}\ln\left|\frac{(1-\cos x)^2}{\sin^2 x}\right|+C$$

$$=\ln\left|\frac{1-\cos x}{\sin x}\right|+C$$

$$=\ln|\csc x-\cot x|+C.$$

注：例 5.2.13 获得的三个结果 $\ln\left|\tan\dfrac{x}{2}\right|+C,\ \ln\left|\dfrac{1-\cos x}{\sin x}\right|+C,\ \ln|\csc x-\cot x|+C$ 尽管形式差异较大，但均是函数 $\csc x$ 的原函数. 事实上，检验积分结果是否正确，只需要对结果求导，如果导数等于被积函数，则不定积分的计算结果正确，否则结果错误. 由于第三种结果较为简洁，所以，经常记作

$$\int\csc x\mathrm{d}x=\ln|\csc x-\cot x|+C.$$

类似还有

$$\int\sec x\mathrm{d}x=\ln|\sec x+\tan x|+C.$$

5.2.2　第二类换元法

若不定积分 $\displaystyle\int f(x)\mathrm{d}x$ 用第一类换元法不易求出结果，但做适当的变量替换，如令 $x=\varphi(t)$ 后，将得到新的关于变量 t 的不定

积分

$$\int f(\varphi(t))\mathrm{d}\varphi(t) = \int f(\varphi(t))\varphi'(t)\mathrm{d}t,$$

这个新积分的被积函数为 $f(\varphi(t))\varphi'(t)$，如果容易找到其原函数，则可以求出新积分的结果，尽管这个结果会表现为 t 的函数，然而只需要我们将 $t=\varphi^{-1}(x)$ 回代，即可得到不定积分 $\int f(x)\mathrm{d}x$ 的结果．这就是第二类换元法的基本思路．第二类换元法描述如下：

定理 5.2.2　**（第二类换元法）**　设函数 $x=\varphi(t)$ 是单调、可导函数，且 $\varphi'(t)\neq0$，并且函数 $f(\varphi(t))\varphi'(t)$ 具有原函数 $F(t)$，则有如下积分换元公式：

$$\int f(x)\mathrm{d}x = \int f(\varphi(t))\,\varphi'(t)\mathrm{d}t = F(t)+C = F(\psi(x))+C.$$

$$(5.2.5)$$

其中，$t=\psi(x)$ 与 $x=\varphi(t)$ 互为反函数.

证明：只需要证明 $F(\psi(x))$ 是 $f(x)$ 的原函数即可．为此，对 $F(\psi(x))$ 关于变量 x 求导即可：

$$\frac{\mathrm{d}F(\psi(x))}{\mathrm{d}x} = \frac{\mathrm{d}F(\psi(x))}{\mathrm{d}t}\frac{\mathrm{d}t}{\mathrm{d}x} = \frac{\mathrm{d}F(t)}{\mathrm{d}t}\frac{1}{\frac{\mathrm{d}x}{\mathrm{d}t}} = F'(t)\frac{1}{\varphi'(t)}$$

$$= f(\varphi(t))\varphi'(t)\frac{1}{\varphi'(t)} = f(\varphi(t)) = f(x).$$

注 1：对比第一类换元法和第二类换元法的积分换元公式 (5.2.4) 和式 (5.2.5)，可以发现，两类换元积分法的换元和回代过程正好相反.

注 2：第二类换元法的关键在于找到一个恰当的**可逆**变换 $x=\varphi(t)$.

例 5.2.14　求 $\int \sqrt{a^2-x^2}\,\mathrm{d}x$，其中 $a>0$.

解：由于该不定积分不是基本积分公式，若计算该不定积分，首先会想到如何通过替换变形，将被积函数的根式化掉．为此，可以利用第二类换元法.

令 $x=a\sin t$，$t\in\left(-\frac{\pi}{2},\frac{\pi}{2}\right)$，则 $\sqrt{a^2-x^2}=\sqrt{a^2-a^2\sin^2t}=a\cos t$，$\mathrm{d}x=a\cos t\,\mathrm{d}t$，所以，

$$\int \sqrt{a^2-x^2}\,\mathrm{d}x = \int a\cos t\,a\cos t\,\mathrm{d}t = a^2\int\cos^2t\,\mathrm{d}t = a^2\int\frac{1+\cos2t}{2}\mathrm{d}t$$

$$= \frac{a^2}{2}t + \frac{1}{4}a^2\sin2t + C = \frac{a^2}{2}t + \frac{a^2}{2}\sin t\cos t + C.$$

为了方便和简化变量 t 的回代，一般是由 $x=a\sin t$ 作直角三角形，如图 5-2-1 所示，易知 $\cos t=\dfrac{\sqrt{a^2-x^2}}{a}$，代入上式得

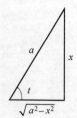

图 5-2-1　$x=a\sin t$ 代换关系图

$$\int \sqrt{a^2-x^2}\mathrm{d}x = \frac{a^2}{2}\arcsin\frac{x}{a} + \frac{a^2}{2}\frac{x}{a}\frac{\sqrt{a^2-x^2}}{a} + C$$

$$= \frac{a^2}{2}\arcsin\frac{x}{a} + \frac{x}{2}\sqrt{a^2-x^2} + C.$$

例 5.2.15　求 $\displaystyle\int \frac{1}{\sqrt{x^2+a^2}}\mathrm{d}x$，其中 $a>0$.

解：为了将被积函数的根式化掉，令 $x=a\tan t$，$t\in\left(-\frac{\pi}{2},\frac{\pi}{2}\right)$，

则 $\sqrt{x^2+a^2}=\sqrt{a^2\tan^2 t+a^2}=a\sec t$，$\mathrm{d}x=\mathrm{d}(a\tan t)=a\sec^2 t\,\mathrm{d}t$，所

以，$\displaystyle\int \frac{1}{\sqrt{x^2+a^2}}\mathrm{d}x = \int \frac{1}{a\sec t}a\sec^2 t\,\mathrm{d}t = \int \sec t\,\mathrm{d}t = \ln|\sec t+\tan t|+C.$

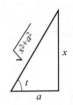

图 5-2-2　$x=a\tan t$
代换关系图

为了方便和简化变量 t 的回代，作直角三角形，如图 5-2-2
所示，所以，$\sec t=\dfrac{1}{\cos t}=\dfrac{\sqrt{x^2+a^2}}{a}$，代入上式得

$$\int \frac{1}{\sqrt{x^2+a^2}}\mathrm{d}x = \ln\left|\frac{\sqrt{x^2+a^2}}{a}+\frac{x}{a}\right|+C.$$

例 5.2.16　求 $\displaystyle\int \frac{1}{\sqrt{x^2-a^2}}\mathrm{d}x$，其中 $a>0$.

解：因为被积函数的定义域为 $|x|>a$，即 $x>a$ 或者 $x<-a$.

为了将被积函数的根式化掉，令 $x=a\sec t$，$t\in\left(0,\frac{\pi}{2}\right)$ 以及 $t\in$

$\left(\pi,\frac{3\pi}{2}\right)$. 则 $\sqrt{x^2-a^2}=\sqrt{a^2\sec^2 t-a^2}=a\tan t$，$\mathrm{d}x=\mathrm{d}(a\sec t)=$

$a\sec t\tan t\,\mathrm{d}t$，所以，

$$\int \frac{1}{\sqrt{x^2-a^2}}\mathrm{d}x = \int \frac{1}{a\tan t}a\sec t\tan t\,\mathrm{d}t = \int \sec t\,\mathrm{d}t$$

$$= \ln|\sec t+\tan t|+C.$$

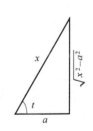

图 5-2-3　$x=a\sec t$
代换关系图

为了方便和简化变量 t 的回代，作直角三角形，如图 5-2-3
所示，则 $\tan t=\dfrac{\sqrt{x^2-a^2}}{a}$，代入上式得

$$\int \frac{1}{\sqrt{x^2-a^2}}\mathrm{d}x = \ln\left|\frac{x}{a}+\frac{\sqrt{x^2-a^2}}{a}\right|+C.$$

注 1：以上几例所使用的均为三角代换，三角代换的目的是
化掉根式. 化掉根式的一般规律如下：

(1) 当被积函数中含有 $\sqrt{a^2-x^2}$，可令 $x=a\sin t$，$t\in\left(-\frac{\pi}{2},\frac{\pi}{2}\right)$.

(2) 当被积函数中含有 $\sqrt{a^2+x^2}$，可令 $x=a\tan t$，$t\in\left(-\frac{\pi}{2},\frac{\pi}{2}\right)$.

(3) 当被积函数中含有 $\sqrt{x^2-a^2}$，可令 $x=a\sec t$，$t\in$

$\left(0,\frac{\pi}{2}\right)$ 及 $t\in\left(\pi,\frac{3\pi}{2}\right)$.

注 2：积分中为了化掉根式是否一定采用三角代换并不是绝

对的，经常需根据被积函数的情况来定. 例如，还可采用整体代换，当分母的阶较高时，可采用**倒代换**$t=\dfrac{1}{x}$，以及最小公倍数等方法.

例 5.2.17　求 $\displaystyle\int \dfrac{1}{1+\sqrt{x}}\mathrm{d}x$.

解：令 $t=\sqrt{x}$，则 $x=t^2$，$\mathrm{d}x=2t\mathrm{d}t$. 则

$$\int \dfrac{1}{1+\sqrt{x}}\mathrm{d}x = \int \dfrac{2t}{1+t}\mathrm{d}t = 2\int \dfrac{1+t-1}{1+t}\mathrm{d}t$$

$$= 2\int\left(1-\dfrac{1}{1+t}\right)\mathrm{d}t = 2(t-\ln|1+t|)+C$$

$$= 2[\sqrt{x}-\ln(1+\sqrt{x})]+C.$$

例 5.2.18　求 $\displaystyle\int \dfrac{1}{x(x^7+2)}\mathrm{d}x$.

解：令 $t=\dfrac{1}{x}$，则 $x=\dfrac{1}{t}$，$\mathrm{d}x=-\dfrac{1}{t^2}\mathrm{d}t$. 所以，

$$\int \dfrac{t}{\left(\dfrac{1}{t}\right)^7+2}\left(-\dfrac{1}{t^2}\right)\mathrm{d}t = -\int \dfrac{t^6}{1+2t^7}\mathrm{d}t = -\dfrac{1}{14}\int \dfrac{1}{1+2t^7}\mathrm{d}(1+2t^7)$$

$$= -\dfrac{1}{14}\ln|1+2t^7|+C$$

$$= -\dfrac{1}{14}\ln\left|1+\dfrac{2}{x^7}\right|+C = -\dfrac{1}{14}\ln\left|\dfrac{2+x^7}{x^7}\right|+C$$

$$= -\dfrac{1}{14}\ln|2+x^7|+\dfrac{1}{2}\ln|x|+C.$$

例 5.2.19　求 $\displaystyle\int \dfrac{1}{\sqrt{x}(1+\sqrt[3]{x})}\mathrm{d}x$.

解：令 $x=t^6$，则 $\mathrm{d}x=6\,t^5\mathrm{d}t$. 所以，

$$\int \dfrac{1}{\sqrt{x}(1+\sqrt[3]{x})}\mathrm{d}x = \int \dfrac{6\,t^5}{t^3(1+t^2)}\mathrm{d}t = \int \dfrac{6\,t^2}{1+t^2}\mathrm{d}t$$

$$= 6\int \dfrac{1+t^2-1}{1+t^2}\mathrm{d}t = 6\int\left(1-\dfrac{1}{1+t^2}\right)\mathrm{d}t$$

$$= 6(t-\arctan t)+C = 6(\sqrt[6]{x}-\arctan\sqrt[6]{x})+C.$$

本节在介绍两类积分换元法的同时，给出了一些典型例题，这些典型的具有一般性的例题的结果，可直接用于今后的不定积分计算中，所以，它们也通常被称为积分公式. 也就是说，我们在基本积分公式以外，补充了一些积分公式（其中常数 $a>0$）.

(1) $\displaystyle\int \tan x\mathrm{d}x = -\ln|\cos x|+C$.

(2) $\displaystyle\int \cot x\mathrm{d}x = \ln|\sin x|+C$.

(3) $\displaystyle\int \sec x\mathrm{d}x = \ln|\sec x+\tan x|+C$.

(4) $\displaystyle\int \csc x \mathrm{d}x = \ln|\csc x - \cot x| + C.$

(5) $\displaystyle\int \frac{1}{a^2 + x^2} \mathrm{d}x = \frac{1}{a} \arctan \frac{x}{a} + C.$

(6) $\displaystyle\int \frac{1}{a^2 - x^2} \mathrm{d}x = \frac{1}{2a} \ln\left|\frac{a+x}{a-x}\right| + C.$

(7) $\displaystyle\int \frac{1}{\sqrt{a^2 - x^2}} \mathrm{d}x = \arcsin \frac{x}{a} + C.$

(8) $\displaystyle\int \frac{1}{\sqrt{x^2 \pm a^2}} \mathrm{d}x = \ln\left|\frac{x}{a} + \frac{\sqrt{x^2 \pm a^2}}{a}\right| + C.$

(9) $\displaystyle\int \sqrt{a^2 - x^2} \mathrm{d}x = \frac{a^2}{2} \arcsin \frac{x}{a} + \frac{x}{2}\sqrt{a^2 - x^2} + C.$

习题 5.2

1. 计算下列不定积分.

(1) $\displaystyle\int \frac{1}{3x + 5} \mathrm{d}x;$　　　　(2) $\displaystyle\int (3 + 2x)^3 \mathrm{d}x;$

(3) $\displaystyle\int \frac{1}{\mathrm{e}^x - 1} \mathrm{d}x;$　　　　(4) $\displaystyle\int \frac{\sin \sqrt{x}}{\sqrt{x}} \mathrm{d}x.$

2. 计算下列不定积分.

(1) $\displaystyle\int \frac{1}{\sqrt{2x + 5} + 1} \mathrm{d}x;$　　　　(2) $\displaystyle\int \frac{1}{x\sqrt{x^2 - 1}} \mathrm{d}x;$

(3) $\displaystyle\int \frac{1}{x + \sqrt{1 - x^2}} \mathrm{d}x;$　　　　(4) $\displaystyle\int \frac{1}{\sqrt{x} + \sqrt[3]{x}} \mathrm{d}x.$

3. 已知某产品产量的变化率是时间 t 的函数 $f(t) = at + b$，a，b 为常数. 设此产品的产量为函数 $P(t)$，且 $P(0) = 0$，求 $P(t)$.

5.3　不定积分的分部积分法

利用不定积分换元积分法可以解决许多积分问题，但仍然有些积分，甚至是基本初等函数的积分，如 $\displaystyle\int \arcsin x \mathrm{d}x$ 的积分，利用换元法都无法解决. 这就需要我们研究新的求解积分问题的方法. 本节我们介绍另外一种基本积分法——分部积分法 (integration by parts).

分部积分法是利用函数乘积的导数公式导出的一种积分方法.

设函数 $u = u(x)$ 和 $v = v(x)$ 具有连续导数，则 $(uv)' = u'v + uv'$，做等价变形有

$$uv' = (uv)' - u'v,$$

两边积分：$\displaystyle\int u(x)v'(x)\mathrm{d}x = u(x)v(x) - \int u'(x)v(x)\mathrm{d}x$，则有

$$\int u(x)\mathrm{d}v(x) = u(x)v(x) - \int v(x)\mathrm{d}u(x). \qquad (5.3.1)$$

式（5.3.1）就称为**分部积分公式**. 它的意义在于原来的不定积分 $\int u(x)v'(x)\mathrm{d}x$ 有时不易求出，而右端的不定积分 $\int u'(x)v(x)\mathrm{d}x$ 却容易求出，从而得到 $\int u(x)\,v'(x)\mathrm{d}x$ 的结果.

利用分部积分公式计算不定积分的关键在于如何将待求的不定积分 $\int f(x)\mathrm{d}x$ 转化为 $\int u(x)\,v'(x)\mathrm{d}x$ 的形式，从而方便计算.

例 5.3.1　求 $\int x\cos x\mathrm{d}x$.

解：令 $u=x$，$\cos x\mathrm{d}x=\mathrm{d}\sin x=\mathrm{d}v$，则由分部积分公式得

$$\int x\cos x\mathrm{d}x=\int x\mathrm{d}\sin x=x\sin x-\int\sin x\mathrm{d}x=x\sin x+\cos x+C.$$

事实上，利用分部积分公式计算不定积分时，选择恰当的 $u(x)$，$v(x)$ 非常关键. 若选择不当，将会导致不定积分的计算更加复杂，无法得到结果.

例如，在例 5.3.1 中，若令 $u=\cos x$，$x\mathrm{d}x=\mathrm{d}\left(\dfrac{x^2}{2}\right)=\mathrm{d}v$，则由分部积分公式得

$$\int x\cos x\mathrm{d}x=\int\cos x\mathrm{d}\left(\frac{x^2}{2}\right)=\frac{x^2}{2}\cos x-\int\frac{x^2}{2}\mathrm{d}\cos x$$
$$=\frac{x^2}{2}\cos x+\int\frac{x^2}{2}\sin x\mathrm{d}x.$$

不定积分的形式愈发复杂. 因此，在利用分部积分法计算积分时，如果 $u(x)$，$v(x)$ 选择不当，会导致积分更难进行.

例 5.3.2　求 $\int x^2\,\mathrm{e}^x\mathrm{d}x$.

解：令 $u=x^2$，$\mathrm{e}^x\mathrm{d}x=\mathrm{d}\,\mathrm{e}^x=\mathrm{d}v$，则由分部积分公式得

$$\int x^2\,\mathrm{e}^x\mathrm{d}x=\int x^2\mathrm{d}\,\mathrm{e}^x=x^2\,\mathrm{e}^x-\int\mathrm{e}^x\mathrm{d}x^2=x^2\,\mathrm{e}^x-2\int x\,\mathrm{e}^x\mathrm{d}x,$$

再次使用分部积分公式得

$$\int x^2\,\mathrm{e}^x\mathrm{d}x=x^2\,\mathrm{e}^x-2\int x\mathrm{d}\mathrm{e}^x=x^2\,\mathrm{e}^x-2\left(x\mathrm{e}^x-\int\mathrm{e}^x\mathrm{d}x\right)$$
$$=x^2\,\mathrm{e}^x-2(x\mathrm{e}^x-\mathrm{e}^x)+C.$$

注：由例 5.3.1 和例 5.3.2 可以发现，若被积函数是幂函数和正（余）弦函数或幂函数和指数函数的乘积，就考虑设幂函数为 u，使其降幂一次（假定幂指数是正整数）.

例 5.3.3　求 $\int x\ln x\mathrm{d}x$.

解：这里的 $\ln x$ 在积分过程中较难处理，但它的导数为 $\dfrac{1}{x}$，却容易处理. 因此，令 $u=\ln x$，$x\mathrm{d}x=\mathrm{d}\left(\dfrac{1}{2}x^2\right)=\mathrm{d}v$，则由分部积分公式得

$$\int x \ln x \mathrm{d}x = \frac{1}{2} \int \ln x \mathrm{d}\, x^2 = \frac{1}{2} \left(x^2 \ln x - \int x^2 \mathrm{d}\ln x \right)$$

$$= \frac{1}{2} \left(x^2 \ln x - \int x^2 \frac{1}{x} \mathrm{d}x \right)$$

$$= \frac{1}{2} \left(x^2 \ln x - \int x \mathrm{d}x \right) = \frac{1}{2}\, x^2 \ln x - \frac{1}{4}\, x^2 + C.$$

例 5.3.4 求 $\int x \arctan x \mathrm{d}x$.

解: $\int x \arctan x \mathrm{d}x = \frac{1}{2} \int \arctan x \mathrm{d}(x^2)$

$$= \frac{1}{2}\, x^2 \arctan x - \frac{1}{2} \int x^2 \mathrm{d}\arctan x$$

$$= \frac{1}{2}\, x^2 \arctan x - \frac{1}{2} \int \frac{x^2}{1+x^2} \mathrm{d}x$$

$$= \frac{1}{2}\, x^2 \arctan x - \frac{1}{2} \int \left(1 - \frac{1}{1+x^2} \right) \mathrm{d}x$$

$$= \frac{1}{2}\, x^2 \arctan x - \frac{1}{2} (x - \arctan x) + C.$$

例 5.3.5 求 $\int \arcsin x \mathrm{d}x$.

解: $\int \arcsin x \mathrm{d}x = x \arcsin x - \int x \mathrm{d}\arcsin x$

$$= x \arcsin x - \int \frac{x}{\sqrt{1-x^2}} \mathrm{d}x$$

$$= x \arcsin x - \frac{1}{2} \int \frac{1}{\sqrt{1-x^2}} \mathrm{d}x^2$$

$$= x \arcsin x + \frac{1}{2} \int \frac{1}{\sqrt{1-x^2}} \mathrm{d}(1-x^2)$$

$$= x \arcsin x + \frac{1}{2} \times 2 \sqrt{1-x^2} + C$$

$$= x \arcsin x + \sqrt{1-x^2} + C.$$

注: 由例 5.3.3、例 5.3.4 和例 5.3.5 可以发现, 若被积函数是幂函数和对数函数或幂函数和反三角函数的乘积, 就考虑设对数函数或反三角函数为 u.

例 5.3.6 求 $\int \mathrm{e}^x \sin x \mathrm{d}x$.

解: $\int \mathrm{e}^x \sin x \mathrm{d}x = \int \sin x \mathrm{d}\mathrm{e}^x = \mathrm{e}^x \sin x - \int \mathrm{e}^x \mathrm{d}\sin x$

$$= \mathrm{e}^x \sin x - \int \mathrm{e}^x \cos x \mathrm{d}x$$

$$= \mathrm{e}^x \sin x - \int \cos x \mathrm{d}\mathrm{e}^x$$

$$= \mathrm{e}^x \sin x - \mathrm{e}^x \cos x + \int \mathrm{e}^x \mathrm{d}\cos x$$

$$= \mathrm{e}^x (\sin x - \cos x) - \int \mathrm{e}^x \sin x \mathrm{d}x,$$

解得 $\int e^x \sin x \, dx = \frac{1}{2} e^x (\sin x - \cos x) + C.$

注：若被积函数是指数函数与正（余）弦函数的乘积，则 u，dv 可随意选取，但在两次积分中，必须选用同类型的 u，以便经过两次分部积分后产生递推公式，从而解出所求积分.

大国工匠：大巧破难

例 5.3.7 求 $\int \sin(\ln x) \, dx.$

解： $\int \sin(\ln x) \, dx = x \sin(\ln x) - \int x \, d\sin(\ln x)$

$$= x \sin(\ln x) - \int x \cos(\ln x) \frac{1}{x} \, dx$$

$$= x \sin(\ln x) - \int \cos(\ln x) \, dx$$

$$= x \sin(\ln x) - x \cos(\ln x) + \int x \, d\cos(\ln x)$$

$$= x[\sin(\ln x) - \cos(\ln x)] - \int x \sin(\ln x) \frac{1}{x} \, dx$$

$$= x[\sin(\ln x) - \cos(\ln x)] - \int \sin(\ln x) \, dx.$$

解得 $\int \sin(\ln x) \, dx = \frac{1}{2} x[\sin(\ln x) - \cos(\ln x)] + C.$

注：求不定积分往往带有技巧性. 只有适当地多做练习，才能掌握这些技巧. 事实上，不论是分部积分，还是换元法积分，它们的适用范围都是有限的. 此外，对于一个具体的不定积分问题，该用什么方法，是没有确定规律可循的，只能通过对题目的观察和分析，通过尝试和探索去找到解题之法.

例 5.3.8 求 $I_n = \int \frac{1}{(x^2 + a^2)^n} \, dx.$

解： $I_1 = \int \frac{1}{(x^2 + a^2)} \, dx = \frac{1}{a} \arctan \frac{x}{a} + C,$

$$I_{n-1} = \int \frac{1}{(x^2 + a^2)^{n-1}} \, dx$$

$$= \frac{x}{(x^2 + a^2)^{n-1}} + 2(n-1) \int \frac{x^2}{(x^2 + a^2)^n} \, dx,$$

$$I_{n-1} = \frac{x}{(x^2 + a^2)^{n-1}} + 2(n-1) \int \left(\frac{1}{(x^2 + a^2)^{n-1}} - \frac{a^2}{(x^2 + a^2)^n} \right) dx,$$

$$I_{n-1} = \frac{x}{(x^2 + a^2)^{n-1}} + 2(n-1)(I_{n-1} - a^2 I_n),$$

$$I_n = \frac{1}{2 a^2 (n-1)} \left[\frac{x}{(x^2 + a^2)^{n-1}} + (2n-3) I_{n-1} \right],$$

以此作递推公式，则由 I_1 即可计算出 I_n，$n > 1$.

求不定积分，不论用什么方法，实际上目的都是求出一个初等函数，使得这个初等函数的导数为被积函数. 但遗憾的是，并非所有初等函数的原函数都是初等函数. 比如，已经证明

$$\int \frac{\sin x}{x} \mathrm{d}x, \int \frac{\cos x}{x} \mathrm{d}x, \int \frac{1}{\ln x} \mathrm{d}x \int \mathrm{e}^{-x^2} \mathrm{d}x, \int \sin(x^2) \mathrm{d}x, \int \cos(x^2) \mathrm{d}x$$

等，都不能用初等函数表示.

例 5.3.9　已知 $f(x)$ 的一个原函数是 $\sin(x^2)$，求 $\int x f'(x) \mathrm{d}x$.

解：$\int x f'(x) \mathrm{d}x = \int x \mathrm{d}(f(x)) = x f(x) - \int f(x) \mathrm{d}x = x f(x) - \sin(x^2) + C,$

另外，因为 $\sin(x^2)$ 是 $f(x)$ 的一个原函数，所以 $f(x) = (\sin(x^2))' = \cos(x^2) \cdot 2x.$

这样，$\int x f'(x) \mathrm{d}x = 2 x^2 \cos(x^2) - \sin(x^2) + C.$

习题 5.3

计算下列不定积分.

(1) $\int x \sin x \mathrm{d}x$；　　　　(2) $\int \ln x \mathrm{d}x$；

(3) $\int x \mathrm{e}^{3x} \mathrm{d}x$；　　　　(4) $\int \arccos x \mathrm{d}x$；

(5) $\int x \cos \frac{x}{3} \mathrm{d}x$；　　　(6) $\int x^2 \sin x \mathrm{d}x$；

(7) $\int x \ln(x+1) \mathrm{d}x$；　　(8) $\int \mathrm{e}^x \cos x \mathrm{d}x$.

5.4　有理函数的积分

本节将介绍一些特殊类型函数的不定积分，包括有理函数的积分以及可化为有理函数的函数积分，如三角函数有理式、简单无理式的积分等. 本节将在说明有理函数的原函数是初等函数的基础上，给出计算的方法.

5.4.1　一般有理函数的积分

定义 5.4.1　两个多项式的商表示的函数称为有理函数. 其一般形式为

$$\frac{Q(x)}{P(x)} = \frac{b_0 x^m + b_1 x^{m-1} + \cdots + b_{m-1} x + b_m}{a_0 x^n + a_1 x^{n-1} + \cdots + a_{n-1} x + a_n}, \qquad (5.4.1)$$

其中 m，n 都是非负整数，a_0，a_1，$\cdots$，a_n 及 b_0，b_1，$\cdots$，b_m 都是实数，并且 $a_0 \neq 0$，$b_0 \neq 0$. 假定分子与分母之间没有公因式.

若 $m < n$，称有理函数（5.4.1）为**真分式**，若 $m \geqslant n$，称有理函数式（5.4.1）为**假分式**. 事实上，每一个假分式都能表示成一

个多项式与一个真分式的和，例如：

$$\frac{x^3+2x^2+1}{x^2+1}=x+2-\frac{1+x}{x^2+1}, \tag{5.4.2}$$

将假分式表示成多项式和真分式和的一般方法是多项式除法，以式（5.4.2）为例，简单描述如下：

$$
\require{enclose}
\begin{array}{r}
x\quad+2 \\
x^2+0\cdot x+1\enclose{longdiv}{x^3+2x^2+0\cdot x+1} \\
\underline{-\ x^3+0\cdot x^2+x} \\
2x^2-\ x\ +1 \\
\underline{-\ 2x^2+0\cdot x+2} \\
-x-1
\end{array}
$$

而多项式的不定积分是很容易求得的．因此，我们只讨论有理函数的真分式的情形．

求有理函数真分式不定积分的基本方法是基于代数学的若干定理，特别是有理式可表示成若干部分分式之和这一定理．以下不加证明地给出这一代数学定理：

定理 5.4.1   每一个真分式都可以表示成若干个下列四种形式的和（其中$p^2-4q<0$）：

(1) $\dfrac{A}{x-a}$,   (2) $\dfrac{A}{(x-a)^m}$,

(3) $\dfrac{Mx+N}{x^2+px+q}$,   (4) $\dfrac{Mx+N}{(x^2+px+q)^n}$.

这四种形式的分式称为**部分分式**．其中，$m>1$，$n>1$，均为正整数．

在定理 5.4.1 的基础上，再结合积分具有的线性性质（和的积分等于积分的和），可以知道，如果要计算真分式的积分，只需要解决两个问题：①如何把真分式具体表示成部分分式的和；②如何计算部分分式的积分．以下逐一阐述．

1. 真分式表示成部分分式的和

设给定的有理真分式为$\dfrac{Q(x)}{P(x)}$，见式（5.4.1），其中分母$P(x)$在实数范围内分解为一次因式与二次因式的乘积：

$$P(x)=a_0(x-x_1)^{m_1}\cdots(x-x_r)^{m_r}(x^2+p_1x+q_1)^{n_1}\cdots(x^2+p_sx+q_s)^{n_s}. \tag{5.4.3}$$

这里，$m_1+\cdots+m_r+2n_1+\cdots+2n_s=n$，$p_i-4q_i<0$，$i=1$，$2$，$\cdots$，$s$．

基于此，代数学断言了如下定理：

定理 5.4.2   真分式$\dfrac{Q(x)}{P(x)}$可以根据分母$P(x)$的因式分解式（5.4.3）表示成若干个部分分式之和，其中因子$(x-x_j)^{m_j}$对应的部分分式为

$$\frac{A_1^{(j)}}{x-x_j}+\cdots+\frac{A_{m_j}^{(j)}}{(x-x_j)^{m_j}}, j=1,2,\cdots,r. \qquad (5.4.4)$$

其中，$A_1^{(j)}$，$\cdots$，$A_{m_j}^{(j)}$ 为常数.

因子 $(x^2+p_jx+q_j)^{n_j}$ 对应的部分分式为

$$\frac{B_1^{(j)}x+C_1^{(j)}}{x^2+p_jx+q_j}+\cdots+\frac{B_{n_j}^{(j)}x+C_{n_j}^{(j)}}{(x^2+p_jx+q_j)^{n_j}}, j=1,2,\cdots,s.$$

$$(5.4.5)$$

其中，$B_1^{(j)}$，$\cdots$，$B_{n_j}^{(j)}$，$C_1^{(j)}$，$\cdots$，$C_{n_j}^{(j)}$ 为常数.

这样，

$$\frac{Q(x)}{P(x)}=\sum_{j=1}^{r}\left[\frac{A_1^{(j)}}{x-x_j}+\cdots+\frac{A_{m_j}^{(j)}}{(x-x_j)^{m_j}}\right]+$$

$$\sum_{j=1}^{s}\left[\frac{B_1^{(j)}x+C_1^{(j)}}{x^2+p_jx+q_j}+\cdots+\frac{B_{n_j}^{(j)}x+C_{n_j}^{(j)}}{(x^2+p_jx+q_j)^{n_j}}\right],$$

这里所有的常数，均可用待定系数法确定.

以下通过实例，更为具体地理解定理 5.4.2 给出的将**真分式表示成部分分式和**的方法.

例 5.4.1 将 $\dfrac{x+3}{x^2-5x+6}$ 表示成部分分式的和.

解：由定理 5.4.2 知道：$\dfrac{x+3}{x^2-5x+6}=\dfrac{x+3}{(x-2)(x-3)}=$

$\dfrac{A_1}{x-2}+\dfrac{A_2}{x-3}$. 下面用待定系数法确定 A_1，A_2.

由上述等式，通分消去分母得：$x+3=A_1(x-3)+A_2(x-2)=(A_1+A_2)x-(3A_1+2A_2)$.

利用多项式相等则对应项系数相同这一判别准则，可得到关于 A_1，A_2 的方程组：

$$\begin{cases}A_1+A_2=1,\\-(3A_1+2A_2)=3,\end{cases}$$ 从而解出：$$\begin{cases}A_1=-5,\\A_2=6.\end{cases}$$

所以，$\dfrac{x+3}{x^2-5x+6}=\dfrac{-5}{x-2}+\dfrac{6}{x-3}$.

例 5.4.2 将 $\dfrac{x^3+1}{x(x-1)^3}$ 表示成部分分式的和.

解：设 $\dfrac{x^3+1}{x(x-1)^3}=\dfrac{A}{x}+\dfrac{B}{x-1}+\dfrac{C}{(x-1)^2}+\dfrac{D}{(x-1)^3}$，通分消去分母得

$$x^3+1=A(x-1)^3+Bx(x-1)^2+Cx(x-1)+Dx.$$

$$(5.4.6)$$

为简便计算 A，B，C，D 起见，我们可以采取特殊值代入法.

把 $x=0$ 代入式 (5.4.6)，得 $A=-1$.

把 $x=1$ 代入式 (5.4.6)，得 $D=2$.

把 $x=2$ 代入式 (5.4.6)，得 $9=-1+2B+2C+4$，即 $B+C=3$.

把 $x=-1$ 代入式 (5.4.6)，得 $0=8-4B+2C-2$，即 $2B-C=3$. 从而得 $B=2$，$C=1$. 所以，

$$\frac{x^3+1}{x\,(x-1)^3}=\frac{-1}{x}+\frac{2}{x-1}+\frac{1}{(x-1)^2}+\frac{2}{(x-1)^3}.$$

例 5.4.3 将 $\dfrac{4}{x^3+x}$ 表示成部分分式的和.

解： 先将分母因式分解：$x^3+x=x(x^2+1)$，设：

$$\frac{4}{x^3+x}=\frac{A}{x}+\frac{Bx+C}{x^2+1},$$

通分消去分母得

$$4=A(x^2+1)+Bx^2+Cx=(A+B)x^2+Cx+A.$$

利用多项式相等则对应项系数相同这一判别准则，可得到关于 A，B，C 的方程组：

$$\begin{cases}A+B=0,\\ \quad\quad C=0,\\ A=4,\end{cases} \text{从而解出} \begin{cases}A=4,\\ B=-4,\\ C=0.\end{cases} \text{从而，}$$

$$\frac{4}{x^3+x}=\frac{4}{x}-\frac{4x}{x^2+1}.$$

例 5.4.1 至例 5.4.3 给出了具体的分解过程，但务必注意，只有真分式才能通过这种方法分解成部分分式的和. 因此，在讨论有理分式分解成部分分式和之前，必须确定它是真分式才行.

此外，在例 5.4.1 至例 5.4.3 的求解过程中均用到了待定系数法. 一般来说，确定待定系数值有两种方法：一种是特殊值代入法，如例 5.4.2；另外一种是利用多项式相等则对应项系数相同这一判别准则，如例 5.4.1 和例 5.4.3. 有时也需要将这两种方法混合使用，以方便简洁地确定待定系数.

2. 部分分式的积分

经过前面的讨论，我们知道，将有理函数化为部分分式之和后，只出现三类情况：

① 多项式；② $\dfrac{A}{(x-a)^n}$；③ $\dfrac{Mx+N}{(x^2+px+q)^n}$. 这里，$A$，$M$，$N$，$a$，$p$，$q$ 为常数，$p^2-4q<0$. $n\geqslant1$ 为正整数. 显然，这三类积分均可积出，且原函数都是初等函数. 具体如下：

$$\int\frac{A}{x-a}\mathrm{d}x=A\ln|x-a|+C, \tag{5.4.7}$$

$$\int\frac{A}{(x-a)^n}\mathrm{d}x=\frac{A}{1-n}(x-a)^{1-n}+C, n>1, \tag{5.4.8}$$

$$\int\frac{Mx+N}{x^2+px+q}\mathrm{d}x$$

$$=\int\frac{M\left(x+\dfrac{p}{2}\right)+N-\dfrac{Mp}{2}}{\left(x+\dfrac{p}{2}\right)^2+\left(q-\dfrac{p^2}{4}\right)}\mathrm{d}x$$

$$= \int \frac{M\left(x+\frac{p}{2}\right)}{\left(x+\frac{p}{2}\right)^2+\left(q-\frac{p^2}{4}\right)}\mathrm{d}x + \int \frac{N-\frac{Mp}{2}}{\left(x+\frac{p}{2}\right)^2+\left(q-\frac{p^2}{4}\right)}\mathrm{d}x$$

$$= \frac{M}{2}\int \frac{\mathrm{d}\left(\left(x+\frac{p}{2}\right)^2+q-\frac{p^2}{4}\right)}{\left(x+\frac{p}{2}\right)^2+\left(q-\frac{p^2}{4}\right)} + \int \frac{N-\frac{Mp}{2}}{\left(x+\frac{p}{2}\right)^2+\left(q-\frac{p^2}{4}\right)}\mathrm{d}x$$

$$= \frac{M}{2}\ln|x^2+px+q| + \frac{N-\frac{Mp}{2}}{\sqrt{q-\frac{p^2}{4}}}\arctan\frac{x+\frac{p}{2}}{\sqrt{q-\frac{p^2}{4}}} + C,$$

$$(5.4.9)$$

$$\int \frac{Mx+N}{(x^2+px+q)^n}\mathrm{d}x = \int \frac{M\left(x+\frac{p}{2}\right)+N-\frac{Mp}{2}}{\left[\left(x+\frac{p}{2}\right)^2+q-\frac{p^2}{4}\right]^n}\mathrm{d}x$$

$$= \frac{M}{2}\int \frac{\mathrm{d}\left(\left(x+\frac{p}{2}\right)^2+\left(q-\frac{p^2}{4}\right)\right)}{\left[\left(x+\frac{p}{2}\right)^2+\left(q-\frac{p^2}{4}\right)\right]^n} +$$

$$\int \frac{N-\frac{Mp}{2}}{\left[\left(x+\frac{p}{2}\right)^2+\left(q-\frac{p^2}{4}\right)\right]^n}\mathrm{d}x$$

$$= \frac{M}{2(1-n)}\left[\left(x+\frac{p}{2}\right)^2+\left(q-\frac{p^2}{4}\right)\right]^{1-n} +$$

$$\int \frac{N-\frac{Mp}{2}}{\left[\left(x+\frac{p}{2}\right)^2+\left(q-\frac{p^2}{4}\right)\right]^n}\mathrm{d}x. \quad (5.4.10)$$

式 (5.4.10) 中的最后一个不定积分，可以利用例 5.3.8 中的递推公式获得.

因此，有如下定理成立：

定理 5.4.3　有理函数的原函数都是初等函数.

例 5.4.4　求不定积分 $\int \frac{x+3}{x^2-5x+6}\mathrm{d}x$.

解：由例 5.4.1 知，$\frac{x+3}{x^2-5x+6}=\frac{-5}{x-2}+\frac{6}{x-3}$，所以

$$\int \frac{x+3}{x^2-5x+6}\mathrm{d}x = \int \left(\frac{-5}{x-2}+\frac{6}{x-3}\right)\mathrm{d}x$$
$$= -5\ln|x-2|+6\ln|x-3|+C.$$

例 5.4.5　求不定积分 $\int \frac{x^3+1}{x(x-1)^3}\mathrm{d}x$.

解：由例 5.4.2 知，$\frac{x^3+1}{x(x-1)^3}=\frac{-1}{x}+\frac{2}{x-1}+\frac{1}{(x-1)^2}+$

$\dfrac{2}{(x-1)^3}$. 所以，

$$\int \frac{x^3+1}{x\,(x-1)^3}\mathrm{d}x = \int \Big(\frac{-1}{x}+\frac{2}{x-1}+\frac{1}{(x-1)^2}+\frac{2}{(x-1)^3}\Big)\mathrm{d}x$$

$$= -\ln|x|+2\ln|x-1|-\frac{1}{x-1}-\frac{1}{(x-1)^2}+C.$$

例 5.4.6　求不定积分 $\displaystyle\int \frac{4}{x^3+x}\mathrm{d}x$.

解： 由例 5.4.3 知，$\dfrac{4}{x^3+x}=\dfrac{4}{x}-\dfrac{4x}{x^2+1}$. 所以，

$$\int \frac{4}{x^3+x}\mathrm{d}x = \int \Big(\frac{4}{x}-\frac{4x}{x^2+1}\Big)\mathrm{d}x = 4\ln|x|-\int \frac{2}{x^2+1}\mathrm{d}(x^2+1)$$

$$= 4\ln|x|-2\ln(x^2+1)+C.$$

5.4.2　可化为有理函数的积分

本节介绍的可化为有理函数然后再积分的函数类型包括两类：三角函数有理式和简单无理式．

1. 三角函数有理式

由 $\sin x$，$\cos x$ 及常数经过有限次四则运算构成的函数称为三角函数有理式，一般记为 $R(\sin x,\ \cos x)$．例如，$\sin 2x + \tan x$，$\cos 2x \sin x$ 都是三角函数有理式，但 $\dfrac{\sin \dfrac{x}{2}}{\cos x}$，$\cos^2 x - \sqrt{2+\sin^2 x}$，$x\tan x$ 则不是三角函数有理式．

可以证明，三角函数有理式的不定积分 $\displaystyle\int R(\sin x,\cos x)\mathrm{d}x$ 总可以通过适当的变换，化成有理函数的不定积分．而变换的方法，通常是利用**万能置换公式**．以下来介绍该变换方法．

由三角函数理论可知，若令 $u=\tan \dfrac{x}{2}$，则有

$$\sin x = 2\sin \frac{x}{2}\cos \frac{x}{2} = \frac{2\tan \dfrac{x}{2}}{\sec^2 \dfrac{x}{2}} = \frac{2\tan \dfrac{x}{2}}{1+\tan^2 \dfrac{x}{2}} = \frac{2u}{1+u^2}.$$

$$\cos x = \cos^2 \frac{x}{2} - \sin^2 \frac{x}{2} = \frac{1-\tan^2 \dfrac{x}{2}}{\sec^2 \dfrac{x}{2}} = \frac{1-\tan^2 \dfrac{x}{2}}{1+\tan^2 \dfrac{x}{2}} = \frac{1-u^2}{1+u^2}.$$

同时，因为 $u=\tan \dfrac{x}{2}$，所以 $x=2\arctan u$，则有 $\mathrm{d}x = \dfrac{2}{1+u^2}\mathrm{d}u$.

这样，三角函数有理式的积分就转换为有理函数的积分：

$$\int R(\sin x,\cos x)\mathrm{d}x = \int R\Big(\frac{2u}{1+u^2},\frac{1-u^2}{1+u^2}\Big)\frac{2}{1+u^2}\mathrm{d}u.$$

$$(5.4.11)$$

式（5.4.11）也称为万能置换公式. 该公式的意义在于：通过变换 $u=\tan\dfrac{x}{2}$，把三角函数有理式的不定积分转换为关于变量 u 的有理函数的不定积分.

例 5.4.7 求不定积分 $\displaystyle\int\dfrac{\cot x}{\sin x+\cos x-1}\mathrm{d}x$.

解：令 $u=\tan\dfrac{x}{2}$，$\mathrm{d}x=\dfrac{2}{1+u^2}\mathrm{d}u$，$\sin x=\dfrac{2u}{1+u^2}$，$\cos x=\dfrac{1-u^2}{1+u^2}$，$\cot x=\dfrac{1-u^2}{2u}$. 所以，

$$\int\frac{\cot x}{\sin x+\cos x-1}\mathrm{d}x=\int\frac{\dfrac{1-u^2}{2u}}{\dfrac{2u}{1+u^2}+\dfrac{1-u^2}{1+u^2}-1}\frac{2}{1+u^2}\mathrm{d}u=\int\frac{1+u}{2}\frac{1}{u^2}\mathrm{d}u$$

$$=-\frac{1}{2u}+\frac{1}{2}\ln|u|+C$$

$$=-\frac{1}{2\tan\dfrac{x}{2}}+\frac{1}{2}\ln\left|\tan\frac{x}{2}\right|+C$$

$$=-\frac{1}{2}\cot\frac{x}{2}+\frac{1}{2}\ln\left|\tan\frac{x}{2}\right|+C.$$

例 5.4.8 求不定积分 $\displaystyle\int\dfrac{\mathrm{d}x}{\sin x(1+\cos x)}$.

解：令 $u=\tan\dfrac{x}{2}$，$\mathrm{d}x=\dfrac{2}{1+u^2}\mathrm{d}u$，$\sin x=\dfrac{2u}{1+u^2}$，$\cos x=\dfrac{1-u^2}{1+u^2}$. 所以，

$$\int\frac{\mathrm{d}x}{\sin x(1+\cos x)}=\int\frac{\dfrac{2}{1+u^2}\mathrm{d}u}{\dfrac{2u}{1+u^2}\left(1+\dfrac{1-u^2}{1+u^2}\right)}$$

$$=\int\frac{1+u^2}{2u}\mathrm{d}u=\frac{1}{4}u^2+\frac{1}{2}\ln|u|+C$$

$$=\frac{1}{4}\tan^2\frac{x}{2}+\frac{1}{2}\ln\left|\tan\frac{x}{2}\right|+C.$$

例 5.4.9 求不定积分 $\displaystyle\int\dfrac{1}{\sin^4 x}\mathrm{d}x$.

解法一：令 $u=\tan\dfrac{x}{2}$，$\mathrm{d}x=\dfrac{2}{1+u^2}\mathrm{d}u$，$\sin x=\dfrac{2u}{1+u^2}$，$\cos x=\dfrac{1-u^2}{1+u^2}$. 所以，

$$\int\frac{1}{\sin^4 x}\mathrm{d}x=\int\frac{1+3u^2+3u^4+u^6}{8u^4}\mathrm{d}u=\frac{1}{8}\left(-\frac{1}{3u^3}-\frac{3}{u}+3u+\frac{u^3}{3}\right)+C$$

$$=-\frac{1}{24\left(\tan\dfrac{x}{2}\right)^3}-\frac{3}{8\tan\dfrac{x}{2}}+\frac{3}{8}\tan\frac{x}{2}+\frac{1}{24}\left(\tan\frac{x}{2}\right)^3+C.$$

解法二：修改万能置换公式，令 $u=\tan x$，$\mathrm{d}x=\dfrac{1}{1+u^2}\mathrm{d}u$，$\sin x=\dfrac{u}{\sqrt{1+u^2}}$. 所以，

$$\int \frac{1}{\sin^4 x}\mathrm{d}x=\int \frac{(1+u^2)^2}{u^4}\frac{1}{1+u^2}\mathrm{d}u=\int \frac{1+u^2}{u^4}\mathrm{d}u=-\frac{1}{3}\frac{1}{u^3}-\frac{1}{u}+C$$

$$=-\frac{1}{3}\cot^3 x-\cot x+C.$$

解法三：可以不用万能置换公式，

$$\int \frac{1}{\sin^4 x}\mathrm{d}x=\int \csc^4 x\,\mathrm{d}x=\int \csc^2 x(1+\cot^2 x)\mathrm{d}x$$

$$=\int \csc^2 x\,\mathrm{d}x+\int \cot^2 x\,\csc^2 x\,\mathrm{d}x$$

$$=-\cot x-\int \cot^2 x\,\mathrm{d}(\cot x)=-\cot x-\frac{1}{3}\cot^3 x+C.$$

通过对上述例题中不同解法的比较，可知：①万能置换总是有效的；②万能置换不一定是最佳方法. 因此，在处理三角有理式的不定积分计算中一般先考虑其他手段，不得已才用万能置换.

2. 简单无理式

对简单无理函数的积分，其基本思想是利用适当的变换将其有理化，转化为有理函数的积分. 我们用几个例子来说明一些变换方法.

例 5.4.10　求不定积分 $\displaystyle\int \frac{1}{x}\sqrt{\frac{1+x}{x}}\mathrm{d}x$.

解：令 $t=\sqrt{\dfrac{1+x}{x}}$，则 $\dfrac{1+x}{x}=t^2$，则 $1+\dfrac{1}{x}=t^2$，得 $x=\dfrac{1}{t^2-1}$，相应地，$\mathrm{d}x=-\dfrac{2t}{(t^2-1)^2}\mathrm{d}t$，则

$$\int \frac{1}{x}\sqrt{\frac{1+x}{x}}\mathrm{d}x=-\int (t^2-1)t\frac{2t}{(t^2-1)^2}\mathrm{d}t$$

$$=-2\int \frac{t^2}{t^2-1}\mathrm{d}t=-2\int \left(1+\frac{1}{t^2-1}\right)\mathrm{d}t$$

$$=-2t-\ln\left|\frac{t-1}{t+1}\right|+C$$

$$=-2\sqrt{\frac{1+x}{x}}-\ln\left|x\left(\sqrt{\frac{1+x}{x}}-1\right)^2\right|+C.$$

例 5.4.11　求不定积分 $\displaystyle\int \frac{x}{\sqrt{x^2+4x+3}}\mathrm{d}x$.

解：$\displaystyle\int \frac{x}{\sqrt{x^2+4x+3}}\mathrm{d}x=\int \frac{x}{\sqrt{(x+2)^2-1}}\mathrm{d}x$，令 $u=x+2$，则 $x=u-2$，$\mathrm{d}x=\mathrm{d}u$，则

$$\int \frac{x}{\sqrt{x^2+4x+3}}\mathrm{d}x=\int \frac{x}{\sqrt{(x+2)^2-1}}\mathrm{d}x=\int \frac{u-2}{\sqrt{u^2-1}}\mathrm{d}u$$

$$= \int \frac{u}{\sqrt{u^2-1}} \mathrm{d}u - 2\int \frac{1}{\sqrt{u^2-1}} \mathrm{d}u$$

$$= \frac{1}{2} \int \frac{1}{\sqrt{u^2-1}} \mathrm{d}(u^2-1) - 2\int \frac{1}{\sqrt{u^2-1}} \mathrm{d}u$$

$$= \sqrt{u^2-1} - 2\ln\left| u + \sqrt{u^2-1} \right| + C$$

$$= \sqrt{(x+2)^2-1} -$$
$$2\ln\left| x+2 + \sqrt{(x+2)^2-1} \right| + C.$$

习题 5.4

计算下列不定积分.

(1) $\displaystyle\int \frac{x+4}{x^2-x-2} \mathrm{d}x$;

(2) $\displaystyle\int \frac{x^3}{x+2} \mathrm{d}x$;

(3) $\displaystyle\int \frac{1}{x(x^5+8)} \mathrm{d}x$;

(4) $\displaystyle\int \frac{x^2+3x-1}{x^3-1} \mathrm{d}x$;

(5) $\displaystyle\int \frac{1-\cos x}{x-\sin x} \mathrm{d}x$;

(6) $\displaystyle\int \frac{1}{4+5\cos x} \mathrm{d}x$;

(7) $\displaystyle\int \frac{1}{1+\sin x+\cos x} \mathrm{d}x$;

(8) $\displaystyle\int \frac{1}{\sqrt{x}+\sqrt{x+1}} \mathrm{d}x$.

第 6 章

定积分及其应用

问题驱动是数学发展的源泉. 17 世纪，人们面临的主要问题有四类：①已知位移，求瞬时速度与加速度，以及已知加速度（非常数），求速度和位移；②已知曲线，求曲线的切线，这同时也是为了解决沿曲线运动物体在每一点的运动方向问题；③求函数的最大值和最小值，这个问题来源于最大化炮弹射程的研究，以及行星运动过程中与太阳距离最值的研究；④曲线求长，曲线围成的面积，曲面围成的体积，曲面围成的体积，以及物体重心、物体间引力的研究.

在前三个问题的驱动下，尤其是对已知位移计算瞬时速度、已知曲线求切线以及求函数最值等问题的研究，导致了导数和微分的产生，同时也就构成了微积分学的微分学部分. 而对已知加速度求速度和位移，以及已知曲线求曲线长、曲线围成的面积、曲面围成的体积等问题，古希腊人给出了穷竭法；我国南北朝时期的祖冲之和他的儿子祖暅也给出了求不规则图形面积和体积的方法. 然而这些方法在处理简单的不规则图形时有所作用，但也必须应用一些计算技巧，所以，穷竭法缺乏一般性. 到了 17 世纪，穷竭法逐渐被修改，后来由于微积分的创立，穷竭法从根本上被修改了，构成了微积分学中的积分学部分.

本章将介绍定积分的基本概念、性质、微积分基本公式、定积分与不定积分之间的关系、以及它们的计算方法和应用.

6.1 定积分的概念与性质

首先从几何问题出发，来研究定积分的概念是如何从现实原型中抽象出来的.

6.1.1 定积分概念的提出

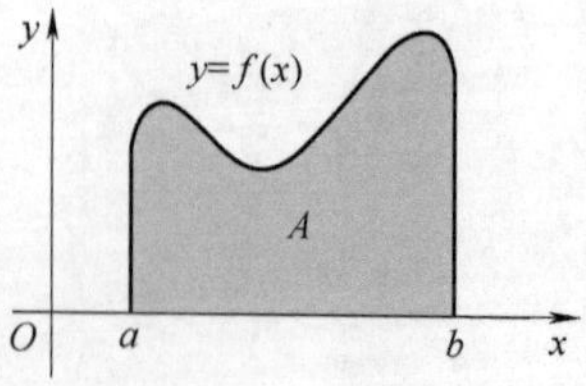

实例 1 （求曲边梯形的面积） 设曲边梯形由连续曲线 $y=f(x)$，$f(x)>0$，以及 x 轴与两条直线 $x=a$、$x=b$ 所围成，如图 6-1-1 所示. 如何计算它的面积 A 呢？

如果围成的图形是规则的，如矩形、梯形等，则有相应的面积计算公式. 然而，对于曲边梯形，没有求其面积的公式可用. 那怎么处理呢？为了研究这个问题，我们先研究一个简单曲线围

图 6-1-1　曲边梯形的面积

成曲边梯形面积的计算问题.

　　如图 6-1-2 所示，设曲边梯形由抛物线 $y=1+x^2$ 与 $x=0$ 和 $x=1$ 围成，求它的面积 A.

　　考虑分割的方法，用分点将区间 $[0,1]$ 等分成 n 个小区间，分点 $x_i=\dfrac{i}{n}$，$i=0$，1，2，$\cdots$，n，如图 6-1-2 所示. 这样就把曲

边梯形分成了 n 个小曲边梯形. 把底边为小区间 $\left[\dfrac{i-1}{n},\dfrac{i}{n}\right]$ 的小曲

边梯形的面积记作 ΔA_i，$i=1$，2，$\cdots$，n. 显然小曲边梯形的面积和就是整个曲边梯形的面积. 然而小曲边梯形的面积仍然是无法直接计算的，但由于它所对应的小区间的长度

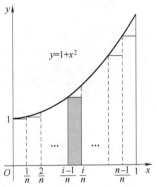

$$\Delta x_i=x_i-x_{i-1}=\frac{i}{n}-\frac{i-1}{n}=\frac{1}{n}$$

较小时，可以将小曲边梯形近似看成矩形，即用小矩形的面积近似小曲边梯形的面积，这样，

图 6-1-2　抛物线围成的
曲边梯形面积

$$\Delta A_i\approx f(x_{i-1})\Delta x_i=\left[1+\left(\frac{i-1}{n}\right)^2\right]\frac{1}{n}=\frac{1}{n}+\frac{(i-1)^2}{n^3},i=1,2,\cdots,n,$$
$$(6.1.1)$$

$$A=\sum_{i=1}^{n}\Delta A_i\approx\sum_{i=1}^{n}(f(x_{i-1})\Delta x_i)=\sum_{i=1}^{n}\left[\frac{1}{n}+\frac{(i-1)^2}{n^3}\right]$$
$$=1+\frac{n(n-1)(2n-1)}{6\,n^3}.\qquad(6.1.2)$$

这是对曲边梯形面积的近似，且 Δx_i 越小，近似的程度就会越好. 当分割无限加细的时候，也就是 $\lambda=\max\limits_{1\leqslant i\leqslant n}\{\Delta x_i\}$ 趋于 0 的时候，就可以得到曲边梯形的面积：

$$A=\lim_{\lambda\to 0}\sum_{i=1}^{n}\Delta A_i=\lim_{\lambda\to 0}\sum_{i=1}^{n}\left[\frac{1}{n}+\frac{(i-1)^2}{n^3}\right]$$
$$=\lim_{n\to\infty}\left[1+\frac{n(n-1)(2n-1)}{6\,n^3}\right]=\frac{4}{3}.\qquad(6.1.3)$$

　　由于这里采用的分割方法为等分，所以 $\lambda\to 0$ 等价于 $n\to\infty$. 事实上，可以证明，若不是将区间 $[0,1]$ 等分，而是任意分割，同时在分割后的小区间 $[x_{i-1},x_i]$ 上任意取点 $\xi_i\in[x_{i-1},x_i]$，同样有

$$A=\lim_{\lambda\to 0}\sum_{i=1}^{n}\Delta A_i=\lim_{\lambda\to 0}\sum_{i=1}^{n}(f(\xi_i)\Delta x_i)=\frac{4}{3}.\quad(6.1.4)$$

　　回到图 6-1-1 所示的一般化曲边梯形面积的计算问题，我们可用同样的方法求其面积 A，计算过程可分如下四步进行：

　　（1）分割：用分点 $a=x_0<x_1<x_2<\cdots<x_{n-1}<x_n=b$ 将区间 $[a,b]$ 分成 n 个小区间 $[x_{i-1},x_i]$，并记小区间的长度为 $\Delta x_i=x_i-x_{i-1}$，$i=1$，2，$\cdots$，n.

　　（2）近似：在小区间上任取一点 $\xi_i\in[x_{i-1},x_i]$，得近似表达式：$\Delta A_i\approx f(\xi_i)\Delta x_i,i=1,2,\cdots,n$.

（3）求和：$A = \sum_{i=1}^{n} \Delta A_i \approx \sum_{i=1}^{n} (f(\xi_i) \Delta x_i)$.

（4）取极限：令 $\lambda = \max_{1 \leqslant i \leqslant n} \{\Delta x_i\}$，则有：$A = \lim_{\lambda \to 0} \sum_{i=1}^{n} \Delta A_i = \lim_{\lambda \to 0} \sum_{i=1}^{n} (f(\xi_i) \Delta x_i)$.

实例 2　　**（求变速直线运动的路程）**　设某物体做直线运动，已知速度 $v = v(t)$ 是时间间隔 $[T_1, T_2]$ 上 t 的一个连续函数，且 $v(t) \geqslant 0$，求物体在这段时间内所经过的路程 S.

对于匀速运动的物体，其运动路程＝速度×时间．但对非匀速运动，可以采取这样的思路：把整段时间分割成若干小段，每小段上速度看作不变，求出各小段的路程再相加，便得到路程的近似值，最后通过对时间的无限细分过程（求极限过程）求得路程的精确值．

因此，变速直线运动物体的路程计算过程，也可分为如下四步进行：

（1）分割：用分点 $T_1 = t_0 < t_1 < t_2 < \cdots < t_{n-1} < t_n = T_2$ 将区间 $[T_1, T_2]$ 分成 n 个小时间区间 $[t_{i-1}, t_i]$，并记小区间的长度为 $\Delta t_i = t_i - t_{i-1}$, $i = 1, 2, \cdots, n$.

（2）近似：在小区间上任取一点 $\tau_i \in [t_{i-1}, t_i]$，得近似表达式：$\Delta S_i \approx v(\tau_i) \Delta t_i$, $i = 1, 2, \cdots, n$.

（3）求和：$S = \sum_{i=1}^{n} \Delta S_i \approx \sum_{i=1}^{n} (v(\tau_i) \Delta t_i)$.

（4）取极限：令 $\lambda = \max_{1 \leqslant i \leqslant n} \{\Delta t_i\}$，则有：$S = \lim_{\lambda \to 0} \sum_{i=1}^{n} \Delta S_i = \lim_{\lambda \to 0} \sum_{i=1}^{n} (v(\tau_i) \Delta t_i)$.

上述实例 1 和实例 2 尽管一个是几何问题，一个是物理问题，但求解面积和路程精确值所用的数学方法，从本质上来说是相同的，都是通过分割、近似、求和、取极限得到所求量的精确值．这种从整体通过分割到部分，然后通过对部分的近似，在极限过程下再回到总体的解决问题的数学模式，还能用于解决其他物理、几何以及经济学问题．为此，我们去掉问题本身的含义，而抽象出该数学模式，就得到了重要的数学概念：定积分．

6.1.2　定积分的概念

定义 6.1.1　设函数 $f(x)$ 在 $[a,b]$ 上有界，用满足条件 $a = x_0 < x_1 < x_2 < \cdots < x_{n-1} < x_n = b$ 的任意分点 x_0, x_1, $\cdots$, x_n 将区间 $[a,b]$ 分成 n 个小区间 $[x_{i-1}, x_i]$，并记小区间的长度为 $\Delta x_i =$

$x_i - x_{i-1}$，$i = 1, 2, \cdots, n$. 在各小区间上任取一点 $\xi_i \in [x_{i-1}, x_i]$，

作乘积 $f(\xi_i) \Delta x_i$，并作积分和式 $\sum\limits_{i=1}^{n}(f(\xi_i)\Delta x_i)$. 令 $\lambda = \max\limits_{1 \leqslant i \leqslant n}\{\Delta x_i\}$，

如果在 $\lambda \to 0$ 过程下，积分和式的极限

$$\lim_{\lambda \to 0}\sum_{i=1}^{n}(f(\xi_i)\Delta x_i) \tag{6.1.5}$$

存在，则称函数 $f(x)$ 在 $[a, b]$ 上可积. 此极限值（不妨记作 I）

称为函数 $f(x)$ 在 $[a, b]$ 上的定积分，记作 $\int_a^b f(x)\mathrm{d}x$，即

$$\int_a^b f(x)\mathrm{d}x = I = \lim_{\lambda \to 0}\sum_{i=1}^{n}(f(\xi_i)\Delta x_i). \tag{6.1.6}$$

式中，$f(x)$ 称为被积函数；x 称为积分变量；$f(x)\mathrm{d}x$ 称为被积表达式；$[a, b]$ 称为积分区间；a 称为积分下限；b 称为积分上限；$\int$ 称为积分符号.

有了定积分的定义，实例 1 中曲边梯形的面积 A 可表示为 $A = \int_a^b f(x)\mathrm{d}x$.

同样，实例 2 中的路程 S 可表示为 $S = \int_{T_1}^{T_2} v(t)\mathrm{d}t$.

此外，对定积分的定义（定义 6.1.1）说明如下：

（1）积分值仅与被积函数及积分区间有关而与积分变量的字母无关：

$$\int_a^b f(x)\mathrm{d}x = \int_a^b f(t)\mathrm{d}t = \int_a^b f(u)\mathrm{d}u.$$

（2）定义中小区间的划分方法和小区间中点 ξ_i 的取法是任意的，不会影响极限（式（6.1.5））的存在性和极限值.

（3）为方便起见，补充规定：

$$\int_a^b f(x)\mathrm{d}x = -\int_b^a f(x)\mathrm{d}x. \tag{6.1.7}$$

作为式（6.1.7）的特例，当 $b = a$ 时，$\int_a^a f(x)\mathrm{d}x = -\int_a^a f(x)\mathrm{d}x$，因此有结论

$$\int_a^a f(x)\mathrm{d}x = 0. \tag{6.1.8}$$

（4）在定义中，函数 $f(x)$ 在 $[a, b]$ 上有界是 $f(x)$ 可积的**必要条件**，因为如果 $f(x)$ 无界，则积分和式的极限一定不存在，因此就一定不可积.

定义 6.1.1 中明确指出一个函数 $f(x)$ 在 $[a, b]$ 可积就是指积分和式的极限（式（6.1.5））存在. 而要验证积分和式的极限存在自然是一件很困难的事. 因此，一个自然的想法就是，什么样的函数一定可积呢？以下不加证明地给出可积的充分条件，也

称为积分存在定理.

定理 6.1.1 若函数 $f(x)$ 在 $[a,b]$ 上连续，则 $f(x)$ 在 $[a,b]$ 上可积.

定理 6.1.2 若函数 $f(x)$ 在 $[a,b]$ 上有界，且只有有限个间断点，则 $f(x)$ 在 $[a,b]$ 上可积.

6.1.3 定积分的几何意义

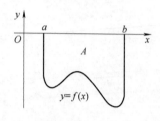

图 6-1-3 定积分的几何意义
（曲线在 x 轴下方）

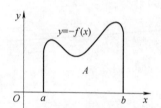

图 6-1-4 定积分的几何意义
（曲线在 x 轴上方）

由实例1可知，当 $f(x) \geqslant 0$ 时，定积分 $\int_a^b f(x)\mathrm{d}x$ 表示曲线 $y = f(x)$、直线 $x = a$、直线 $x = b$ 以及 x 轴所围成图形的面积（见图 6-1-1），即 $A = \int_a^b f(x)\mathrm{d}x$.

当 $f(x) \leqslant 0$ 时，如图 6-1-3 所示. 那么，$\int_a^b f(x)\mathrm{d}x$ 与图 6-1-3 中的曲线 $y = f(x)$、直线 $x = a$、直线 $x = b$ 以及 x 轴所围成图形的面积 A 是什么关系呢？

因为 $f(x) \leqslant 0$，所以 $-f(x) \geqslant 0$，且 $y = f(x)$ 与 $y = -f(x)$ 的图形关于 x 轴对称，如图 6-1-4 所示. 则有：$A = \int_a^b (-f(x))\mathrm{d}x$. 另外，

$$\int_a^b f(x)\mathrm{d}x = \lim_{\lambda \to 0} \sum_{i=1}^n (f(\xi_i)\Delta x_i)$$

$$= -\lim_{\lambda \to 0} \sum_{i=1}^n (-f(\xi_i)\Delta x_i) = -\int_a^b -f(x)\mathrm{d}x$$

$$= -A.$$

即当 $f(x) \leqslant 0$ 时 $\int_a^b f(x)\mathrm{d}x$ 表示图 6-1-3 中曲线所围成图形面积 A 的相反数.

当 $f(x)$ 在 $[a,b]$ 上有正有负时，如图 6-1-5 所示，则 $\int_a^b f(x)\mathrm{d}x$ 等于 $[a,b]$ 上 x 轴上方曲边梯形的面积总和减去 x 轴下方曲边梯形的面积总和，即 $\int_a^b f(x)\mathrm{d}x = -A_1 + A_2 - A_3$.

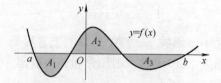

图 6-1-5 定积分的几何意义

由定积分的几何意义可知，在 $[a,b]$ 上，当 $f(x) = 1$ 时，曲线 $y = f(x)$、直线 $x = a$、直线 $x = b$ 以及 x 轴所围成图形为以 $(b-a)$ 为底、以1为高的矩形，其面积等于 $b-a$，也是积分区间

的长度, 即 $\int_a^b 1 \mathrm{d}x = b - a.$

6.1.4 定积分的性质

为了进一步讨论定积分的计算方法, 我们需要先了解定积分的性质. 在研究定积分的性质时, 我们均假设所讨论的定积分是存在的.

性质 1 $\int_a^b (f(x) \pm g(x)) \mathrm{d}x = \int_a^b f(x) \mathrm{d}x \pm \int_a^b g(x) \mathrm{d}x.$

证明: 利用定积分的定义, 结合极限的线性性质, 有

$$\int_a^b (f(x) \pm g(x)) \mathrm{d}x = \lim_{\lambda \to 0} \sum_{i=1}^n ((f(\xi_i) \pm g(\xi_i)) \Delta x_i)$$
$$= \lim_{\lambda \to 0} \sum_{i=1}^n (f(\xi_i) \Delta x_i) \pm$$
$$\lim_{\lambda \to 0} \sum_{i=1}^n (g(\xi_i) \Delta x_i)$$
$$= \int_a^b f(x) \mathrm{d}x \pm \int_a^b g(x) \mathrm{d}x.$$

性质 1 可以推广到有限多个函数代数和的情形. 用与性质 1 相同的证明方法, 可以证明:

性质 2 $\int_a^b k f(x) \mathrm{d}x = k \int_a^b f(x) \mathrm{d}x$, 其中 k 为任意常数.

将性质 1 和性质 2 结合, 即可得到积分的线性性质, 这里将之作为性质 3.

性质 3 $\int_a^b (\alpha f(x) \pm \beta g(x)) \mathrm{d}x = \alpha \int_a^b f(x) \mathrm{d}x \pm \beta \int_a^b g(x) \mathrm{d}x$, 其中 α, β 为任意常数.

性质 4 $\int_a^b f(x) \mathrm{d}x = \int_a^c f(x) \mathrm{d}x + \int_c^b f(x) \mathrm{d}x$, 其中 c 可以在 $[a, b]$ 上, 也可在 $[a, b]$ 外.

证明: 先证 c 在 $[a, b]$ 上的情形, 若 $c = a$ 或 $c = b$, 性质 4 自然成立. 若 $a < c < b$, 则利用定积分 $\int_a^b f(x) \mathrm{d}x$ 的定义, 只要在对区间 $[a, b]$ 分割时将 c 作为其中一个分点, 则函数 $f(x)$ 在 $[a, b]$ 上的积分和式就可以拆成 $f(x)$ 在 $[a, c]$ 上的积分和式加上 $f(x)$ 在 $[c, b]$ 上的积分和式. 在 $\lambda \to 0$ 时, 利用积分和式的极限相等, 即得结论: $\int_a^b f(x) \mathrm{d}x = \int_a^c f(x) \mathrm{d}x + \int_c^b f(x) \mathrm{d}x.$

若 c 在 $[a, b]$ 外, 不妨设 $a < b < c.$ 则 $b \in [a, c].$ 这样就有

$$\int_a^c f(x) \mathrm{d}x = \int_a^b f(x) \mathrm{d}x + \int_b^c f(x) \mathrm{d}x$$
$$\Rightarrow \int_a^b f(x) \mathrm{d}x = \int_a^c f(x) \mathrm{d}x - \int_b^c f(x) \mathrm{d}x$$
$$= \int_a^c f(x) \mathrm{d}x + \int_c^b f(x) \mathrm{d}x.$$

这就完成了性质 4 的证明. 性质 4 说明：**定积分对于积分区间具有可加性.**

性质 5　　如果在区间 $[a,b]$ 上 $f(x) \geqslant 0$，则 $\int_a^b f(x) \mathrm{d}x \geqslant 0$.

这个性质从定积分的定义，结合极限的保号性，即可直接证明. 利用性质 5，我们还可以获得如下推论：

推论 6.1.1　　如果在区间 $[a,b]$ 上 $f(x) \leqslant g(x)$，则 $\int_a^b f(x) \mathrm{d}x \leqslant \int_a^b g(x) \mathrm{d}x.$

推论 6.1.2　　在区间 $[a,b]$ 上，$\left| \int_a^b f(x) \mathrm{d}x \right| \leqslant \int_a^b |f(x)| \mathrm{d}x.$

证明：由 $-|f(x)| \leqslant f(x) \leqslant |f(x)|$，因此，$\int_a^b -|f(x)| \mathrm{d}x \leqslant$

$\int_a^b f(x) \mathrm{d}x \leqslant \int_a^b |f(x)| \mathrm{d}x,$

即 $-\int_a^b |f(x)| \mathrm{d}x \leqslant \int_a^b f(x) \mathrm{d}x \leqslant \int_a^b |f(x)| \mathrm{d}x$，从而

$\left| \int_a^b f(x) \mathrm{d}x \right| \leqslant \int_a^b |f(x)| \mathrm{d}x.$

性质 6　　（**估值定理**）　设 M 和 m 分别是函数 $f(x)$ 在区间 $[a,b]$ 上的最大值和最小值，则

$$m(b-a) \leqslant \int_a^b f(x) \mathrm{d}x \leqslant M(b-a).$$

证明：因为 $m \leqslant f(x) \leqslant M$，所以 $\int_a^b m \mathrm{d}x \leqslant \int_a^b f(x) \mathrm{d}x \leqslant \int_a^b M \mathrm{d}x$. 另外，因为 $\int_a^b 1 \mathrm{d}x = b-a$，所以 $\int_a^b m \mathrm{d}x = m \int_a^b 1 \mathrm{d}x = m(b-a), \int_a^b M \mathrm{d}x = M(b-a)$，故

$$m(b-a) \leqslant \int_a^b f(x) \mathrm{d}x \leqslant M(b-a).$$

性质 6（估值定理）常用于估计积分值的大致范围.

性质 7　　（**积分中值定理**）　如果函数 $f(x)$ 在闭区间 $[a,b]$ 上连续，则在积分区间 $[a,b]$ 上至少存在一点 ξ，使得 $\int_a^b f(x) \mathrm{d}x = f(\xi)(b-a).$

证明：因为函数 $f(x)$ 在闭区间 $[a,b]$ 上连续，所以 $f(x)$ 在闭区间 $[a,b]$ 上一定存在最大值 M 和最小值 m. 由性质 6 可知：$m(b-a) \leqslant \int_a^b f(x) \mathrm{d}x \leqslant M(b-a)$，即，$m \leqslant \frac{1}{b-a} \int_a^b f(x) \mathrm{d}x \leqslant M.$ 再结合闭区间上连续函数介值定理，可知 $\exists \xi \in [a,b]$，使得：$f(\xi) = \frac{1}{b-a} \int_a^b f(x) \mathrm{d}x$，即

$$\int_a^b f(x)\mathrm{d}x = f(\xi)(b-a), a \leqslant \xi \leqslant b.$$

性质 7 的几何意义表现为：在区间$[a,b]$上至少存在一个点 ξ，使得由曲线 $y=f(x)$、直线 $x=a$、直线 $x=b$ 以及 x 轴所围成曲边梯形的面积等于以 $(b-a)$ 为底、以 $f(\xi)$ 为高的矩形的面积，如图 6-1-6 所示.

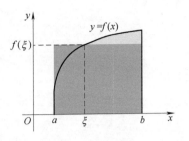

图 6-1-6　积分中值定理的几何意义

由该几何意义，可以发现数值 $\dfrac{1}{b-a}\displaystyle\int_a^b f(x)\mathrm{d}x$ 表示曲线 $y=f(x)$ 在$[a,b]$上的平均高度，将之称为函数 $f(x)$ 在$[a,b]$上的**平均值**. 它是有限个数的算术平均值的推广.

例 6.1.1　利用定积分的几何意义计算
$\displaystyle\int_0^{2a}\sqrt{a^2-(x-a)^2}\mathrm{d}x$，其中 $a>0$.

解：被积函数为：$y=\sqrt{a^2-(x-a)^2}$，这等价于$(x-a)^2+y^2=a^2$，其中 $y>0$. 这恰好是以$(a,0)$为圆心、以 a 为半径的上半圆弧. 如图 6-1-7 所示. 它与 x 轴围成的面积为半圆的面积，等于 $\dfrac{\pi a^2}{2}$. 所以，$\displaystyle\int_0^{2a}\sqrt{a^2-(x-a)^2}\mathrm{d}x=\dfrac{\pi a^2}{2}$.

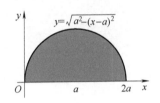

图 6-1-7　利用几何意义计算定积分

例 6.1.2　求函数 $y=\sqrt{a^2-(x-a)^2}$ 在区间$[0,2a]$上的平均值.

解：令 $f(x)=\sqrt{a^2-(x-a)^2}$，由平均值的定义，得平均值为

$$f(\xi)=\frac{1}{2a-0}\int_0^{2a} f(x)\mathrm{d}x = \frac{1}{2a}\int_0^{2a}\sqrt{a^2-(x-a)^2}\mathrm{d}x$$

利用定积分的几何意义得：$\displaystyle\int_0^{2a}\sqrt{a^2-(x-a)^2}\mathrm{d}x=\dfrac{\pi a^2}{2}$. 所以，

平均值为：$\dfrac{1}{2a}\dfrac{\pi a^2}{2}=\dfrac{\pi a}{4}$.

习题 6.1

1. 将下列极限用定积分表示.

(1) $\displaystyle\lim_{n\to\infty}\frac{1}{n}\left(\frac{1}{n}+\frac{2}{n}+\cdots+\frac{n}{n}\right)$；

(2) $\displaystyle\lim_{n\to\infty}\frac{1}{n}\left(\sin\frac{\pi}{n}+\sin\frac{2\pi}{n}+\cdots+\sin\frac{(n-1)\pi}{n}+\sin\frac{n\pi}{n}\right)$；

(3) $\displaystyle\lim_{n\to\infty}\left(\frac{1}{\sqrt{n^2+1^2}}+\frac{1}{\sqrt{n^2+2^2}}+\cdots+\frac{1}{\sqrt{n^2+n^2}}\right)$.

2. 利用定积分的定义计算 $\displaystyle\int_0^1 x^2\mathrm{d}x$.

3. 利用定积分的几何意义计算下列积分.

(1) $\int_0^1 x\mathrm{d}x$；　　　(2) $\int_0^4 \sqrt{4x-x^2}\,\mathrm{d}x$；　　　(3) $\int_0^{2\pi} \sin x\mathrm{d}x$.

4. 已知 $\int_{-\frac{\pi}{2}}^{\frac{\pi}{2}} \cos x\mathrm{d}x = 2$，计算定积分 $\int_0^{\frac{\pi}{2}} \cos x\mathrm{d}x$.

5. 比较定积分 I_1 和 I_2 的大小.

$$I_1 = \int_1^2 \ln x\mathrm{d}x, \quad I_2 = \int_1^2 (\ln x)^2\,\mathrm{d}x.$$

6. 比较定积分 I_1，I_2 和 I_3 的大小.

$$I_1 = \int_{\frac{\pi}{8}}^{\frac{\pi}{4}} \ln\sin x\mathrm{d}x, I_2 = \int_{\frac{\pi}{8}}^{\frac{\pi}{4}} \ln\cos x\mathrm{d}x, \int_{\frac{\pi}{8}}^{\frac{\pi}{4}} \ln\cot x\mathrm{d}x.$$

7. 设 $f(x)$，$g(x)$ 在 $[a,b]$ 上连续，证明：

(1) 若在 $[a,b]$ 上，$f(x) \geqslant 0$，且 $\int_a^b f(x)\mathrm{d}x = 0$，则在 $[a,b]$ 上，$f(x) \equiv 0$，即 $f(x)$ 为 0 函数.

(2) 若在 $[a,b]$ 上，$f(x) \geqslant 0$，且 $f(x)$ 不是 0 函数，则 $\int_a^b f(x)\mathrm{d}x > 0$.

(3) 若在 $[a,b]$ 上，$f(x) \geqslant g(x)$，且 $\int_a^b f(x)\mathrm{d}x = \int_a^b g(x)\mathrm{d}x$，则在 $[a,b]$ 上，$f(x) \equiv g(x)$.

8. 若 $f(x)$ 在 $[a,b]$ 上连续且 $\int_a^b f(x)\mathrm{d}x = 0$，证明：

(1) 则存在点 $\xi \in [a,b]$，使得 $f(\xi) = 0$.

(2) 则存在点 $\xi \in (a,b)$，使得 $f(\xi) = 0$.

9. 求函数 $f(x) = x^2$ 在区间 $[0,1]$ 上的平均值.

6.2　微积分基本公式

微积分的积分学部分重点要解决两个问题：第一个问题是原函数的求法问题；第二个是定积分的计算问题. 第一个问题在第 5 章已经进行了讨论. 第二个问题将是本章研究的重点，因为许多几何问题、经济学问题最后都归结为定积分的计算问题. 然而，如果每一次的定积分的计算都是按照定积分的定义（也就是积分和式的极限）来完成，那将是相当烦琐、困难甚至是不可行的. 因为积分和式的极限并不好求，甚至多数情况下，即便对积分区间进行的是等分，我们依然无法直接求出其极限.

因此，寻找一种计算定积分的简便有效的方法便成为积分学发展的迫切需求. 牛顿和莱布尼茨在这方面做出了不朽的贡献，他们创造性地发现并建立了求定积分（积分和的极限）与求被积函数的原函数之间的关系，并由此建立了"**微积分基本公式**"，称为"**牛顿-莱布尼茨公式**（Newton-Leibniz formula）"，还称为

"微积分基本定理". 微积分基本公式把定积分的计算归结为求被积函数的原函数,使定积分的计算有了一般性的方法,从而使积分学与微分学一起构成了一门基础学科——微积分.

6.2.1　问题的提出

首先回顾物体做变速直线运动的问题,并以此来研究变速直线运动中,路程函数与速度函数的联系.

引例　设物体做直线运动,已知速度 $v=v(t)$ 是时间间隔 $[T_1,T_2]$ 上 t 的一个连续函数,且 $v(t)\geqslant 0$,求物体在这段时间内所经过的路程 S.

利用第 6.1 节中定积分的定义,可以将物体在时间间隔 $[T_1,T_2]$ 上经过的路程用定积分表示:

$$S=\int_{T_1}^{T_2}v(t)\mathrm{d}t. \qquad (6.2.1)$$

另外,这段路程可表示为路程函数 $S(t)$ 在时间间隔 $[T_1,T_2]$ 上的增量:

$$S=S(T_2)-S(T_1). \qquad (6.2.2)$$

显然,式 (6.2.1) 应与式 (6.2.2) 相等,这样,路程函数 $S(t)$ 与速度函数 $v(t)$ 就具有如下关系:

$$\int_{T_1}^{T_2}v(t)\mathrm{d}t=S(T_2)-S(T_1). \qquad (6.2.3)$$

因为 $S'(t)=v(t)$,即 $S(t)$ 是 $v(t)$ 的原函数. 因此,式 (6.2.3) 表明:速度函数 $v(t)$ 在区间 $[T_1,T_2]$ 上的定积分等于 $v(t)$ 的原函数 $S(t)$ 在积分上限处的值减去在积分下限处的值.

对这个结论进行一般性描述,就是**函数 $f(x)$ 在区间 $[a,b]$ 上的定积分等于 $f(x)$ 的原函数 $F(x)$ 在积分上限处的值减去在积分下限处的值.** 即,若 $F'(x)=f(x)$,则

$$\int_a^b f(x)\mathrm{d}x=F(b)-F(a). \qquad (6.2.4)$$

这个结论是否具有普遍性? 有必要做具体探讨,因为这个结论一旦成立,定积分的计算将变得简便易行.

6.2.2　积分上限函数及其导数

设 $f(x)$ 在 $[a,b]$ 连续,并且设 x 为 $[a,b]$ 上的一点,考察定积分 $\int_a^x f(x)\mathrm{d}x$ (也可记作 $\int_a^x f(t)\mathrm{d}t$). 如果上限 x 在区间 $[a,b]$ 上任意变动,则对于每一个取定的 x 值,定积分有一个对应值. 所以,它在 $[a,b]$ 上定义了一个函数,记作

$$F(x)=\int_a^x f(t)\mathrm{d}t, \qquad (6.2.5)$$

称为**积分上限函数**,也称为**变上限积分函数**.

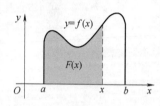

图 6-2-1　$F(x)$ 的几何意义

注：在函数表达式 $\int_a^x f(x)\mathrm{d}x$ 中，积分上限和积分变量都用 x 表示，但二者的含义是不同的．根据定积分与积分变量选用什么字母没有关系这一事实，通常将 $\int_a^x f(x)\mathrm{d}x$ 表示成 $\int_a^x f(t)\mathrm{d}t$，以示区分．

积分上限函数的几何意义如图 6-2-1 所示．$F(x)$ 表示阴影部分的右侧虚线可移动的曲边梯形的面积．该曲边梯形的面积 $F(x)$ 随 x 的位置变动而变化，当 x 确定时，面积 $F(x)$ 也就随之确定．

关于积分上限函数 $F(x)$ 的可导性，有如下结论：

定理 6.2.1　设函数 $f(x)$ 在 $[a,b]$ 上连续，则函数 $F(x)=\int_a^x f(t)\mathrm{d}t$ 在 $[a,b]$ 上可导，且

$$F'(x)=\frac{\mathrm{d}}{\mathrm{d}x}\int_a^x f(t)\mathrm{d}t=f(x). \tag{6.2.6}$$

证明：设 $x\in(a,b)$，$\Delta x>0$，使得 $x+\Delta x\in(a,b)$．则有

$$F(x+\Delta x)=\int_a^{x+\Delta x}f(t)\mathrm{d}t,$$

$$\begin{aligned}
\Delta F&=F(x+\Delta x)-F(x)=\int_a^{x+\Delta x}f(t)\mathrm{d}t-\int_a^x f(t)\mathrm{d}t\\
&=\int_a^x f(t)\mathrm{d}t+\int_x^{x+\Delta x}f(t)\mathrm{d}t-\int_a^x f(t)\mathrm{d}t\\
&=\int_x^{x+\Delta x}f(t)\mathrm{d}t.
\end{aligned}$$

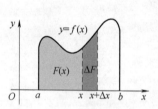

图 6-2-2　ΔF 的积分表示

因为函数 $f(x)$ 在 $[a,b]$ 上连续，由积分中值定理知，$\Delta F=f(\xi)\Delta x$，ξ 介于 x 和 $x+\Delta x$ 之间．所以有

$$F'(x)=\lim_{\Delta x\to 0}\frac{\Delta F}{\Delta x}=\lim_{\Delta x\to 0}\frac{f(\xi)\Delta x}{\Delta x}=\lim_{\Delta x\to 0}f(\xi)=f(x).$$

若 $x=a$，取 $\Delta x>0$，则可证 $F'_+(a)=f(a)$；若 $x=b$，取 $\Delta x<0$，则可证 $F'_-(b)=f(b)$．这样，即证明了 $F(x)=\int_a^x f(t)\mathrm{d}t$ 在 $[a,b]$ 上可导，且

$$F'(x)=f(x),\ a\leqslant x\leqslant b.$$

注1：定理 6.2.1 初步揭示了微分学中的微分（求导）运算与积分学中的定积分计算之间的联系．

注2：定理 6.2.1 说明了连续函数总有原函数，积分上限函数就是它的一个原函数，即，有如下推论，也称为原函数存在定理．

推论 6.2.1　设函数 $f(x)$ 在 $[a,b]$ 上连续，则积分上限函数 $F(x)=\int_a^x f(t)\mathrm{d}t$ 就是 $f(x)$ 在 $[a,b]$ 上的一个原函数．

例 6.2.1　设 $f(x)=\int_0^x \dfrac{t}{t^2+t+1}\mathrm{d}t$，$x\in\mathbf{R}$，求 $f'(x)$．

解：$f'(x)=\dfrac{x}{x^2+x+1}$．

例 6.2.2　设 $f(x) = \int_{\sin x}^{2} \dfrac{1}{1+t^2} \mathrm{d}t$，求 $f'(x)$.

解：令 $u = \sin x$，则 $f(x) = -\int_{2}^{\sin x} \dfrac{1}{1+t^2} \mathrm{d}t = -\int_{2}^{u} \dfrac{1}{1+t^2} \mathrm{d}t$，所以，利用复合函数求导的链式法则，有

$$f'(x) = \frac{\mathrm{d}f(x)}{\mathrm{d}x} = \frac{\mathrm{d}f(x)}{\mathrm{d}u} \frac{\mathrm{d}u}{\mathrm{d}x} = -\frac{1}{1+u^2} \cos x = -\frac{\cos x}{1 + \sin^2 x}.$$

例 6.2.3　设 $f(x) = \int_{x^3}^{x^2} \mathrm{e}^t \mathrm{d}t$，求 $f'(x)$.

解： $f(x) = \int_{x^3}^{x^2} \mathrm{e}^t \mathrm{d}t = \int_{x^3}^{0} \mathrm{e}^t \mathrm{d}t + \int_{0}^{x^2} \mathrm{e}^t \mathrm{d}t = -\int_{0}^{x^3} \mathrm{e}^t \mathrm{d}t + \int_{0}^{x^2} \mathrm{e}^t \mathrm{d}t.$

所以，

$$f'(x) = \frac{\mathrm{d}}{\mathrm{d}x} \int_{0}^{x^2} \mathrm{e}^t \mathrm{d}t - \frac{\mathrm{d}}{\mathrm{d}x} \int_{0}^{x^3} \mathrm{e}^t \mathrm{d}t = \mathrm{e}^{x^2} (x^2)' - \mathrm{e}^{x^3} (x^3)'$$

$$= 2x\mathrm{e}^{x^2} - 3x^2 \mathrm{e}^{x^3}.$$

通过例 6.2.2 和例 6.2.3 可以发现，对积分上限函数求导，当积分上限或下限为函数时，需要用到复合函数求导的链式法则.

一般来说，如果 $f(t)$ 连续，$a(x)$，$b(x)$ 可导，则 $F(x) = \int_{a(x)}^{b(x)} f(t) \mathrm{d}t$ 的导数 $F'(x)$ 为

$$F'(x) = \frac{\mathrm{d}\int_{a(x)}^{b(x)} f(t) \mathrm{d}t}{\mathrm{d}x} = f[b(x)] b'(x) - f[a(x)] a'(x). \tag{6.2.7}$$

证明： $F(x) = \int_{a(x)}^{0} f(t) \mathrm{d}t + \int_{0}^{b(x)} f(t) \mathrm{d}t = \int_{0}^{b(x)} f(t) \mathrm{d}t - \int_{0}^{a(x)} f(t) \mathrm{d}t$，所以由复合函数求导的链式法则知，$F'(x) = f[b(x)]b'(x) - f[a(x)]a'(x)$.

6.2.3　微积分基本公式

定理 6.2.2　设函数 $f(x)$ 在 $[a,b]$ 上连续，$F(x)$ 为 $f(x)$ 在 $[a,b]$ 上的任意一个原函数，则

$$\int_{a}^{b} f(x) \mathrm{d}x = F(b) - F(a). \tag{6.2.8}$$

证明：因为 $f(x)$ 连续，所以 $f(x)$ 存在原函数，并可表示成积分上限函数的形式：

$$G(x) = \int_{a}^{x} f(t) \mathrm{d}t.$$

因为 $F(x)$ 也是 $f(x)$ 的一个原函数，故二者相差一常数，即：$G(x) = F(x) + C$，也就是

$$\int_{a}^{x} f(t) \mathrm{d}t = F(x) + C. \tag{6.2.9}$$

令 $x=a$，则 $0 = \int_a^a f(t)\mathrm{d}t = F(a)+C$，这说明：$C=-F(a)$，代入式（6.2.9），得

$$\int_a^x f(t)\mathrm{d}t = F(x) - F(a).\qquad(6.2.10)$$

令 $x=b$，并代入式（6.2.10），得

$$\int_a^b f(t)\mathrm{d}t = F(b) - F(a).$$

此公式称为牛顿-莱布尼茨（Newton-Leibniz）公式，也称为微积分基本公式. 该公式还习惯上被写成：

$$\int_a^b f(t)\mathrm{d}t = F(x)\bigg|_a^b.$$

注1：当 $a>b$ 时，牛顿-莱布尼茨公式仍然成立.

注2：牛顿-莱布尼茨公式成立的前提条件是函数 $f(x)$ 在 $[a, b]$ 上连续，满足这一条件的函数 $f(x)$ 的定积分就等于 $f(x)$ 的一个原函数在积分上限处的值减去在积分下限处的值.

例 6.2.4 求 $\int_0^\pi (4\cos x + x^2)\mathrm{d}x$.

解：因为函数 $4\cos x + x^2$ 在 $[0, \pi]$ 上连续，而 $4\sin x + \dfrac{1}{3}x^3$ 是 $4\cos x + x^2$ 的一个原函数. 所以由牛顿-莱布尼茨公式知

$$\begin{aligned}
\int_0^\pi (4\cos x + x^2)\mathrm{d}x &= \left(4\sin x + \frac{1}{3}x^3\right)\bigg|_0^\pi\\
&= \left(4\sin\pi + \frac{1}{3}\pi^3\right) - \left(4\sin 0 + \frac{1}{3}\times 0^3\right)\\
&= \frac{\pi^3}{3}.
\end{aligned}$$

例 6.2.5 设 $f(x) = \begin{cases} 2x, & 0\leqslant x\leqslant 1, \\ 5, & 1<x\leqslant 2, \end{cases}$ 求：

(1) $\int_0^2 f(x)\mathrm{d}x$.

(2) $F(x) = \int_0^x f(t)\mathrm{d}t$，当 $0\leqslant x\leqslant 2$ 时的表达式.

解：(1) 利用积分区间的可加性，知 $\int_0^2 f(x)\mathrm{d}x = \int_0^1 f(x)\mathrm{d}x + \int_1^2 f(x)\mathrm{d}x$.

因为当 $0\leqslant x\leqslant 1$ 时，$f(x)=2x$ 在 $[0,1]$ 上连续，所以，

$$\int_0^1 f(x)\mathrm{d}x = \int_0^1 2x\mathrm{d}x = x^2\bigg|_0^1 = 1 - 0 = 1.\qquad(6.2.11)$$

当 $1\leqslant x\leqslant 2$ 时，$f(x)=5$ 仅在 $(1,2]$ 上连续，如图 6-2-3 所示. 所以不满足牛顿-莱布尼茨公式. 为此，构造 $[1,2]$ 上的函数如下：

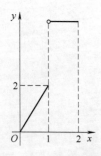

图 6-2-3　分段函数定积分计算

$$g(x) = \begin{cases} 5, & x=1, \\ f(x), & 1<x\leqslant 2. \end{cases}$$

根据定积分的定义可知，$\int_1^2 f(x)\mathrm{d}x = \int_1^2 g(x)\mathrm{d}x$. 而 $g(x)$ 在 $[1,2]$ 上为常数 5，显然是连续的. 故由牛顿-莱布尼茨公式知，

$$\int_1^2 f(x)\mathrm{d}x = \int_1^2 g(x)\mathrm{d}x = \int_1^2 5\mathrm{d}x = 5x\Big|_1^2 = 10 - 5 = 5.$$

$$(6.2.12)$$

将式 (6.2.11) 与式 (6.2.12) 相加，即得 $\int_0^2 f(x)\mathrm{d}x = 1 + 5 = 6$.

(2) 当 $0 \leqslant x \leqslant 1$ 时，$f(x) = 2x$，所以 $F(x) = \int_0^x f(t)\mathrm{d}t = \int_0^x 2t\mathrm{d}t = t^2\Big|_0^x = x^2$.

当 $1 < x \leqslant 2$ 时，

$$F(x) = \int_0^x f(t)\mathrm{d}t = \int_0^1 2t\mathrm{d}t + \int_1^x 5\mathrm{d}t = t^2\Big|_0^1 + 5t\Big|_1^x = 5x - 4.$$

所以，$F(x) = \int_0^x f(t)\mathrm{d}t = \begin{cases} x^2, & 0 \leqslant x \leqslant 1, \\ 5x - 4, & 1 < x \leqslant 2. \end{cases}$

由例 6.2.5 可知，函数 $f(x)$ 在 $[0,2]$ 上可积，但函数 $f(x)$ 在 $x=1$ 处不连续. 然而，它的积分上限函数 $F(x)$ 在 $[0,2]$ 上连续，但容易验证，$F(x)$ 在 $x=1$ 处不可导.

例 6.2.6　某智能传感器生产厂家，当每月产量为 x 个时，月边际利润为 $L'(x) = 400 - 2x$. 已知当前的月产量为 100 个，现在厂家准备扩大产能，将月产量增加到 110 个. 求产能扩大后，厂家每月利润的改变量.

解：每月利润的改变量为

$$\begin{aligned} L(110) - L(100) &= \int_{100}^{110} L'(x)\mathrm{d}x = \int_{100}^{110} (400 - 2x)\mathrm{d}x \\ &= (400x - x^2)\Big|_{100}^{110} \\ &= (400 \times 110 - 110^2) - (400 \times 100 - 100^2) \\ &= 1900. \end{aligned}$$

习题 6.2

1. 已知变上限积分函数 $y = \int_0^x \mathrm{e}^{\sin t}\mathrm{d}t$，求 y'，$y'(0)$，$y'\left(\dfrac{\pi}{2}\right)$.

2. 求下列变上限积分函数的导数 $\dfrac{\mathrm{d}y}{\mathrm{d}x}$.

(1) $y = \int_{x^2}^{\sin x} \dfrac{1}{\sqrt{1+t^2}}\mathrm{d}t$;

(2) $y = \int_0^x (t^2 - x)\mathrm{d}t$;

(3) $y = \int_0^x (t^2 - x^2) f'(t)\mathrm{d}t$，其中 $f'(t)$ 为连续函数.

3. 已知 $x = \int_0^{t^2} \cos u \, du$，$y = \int_{-t}^0 \sin u \, du$，求 $\dfrac{dy}{dx}$.

4. 计算下列极限.

(1) $\lim\limits_{x \to 0} \dfrac{\displaystyle\int_0^x \cos(t^2) \, dt}{x}$;

(2) $\lim\limits_{x \to 0} \dfrac{\displaystyle\int_0^{\tan 2x} \ln(1 + t^2) \, dt}{x^2 \sin x}$;

(3) $\lim\limits_{x \to 0} \dfrac{\displaystyle\int_{\cos x}^1 e^{-t^2} \, dt}{x^2}$.

5. 计算下列定积分.

(1) $\displaystyle\int_1^e \dfrac{1}{1+x} \, dx$;

(2) $\displaystyle\int_0^{\frac{\pi}{4}} \tan^2 x \, dx$;

(3) $\displaystyle\int_1^0 \dfrac{1}{1+x^2} \, dx$;

(4) $\displaystyle\int_1^4 \sqrt{x}(1 + \sqrt{x}) \, dx$.

6. 设 $f(x) = \begin{cases} \cos x, & 0 \leqslant x \leqslant \pi, \\ x, & x < 0 \text{ 或 } x > \pi, \end{cases}$ 求 $\varphi(x) = \displaystyle\int_{-2\pi}^x f(t) \, dt$ 在 $(-2\pi, 2\pi)$ 内的表达式.

7. 某智能传感器生产厂家，当每月产量为 x 个时，月边际成本为 $C'(x) = x$. 已知当前的月产量为 100 个，现在厂家准备扩大产能，将月产量增加到 110 个. 求产能扩大后，厂家每月总成本增加多少？

6.3 定积分的计算

换元积分法和分部积分法是不定积分计算中经常使用的方法，本节我们将讨论这两种方法在定积分计算中的应用.

6.3.1 定积分的换元积分法

引例 计算 $\displaystyle\int_0^{\frac{\pi}{2}} \sin^5 x \cos x \, dx$.

求解本题的直观想法是利用牛顿-莱布尼茨公式 $\displaystyle\int_a^b f(x) \, dx = F(b) - F(a)$，这需要先计算不定积分 $\displaystyle\int \sin^5 x \cos x \, dx$，以求出一个原函数 $F(x)$，具体如下：

$\displaystyle\int \sin^5 x \cos x \, dx = \int \sin^5 x \, d\sin x$，令 $t = \sin x$，原式 $= \displaystyle\int t^5 \, dt = \dfrac{1}{6} t^6 + C = \dfrac{1}{6} \sin^6 x + C$. 所以，由牛顿-莱布尼茨公式，知

$$\int_0^{\frac{\pi}{2}} \sin^5 x \cos x \, dx = \dfrac{1}{6} \sin^6 x \Big|_0^{\frac{\pi}{2}} = \dfrac{1}{6}.$$

在计算不定积分的过程中，先是用 $t = \sin x$ 进行了换元，在关于变量 t 积分完毕后，又将 t 换回 $\sin x$，显得有些烦琐. 由于在定

积分 $\int_a^b f(x)\mathrm{d}x$ 的计算中，积分的上限和下限均是积分变量 x 的取值范围. 因此，一个较为直观的想法是，在利用换元法进行变量替换时，能否在积分变量发生改变的同时，积分区间也相应地做出改变，从而对计算过程进行简化.

例如，引例中的积分下限为 0，积分上限为 $\frac{\pi}{2}$，在用变换 $t=\sin x$ 时，积分变量由原来的 x 变成了 t，因此 t 对应的积分下限和积分上限应发生相应地改变. 由变换公式 $t=\sin x$ 知，当 $x=0$ 时，$t=0$；当 $x=\frac{\pi}{2}$ 时，$t=1$. 则有

$$\int_0^{\frac{\pi}{2}} \sin^5 x\cos x\,\mathrm{d}x = \int_0^{\frac{\pi}{2}} \sin^5 x\,\mathrm{d}\sin x, \text{令 } t=\sin x, \text{则}$$

$$\text{原式} = \int_0^1 t^5\,\mathrm{d}t = \frac{1}{6}\,t^6\,\Big|_0^1 = \frac{1}{6}.$$

由于在定积分的换元过程中，积分的下限、上限也发生了相应的改变. 因此，积出来的原函数就不用将 t 换回原来的 x，简化了定积分的计算过程.

将上述思想进行抽象，就得到如下定积分的换元积分法则：

定理 6.3.1　设 $f(x)$ 在 $[a,b]$ 连续，$x=\varphi(t)$ 在 $[\alpha,\beta]$ 有连续导数，且 $a\leqslant\varphi(t)\leqslant b$，$\forall t\in[\alpha,\beta]$.

假定 $\varphi(\alpha)=a$，$\varphi(\beta)=b$，则

$$\int_a^b f(x)\mathrm{d}x = \int_\alpha^\beta f(\varphi(t))\varphi'(t)\mathrm{d}t. \tag{6.3.1}$$

证明：因为 $f(x)$ 在 $[a,b]$ 连续，所以有原函数. 设 $F(x)$ 是 $f(x)$ 在 (a,b) 的一个原函数，则

$$\int_a^b f(x)\mathrm{d}x = F(b)-F(a). \tag{6.3.2}$$

另一方面，由复合函数求导法则可知，$[F(\varphi(t))]'=F'(\varphi(t))\varphi'(t)=f(\varphi(t))\varphi'(t)$，即 $F(\varphi(t))$ 是 $f(\varphi(t))\varphi'(t)$ 的一个原函数，则由牛顿-莱布尼茨公式，

$$\int_\alpha^\beta f(\varphi(t))\varphi'(t)\mathrm{d}t = F(\varphi(t))\,\Big|_\alpha^\beta = F(\varphi(\beta))-F(\varphi(\alpha)) = F(b)-F(a). \tag{6.3.3}$$

结合式 (6.3.2) 可知：$\int_a^b f(x)\mathrm{d}x = \int_\alpha^\beta f(\varphi(t))\varphi'(t)\mathrm{d}t$.

注 1：式 (6.3.1) 称为定积分换元公式.

注 2：定理 6.3.1 中不要求函数 φ 有反函数，与不定积分换元法则中要求的反解回代不同.

注 3：应用定理 6.3.1 时，必须考虑上下限的对应关系，依据所做的变换 $x=\varphi(t)$，t 的下限 α 对应 x 的下限 a，t 的上限 β 对应 x 的上限 b，$a=\varphi(\alpha)$，$b=\varphi(\beta)$. 在这个过程中，无须考虑 α，β

的大小关系，只考虑对应关系.

例 6.3.1　求 $\int_0^1 \dfrac{\mathrm{e}^x}{1+\mathrm{e}^x}\mathrm{d}x$.

解： 令 $t=\mathrm{e}^x$. 则 $x=\ln t$，$\mathrm{d}x=\dfrac{1}{t}\mathrm{d}t$，且当 $x=0$ 时，$t=1$；当 $x=1$ 时，$t=\mathrm{e}$. 所以，

$$\int_0^1 \frac{\mathrm{e}^x}{1+\mathrm{e}^x}\mathrm{d}x = \int_1^{\mathrm{e}} \frac{t}{1+t}\frac{1}{t}\mathrm{d}t = \int_1^{\mathrm{e}} \frac{1}{1+t}\mathrm{d}t = \ln(1+t)\Big|_1^{\mathrm{e}} = \ln\frac{1+\mathrm{e}}{2}.$$

例 6.3.2　求 $\int_0^{\frac{\pi}{4}} \dfrac{1}{1+3\cos^2 x}\mathrm{d}x$.

解： 令 $t=\tan x$，则 $x=\arctan t$，$\mathrm{d}x=\dfrac{\mathrm{d}t}{1+t^2}$，且当 $x=0$ 时，$t=0$，当 $x=\dfrac{\pi}{4}$ 时，$t=1$. 所以，

$$\int_0^{\frac{\pi}{4}} \frac{1}{1+3\cos^2 x}\mathrm{d}x = \int_0^{\frac{\pi}{4}} \frac{1}{1+\dfrac{3}{\sec^2 x}}\mathrm{d}x = \int_0^{\frac{\pi}{4}} \frac{1}{1+\dfrac{3}{1+\tan^2 x}}\mathrm{d}x$$

$$= \int_0^1 \frac{1}{1+\dfrac{3}{1+t^2}}\frac{1}{1+t^2}\mathrm{d}t = \int_0^1 \frac{1}{4+t^2}\mathrm{d}t$$

$$= \frac{1}{2}\arctan\frac{t}{2}\Big|_0^1 = \frac{1}{2}\arctan\frac{1}{2}.$$

例 6.3.3　计算 $\dfrac{x^2}{a^2}+\dfrac{y^2}{b^2}=1$（$a>0$，$b>0$）所围图形的面积.

解： 曲线所围面积为第一象限面积的 4 倍，如图 6-3-1 所示，即 $S=4\int_0^a b\sqrt{1-\dfrac{x^2}{a^2}}\mathrm{d}x$.

令 $x=a\sin t$，$t\in\left[0,\dfrac{\pi}{2}\right]$，$\mathrm{d}x=a\cos t\mathrm{d}t$，且当 $x=0$ 时，$t=0$，当 $x=a$ 时，$t=\dfrac{\pi}{2}$. 所以，

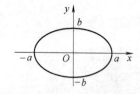

图 6-3-1　曲线围成面积的计算

$$S = 4\int_0^a b\sqrt{1-\frac{x^2}{a^2}}\mathrm{d}x = 4\int_0^{\frac{\pi}{2}} b\cos ta\cos t\mathrm{d}t$$

$$= 4ab\int_0^{\frac{\pi}{2}} \cos^2 t\mathrm{d}t = 4ab\int_0^{\frac{\pi}{2}} \frac{1+\cos 2t}{2}\mathrm{d}t$$

$$= \pi ab.$$

例 6.3.4　若 $f(x)$ 是 $[-a,a]$ 上的偶函数，$g(x)$ 是 $[-a,a]$ 上的奇函数，并且 $f(x)$，$g(x)$ 都是可积的，则 $\int_{-a}^a f(x)\mathrm{d}x = 2\int_0^a f(x)\mathrm{d}x$，$\int_{-a}^a g(x)\mathrm{d}x = 0$.

证明： $\int_{-a}^a f(x)\mathrm{d}x = \int_{-a}^0 f(x)\mathrm{d}x + \int_0^a f(x)\mathrm{d}x$，

在第一个积分中，令 $t=-x$，则 $f(x)=f(-t)=f(t)$，

$$\int_{-a}^{0} f(x)\mathrm{d}x = -\int_{a}^{0} f(-t)\mathrm{d}t = \int_{0}^{a} f(-t)\mathrm{d}t = \int_{0}^{a} f(-x)\mathrm{d}x.$$

所以，$\int_{-a}^{a} f(x)\mathrm{d}x = \int_{0}^{a} f(-x)\mathrm{d}x + \int_{0}^{a} f(x)\mathrm{d}x = \int_{0}^{a} (f(-x) + f(x))\mathrm{d}x.$

因为 $f(x)$ 是 $[-a,a]$ 上的偶函数，即 $f(-x)=f(x)$，$\forall x \in [-a,a]$. 所以

$$\int_{-a}^{a} f(x)\mathrm{d}x = 2\int_{0}^{a} f(x)\mathrm{d}x.$$

同理，　　　$\int_{-a}^{a} g(x)\mathrm{d}x = \int_{0}^{a} (g(-x)+g(x))\mathrm{d}x.$

因为 $g(x)$ 是 $[-a,a]$ 上的奇函数，即 $g(-x)=-g(x)$，$\forall x \in [-a,a]$，所以 $\int_{-a}^{a} g(x)\mathrm{d}x = 0.$

例 6.3.5　$\displaystyle\int_{-\pi}^{\pi} \frac{\sin x}{\sqrt{1+x^4}}\mathrm{d}x.$

解： 因为 $\dfrac{\sin x}{\sqrt{1+x^4}}$，$x \in [-\pi,\pi]$ 是奇函数，所以

$\displaystyle\int_{-\pi}^{\pi} \frac{\sin x}{\sqrt{1+x^4}}\mathrm{d}x = 0.$

例 6.3.6　若 $f(x)$ 在 $(-\infty,\infty)$ 连续，以 T 为周期，则 $\forall a \in \mathbf{R}$，证明下式成立：

$$\int_{a}^{a+T} f(x)\mathrm{d}x = \int_{0}^{T} f(x)\mathrm{d}x. \tag{6.3.4}$$

证明： 利用积分区间的可加性，有 $\displaystyle\int_{a}^{a+T} f(x)\mathrm{d}x = \int_{a}^{T} f(x)\mathrm{d}x + \int_{T}^{a+T} f(x)\mathrm{d}x.$

在第二个积分中令 $x=t+T$，因为 $f(x)$ 以 T 为周期，所以 $f(t+T)=f(t)$，有

$$\int_{T}^{a+T} f(x)\mathrm{d}x = \int_{0}^{a} f(t+T)\mathrm{d}t = \int_{0}^{a} f(t)\mathrm{d}t = \int_{0}^{a} f(x)\mathrm{d}x.$$

从而，

$$\int_{a}^{a+T} f(x)\mathrm{d}x = \int_{a}^{T} f(x)\mathrm{d}x + \int_{0}^{a} f(x)\mathrm{d}x = \int_{0}^{T} f(x)\mathrm{d}x.$$

这个结论还可以进一步推广为

$$\int_{a+T}^{b+T} f(x)\mathrm{d}x = \int_{a}^{b} f(x)\mathrm{d}x.$$

例 6.3.6 表明，周期函数在任何长度为一个周期的区间上的定积分都相等，与积分区间的位置无关.

例 6.3.7　若 $f(x)$ 在 $[0,1]$ 上连续，证明：

(1) $\displaystyle\int_{0}^{\frac{\pi}{2}} f(\sin x)\mathrm{d}x = \int_{0}^{\frac{\pi}{2}} f(\cos x)\mathrm{d}x.$

(2) $\int_0^\pi xf(\sin x)\mathrm{d}x = \dfrac{\pi}{2}\int_0^\pi f(\sin x)\mathrm{d}x$，并计算 $\int_0^\pi \dfrac{x\sin x}{1+\cos^2 x}\mathrm{d}x$.

证明： （1）因为方程两边的被积函数由 $f(\sin x)$ 变成了 $f(\cos x)$，所以考虑令 $x=\dfrac{\pi}{2}-t$.

则 $\sin x=\cos t$，$\mathrm{d}x=-\mathrm{d}t$，且当 $x=0$ 时，$t=\dfrac{\pi}{2}$，当 $x=\dfrac{\pi}{2}$ 时，$t=0$. 所以，

$$\int_0^{\frac{\pi}{2}} f(\sin x)\mathrm{d}x = -\int_{\frac{\pi}{2}}^0 f(\cos t)\mathrm{d}t = \int_0^{\frac{\pi}{2}} f(\cos t)\mathrm{d}t = \int_0^{\frac{\pi}{2}} f(\cos x)\mathrm{d}x.$$

（2）令 $x=\pi-t$，则 $\sin x=\sin t$，$\mathrm{d}x=-\mathrm{d}t$，且当 $x=0$ 时，$t=\pi$，当 $x=\pi$ 时，$t=0$. 所以，

$$\begin{aligned}
\int_0^\pi xf(\sin x)\mathrm{d}x &= -\int_\pi^0 (\pi-t)f(\sin t)\mathrm{d}t = \int_0^\pi (\pi-t)f(\sin t)\mathrm{d}t \\
&= \pi\int_0^\pi f(\sin t)\mathrm{d}t - \int_0^\pi tf(\sin t)\mathrm{d}t \\
&= \pi\int_0^\pi f(\sin x)\mathrm{d}x - \int_0^\pi xf(\sin x)\mathrm{d}x,
\end{aligned}$$

所以，$\displaystyle\int_0^\pi xf(\sin x)\mathrm{d}x = \dfrac{\pi}{2}\int_0^\pi f(\sin x)\mathrm{d}x$.

利用该结论，把 $\dfrac{\sin x}{1+\cos^2 x}$ 看作 $f(\sin x)$，则有

$$\begin{aligned}
\int_0^\pi \frac{x\sin x}{1+\cos^2 x}\mathrm{d}x &= \frac{\pi}{2}\int_0^\pi \frac{\sin x}{1+\cos^2 x}\mathrm{d}x = \frac{\pi}{2}\int_0^\pi \frac{-1}{1+\cos^2 x}\mathrm{d}\cos x \\
&= -\frac{\pi}{2}(\arctan(\cos x))\Big|_0^\pi \\
&= -\frac{\pi}{2}\left(-\frac{\pi}{4}-\frac{\pi}{4}\right) = \frac{\pi^2}{4}.
\end{aligned}$$

6.3.2　定积分的分部积分法

对定积分而言，与不定积分相类似的分部积分法则同样成立.

定理 6.3.2 设函数 $u(x)$，$v(x)$ 在 $[a,b]$ 上可导，且导函数连续，则有

$$\int_a^b u(x)\,v'(x)\mathrm{d}x = u(x)v(x)\Big|_a^b - \int_a^b v(x)\,u'(x)\mathrm{d}x, \tag{6.3.5}$$

或者写成

$$\int_a^b u(x)\mathrm{d}v(x) = u(x)v(x)\Big|_a^b - \int_a^b v(x)\mathrm{d}u(x). \tag{6.3.6}$$

证明： 因为 $(uv)' = u'v + uv'$，且 $\displaystyle\int_a^b (u(x)v(x))'\mathrm{d}x = u(x)v(x)\Big|_a^b$. 所以，

$$\int_a^b (u'(x)v(x) + u(x)\,v'(x))\mathrm{d}x = \int_a^b u'(x)v(x)\mathrm{d}x + \int_a^b u(x)\,v'(x)\mathrm{d}x$$

$$= u(x)v(x)\Big|_a^b,$$

移项，即得

$$\int_a^b u(x)\mathrm{d}v(x) = u(x)v(x)\Big|_a^b - \int_a^b v(x)\mathrm{d}u(x).$$

式 (6.3.5) 和式 (6.3.6) 均称为分部积分公式.

例 6.3.8 $\int_0^1 x^2\,\mathrm{e}^x\mathrm{d}x.$

解： 设 $u(x) = x^2$，$v'(x) = \mathrm{e}^x$，$u'(x) = 2x$，$v(x) = \mathrm{e}^x$，利用分部积分公式，

$$\int_0^1 x^2\,\mathrm{e}^x\mathrm{d}x = \int_0^1 x^2\mathrm{d}\mathrm{e}^x = x^2\,\mathrm{e}^x\,\Big|_0^1 - \int_0^1 \mathrm{e}^x\mathrm{d}x^2$$

$$= \mathrm{e} - \int_0^1 2x\,\mathrm{e}^x\mathrm{d}x = \mathrm{e} - 2\int_0^1 x\,\mathrm{e}^x\mathrm{d}x.$$

再次使用分部积分公式，

$$\int_0^1 x^2\,\mathrm{e}^x\mathrm{d}x = \mathrm{e} - 2x\,\mathrm{e}^x\,\Big|_0^1 + 2\int_0^1 \mathrm{e}^x\mathrm{d}x = -\mathrm{e} + 2\mathrm{e}^x\,\Big|_0^1 = \mathrm{e} - 2.$$

例 6.3.9 设 $f(x) = \int_1^{x^2} \dfrac{\sin t}{t}\mathrm{d}t$，求 $\int_0^1 xf(x)\mathrm{d}x.$

解： 因为 $\dfrac{\sin t}{t}$ 没有初等函数形式的原函数，无法直接求出 $f(x)$，所以考虑采用分部积分法.

$$\int_0^1 xf(x)\mathrm{d}x = \frac{1}{2}\int_0^1 f(x)\mathrm{d}(x^2) = \frac{1}{2}(x^2 f(x))\,\Big|_0^1 - \frac{1}{2}\int_0^1 x^2\mathrm{d}f(x)$$

$$= \frac{1}{2}f(1) - \frac{1}{2}\int_0^1 x^2 f'(x)\mathrm{d}x$$

这里，$f(1) = \displaystyle\int_1^1 \dfrac{\sin t}{t}\mathrm{d}t = 0$，$f'(x) = \dfrac{\sin(x^2)}{x^2}\cdot 2x = \dfrac{2\sin(x^2)}{x}$，

所以，$\displaystyle\int_0^1 xf(x)\mathrm{d}x = \frac{1}{2}f(1) - \frac{1}{2}\int_0^1 x^2\,f'(x)\mathrm{d}x$

$$= -\frac{1}{2}\int_0^1 x^2\,\frac{2\sin(x^2)}{x}\mathrm{d}x$$

$$= -\frac{1}{2}\int_0^1 2x\sin(x^2)\mathrm{d}x = -\frac{1}{2}\int_0^1 \sin(x^2)\mathrm{d}x^2$$

$$= \frac{1}{2}\cos(x^2)\,\Big|_0^1 = \frac{1}{2}\cos 1 - \frac{1}{2}.$$

有时候，分部积分会产生递推公式，而要求的积分可以通过递推公式求解得出.

例 6.3.10 求 $I_n = \displaystyle\int_0^{\frac{\pi}{2}} \sin^n x\,\mathrm{d}x.$

解： $I_0 = \displaystyle\int_0^{\frac{\pi}{2}} \mathrm{d}x = \frac{\pi}{2}$. $I_1 = \displaystyle\int_0^{\frac{\pi}{2}} \sin x\mathrm{d}x = (-\cos x)\,\Big|_0^{\frac{\pi}{2}} = 1$. 下面设 $n \geqslant 2$.

$$I_n = \int_0^{\frac{\pi}{2}} \sin^n x \, dx = -\int_0^{\frac{\pi}{2}} \sin^{n-1} x \, d\cos x$$

$$= (-\sin^{n-1} x \cos x)\Big|_0^{\frac{\pi}{2}} + \int_0^{\frac{\pi}{2}} \cos x \, d\sin^{n-1} x$$

$$= \int_0^{\frac{\pi}{2}} \cos x (n-1) \sin^{n-2} x \cos x \, dx$$

$$= (n-1)\int_0^{\frac{\pi}{2}} \cos^2 x \sin^{n-2} x \, dx$$

$$= (n-1)\int_0^{\frac{\pi}{2}} (1-\sin^2 x) \sin^{n-2} x \, dx$$

$$= (n-1) I_{n-2} - (n-1) I_n.$$

从而得到递推公式：

$$I_n = \frac{n-1}{n} I_{n-2}.$$

当 $n=2k$ （$k=1,2,\cdots$）为偶数时，

$$I_{2k} = \int_0^{\frac{\pi}{2}} \sin^{2k} x \, dx = \frac{2k-1}{2k} \frac{2k-3}{2k-2} \cdots \frac{1}{2} I_0$$

$$= \frac{2k-1}{2k} \frac{2k-3}{2k-2} \cdots \frac{1}{2} \times \frac{\pi}{2}.$$

当 $n=2k+1$ （$k=1,2,\cdots$）为奇数时，

$$I_{2k+1} = \int_0^{\frac{\pi}{2}} \sin^{2k+1} x \, dx = \frac{2k}{2k+1} \frac{2k-2}{2k-1} \cdots \frac{2}{3} I_1$$

$$= \frac{2k}{2k+1} \frac{2k-2}{2k-1} \cdots \frac{2}{3} \times 1.$$

如果用"双阶乘"表示，则 I_{2k} 和 I_{2k+1} 可简写为

$$I_{2k} = \frac{(2k-1)!!}{(2k)!!} \frac{\pi}{2}, \quad I_{2k+1} = \frac{(2k)!!}{(2k+1)!!}.$$

其中，$(2k)!! = 2 \times 4 \cdots (2k-2)(2k)$，$(2k+1)!! = 1 \times 3 \cdots (2k-1)(2k+1)$.

注：利用例 6.3.7 中已经证明的关系 $\int_0^{\frac{\pi}{2}} f(\sin x) \, dx = \int_0^{\frac{\pi}{2}} f(\cos x) \, dx$ 可知，$\int_0^{\frac{\pi}{2}} \cos^n x \, dx$ 与 $\int_0^{\frac{\pi}{2}} \sin^n x \, dx$ 具有相同的运算结果.

例 6.3.11　求 $\int_0^{\pi} \cos^4 \frac{x}{2} \, dx$.

解：令 $x=2t$，则 $dx=2dt$，且当 $x=0$ 时，$t=0$，当 $x=\pi$ 时，$t=\frac{\pi}{2}$. 所以，

$$\int_0^{\pi} \cos^4 \frac{x}{2} \, dx = 2\int_0^{\frac{\pi}{2}} \cos^4 t \, dt = 2 \times \frac{3}{4} \times \frac{1}{2} \times \frac{\pi}{2} = \frac{3}{8}\pi.$$

习题 6.3

1. 用换元积分法计算下列定积分.

(1) $\displaystyle\int_1^2 \dfrac{1}{(1+4x)^3}\mathrm{d}x$;
(2) $\displaystyle\int_0^{\frac{\pi}{2}} \cos^3 x \sin^2 x\,\mathrm{d}x$;

(3) $\displaystyle\int_1^{\mathrm{e}^2} \dfrac{1}{x\sqrt{2+\ln x}}\mathrm{d}x$;
(4) $\displaystyle\int_1^4 \dfrac{\mathrm{e}^{-\frac{1}{x}}}{x^2}\mathrm{d}x$;

(5) $\displaystyle\int_0^1 x^3\,\mathrm{e}^{-\frac{x^4}{4}}\mathrm{d}x$;
(6) $\displaystyle\int_1^{\sqrt{2}} \sqrt{2-x^2}\,\mathrm{d}x$;

(7) $\displaystyle\int_{-\frac{\pi}{2}}^{\frac{\pi}{2}} \sqrt{\cos x - \cos^3 x}\,\mathrm{d}x$;
(8) $\displaystyle\int_0^{\frac{\pi}{2}} \cos^2 x\,\mathrm{d}x$;

(9) $\displaystyle\int_0^1 (1+x^2)^{-\frac{3}{2}}\mathrm{d}x$.

2. 用分部积分法计算下列定积分.

(1) $\displaystyle\int_1^{\mathrm{e}^2} x\ln x\,\mathrm{d}x$;
(2) $\displaystyle\int_0^1 x\arcsin x\,\mathrm{d}x$;

(3) $\displaystyle\int_0^{\frac{\pi}{2}} x\sin x\,\mathrm{d}x$;
(4) $\displaystyle\int_{\mathrm{e}}^{\mathrm{e}^2} \dfrac{1}{x\ln x}\mathrm{d}x$;

(5) $\displaystyle\int_{\mathrm{e}}^{\mathrm{e}^2} \dfrac{1}{x\ln^2 x}\mathrm{d}x$;
(6) $\displaystyle\int_0^1 x\,\mathrm{e}^{x^2}\,\mathrm{d}x$;

(7) $\displaystyle\int_0^{\frac{\pi}{2}} \mathrm{e}^x \cos x\,\mathrm{d}x$.

3. 利用函数的奇偶性计算下列定积分.

(1) $\displaystyle\int_{-2\pi}^{2\pi} x^8 \sin x\,\mathrm{d}x$;

(2) $\displaystyle\int_{-\frac{\pi}{2}}^{\frac{\pi}{2}} \cos^2 x\,\mathrm{d}x$;

(3) $\displaystyle\int_{-1}^1 \dfrac{1-x^4\arcsin x}{\sqrt{4-x^2}}\mathrm{d}x$;

(4) $\displaystyle\int_{-\frac{1}{2}}^{\frac{1}{2}} \dfrac{x^2\arcsin x + 1}{\sqrt{1-x^2}}\mathrm{d}x$.

4. 计算定积分 $\displaystyle\int_0^2 |x-1|\,\mathrm{d}x$.

5. 计算定积分 $\displaystyle\int_0^{\frac{\pi}{2}} (\mathrm{e}^{\sin x} - \mathrm{e}^{\cos x})\mathrm{d}x$.

6. 已知函数 $f(x)$ 为连续的奇函数, $F(x)$ 是 $f(x)$ 的一个原函数, 证明 $F(x)$ 是偶函数.

6.4　广义积分

定积分要求积分区间是有限区间, 且被积函数为有界函数 (见定义 6.1.1). 但在实际应用中会遇到积分区间无限的情况, 例如概率论中经常需要研究的连续型随机变量的分布函数. 另外, 有时也会遇到被积函数无界的情况. 要解决这两个实际应用中出现的问题, 必须要把定积分的概念加以推广. 本节将研究这种推广, 并把推广后的积分称为广义积分, 也称为反常积分 (improper integral).

显然，广义积分可分为两类：一类是无穷区间上的广义积分；另一类是无界函数的广义积分.

6.4.1 无穷区间上的广义积分

定义 6.4.1 设函数 $f(x)$ 在区间 $[a,+\infty)$ 上连续，取 $A>a$，若当 $A\to+\infty$ 时，$I(A)=\int_a^A f(x)\mathrm{d}x$ 有极限，即

$$\lim_{A\to+\infty} I(A) = \lim_{A\to+\infty}\int_a^A f(x)\mathrm{d}x$$

存在，称广义积分 $\int_a^{+\infty} f(x)\mathrm{d}x$ 收敛，并定义

$$\int_a^{+\infty} f(x)\mathrm{d}x = \lim_{A\to+\infty}\int_a^A f(x)\mathrm{d}x. \tag{6.4.1}$$

若 $\lim\limits_{A\to+\infty}\int_a^A f(x)\mathrm{d}x$ 发散，则称广义积分 $\int_a^{+\infty} f(x)\mathrm{d}x$ 发散.

注：简单地说，广义积分 $\int_a^{+\infty} f(x)\mathrm{d}x$ 收敛即为极限 $\lim\limits_{A\to+\infty}\int_a^A f(x)\mathrm{d}x$ 存在.

例 6.4.1 证明广义积分 $\int_1^{+\infty}\dfrac{1}{x^2}\mathrm{d}x$ 收敛.

证明： 因为 $\lim\limits_{A\to+\infty}\int_1^A\dfrac{1}{x^2}\mathrm{d}x = \lim\limits_{A\to+\infty}\left(-\dfrac{1}{x}\Big|_1^A\right) = $

$\lim\limits_{A\to+\infty}\left(-\dfrac{1}{A}+\dfrac{1}{1}\right)=1.$ 所以，$\int_1^{+\infty}\dfrac{1}{x^2}\mathrm{d}x$ 收敛.

并且 $\lim\limits_{A\to+\infty}\int_1^A\dfrac{1}{x^2}\mathrm{d}x = 1.$

同样地，我们可以对其他无穷区间上的广义积分进行定义.

定义 6.4.2 设函数 $f(x)$ 在区间 $(-\infty,b]$ 上连续，取 $B<b$，若当 $B\to-\infty$ 时，$I(B)=\int_B^b f(x)\mathrm{d}x$ 有极限，即

$$\lim_{B\to-\infty} I(B) = \lim_{B\to-\infty}\int_B^b f(x)\mathrm{d}x$$

存在，称广义积分 $\int_{-\infty}^b f(x)\mathrm{d}x$ 收敛，并定义

$$\int_{-\infty}^b f(x)\mathrm{d}x = \lim_{B\to-\infty}\int_B^b f(x)\mathrm{d}x. \tag{6.4.2}$$

若 $\lim\limits_{B\to-\infty}\int_B^b f(x)\mathrm{d}x$ 发散，则称广义积分 $\int_{-\infty}^b f(x)\mathrm{d}x$ 发散.

定义 6.4.3 设函数 $f(x)$ 在区间 $(-\infty,+\infty)$ 上连续，若对某个常数 c，$\int_c^{+\infty} f(x)\mathrm{d}x$ 和 $\int_{-\infty}^c f(x)\mathrm{d}x$ 都收敛，则称广义积分 $\int_{-\infty}^{+\infty} f(x)\mathrm{d}x$ 收敛，并定义

$$\int_{-\infty}^{+\infty} f(x)\mathrm{d}x = \lim_{A\to+\infty}\int_{c}^{A} f(x)\mathrm{d}x + \lim_{B\to-\infty}\int_{B}^{c} f(x)\mathrm{d}x.$$

$$(6.4.3)$$

若 $\int_{-\infty}^{+\infty} f(x)\mathrm{d}x$ 不收敛，则称此积分发散.

注 1：广义积分 $\int_{-\infty}^{+\infty} f(x)\mathrm{d}x$ 是否收敛不依赖于常数 c 的选取.

注 2：式 (6.4.3) 中的 A，B 彼此独立趋于正无穷和负无穷，不能由 $\lim\limits_{A\to+\infty}\int_{-A}^{A} f(x)\mathrm{d}x$ 存在来断言 $\int_{-\infty}^{+\infty} f(x)\mathrm{d}x$ 收敛，例如 $\int_{-\infty}^{+\infty} x\mathrm{d}x$ 是发散的，而不是收敛的.

当 $\int_{a}^{+\infty} f(x)\mathrm{d}x$ 收敛时，因为 $f(x)$ 在 $[a,+\infty)$ 上连续，所以存在原函数. 设 $F(x)$ 是 $f(x)$ 的一个原函数，且 $F(+\infty) = \lim\limits_{A\to+\infty} F(A)$ 存在，则有

$$\int_{a}^{+\infty} f(x)\mathrm{d}x = \lim_{A\to+\infty}\int_{a}^{A} f(x)\mathrm{d}x = \lim_{A\to+\infty}(F(A)-F(a))$$

$$= F(+\infty)-F(a) = F(x)\Big|_{a}^{+\infty}. \qquad (6.4.4)$$

式 (6.4.4) 的形式与牛顿-莱布尼茨公式的形式相同，我们称之为广义牛顿-莱布尼茨公式. 类似地，当 $\int_{-\infty}^{b} f(x)\mathrm{d}x$ 和 $\int_{-\infty}^{+\infty} f(x)\mathrm{d}x$ 收敛时，若记 $F(-\infty) = \lim\limits_{B\to-\infty} F(B)$，同样有

$$\int_{-\infty}^{b} f(x)\mathrm{d}x = \lim_{B\to-\infty}(F(b)-F(B)) = F(b)-F(-\infty)$$

$$= F(x)\Big|_{-\infty}^{b}, \qquad (6.4.5)$$

$$\int_{-\infty}^{+\infty} f(x)\mathrm{d}x = \lim_{A\to+\infty}(F(A)-F(c)) + \lim_{B\to-\infty}(F(c)-F(B))$$

$$= \lim_{A\to+\infty} F(A) - \lim_{B\to-\infty} F(B) = F(+\infty)-F(-\infty)$$

$$= F(x)\Big|_{-\infty}^{+\infty}. \qquad (6.4.6)$$

对于无穷区间上的广义积分 $\int_{a}^{+\infty} f(x)\mathrm{d}x$，其几何意义可简单解释如下：当 $f(x)\geqslant 0$ 时，积分 $\int_{a}^{A} f(x)\mathrm{d}x$ 表示由曲线 $y=f(x)$、直线 $x=a$、直线 $x=A$ 以及 x 轴所围成的曲边梯形的面积. 而广义积分 $\int_{a}^{+\infty} f(x)\mathrm{d}x$ 表示由曲线 $y=f(x)$、直线 $x=a$、x 轴所围成的无界区域（见图 6-4-1）的面积.

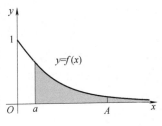

图 6-4-1　无穷区间广义积分的几何意义

若广义积分 $\int_{a}^{+\infty} f(x)\mathrm{d}x$ 收敛，则从几何意义上来看，就是指无界区域的面积是一个有限数；若广义积分 $\int_{a}^{+\infty} f(x)\mathrm{d}x$ 发散，则

表明无界区域的面积不存在.

例 6.4.2　已知某指数分布的密度函数为 $f(x) = e^{-x}$，$x \geqslant 0$，求 $\int_0^{+\infty} f(x)\mathrm{d}x$.

解：$\int_0^{+\infty} f(x)\mathrm{d}x = \lim\limits_{A \to +\infty} \int_0^A e^{-x}\mathrm{d}x = \lim\limits_{A \to +\infty} (-e^{-x})\Big|_0^A = \lim\limits_{A \to +\infty} (-e^{-A} + e^{-0}) = 1$.

例 6.4.3　讨论广义积分 $\int_{-\infty}^{+\infty} \dfrac{1}{1+x^2}\mathrm{d}x$ 的敛散性.

解：
$$\int_{-\infty}^{+\infty} \frac{1}{1+x^2}\mathrm{d}x = \int_{-\infty}^0 \frac{1}{1+x^2}\mathrm{d}x + \int_0^{+\infty} \frac{1}{1+x^2}\mathrm{d}x$$
$$= \lim_{A \to +\infty} \int_0^A \frac{1}{1+x^2}\mathrm{d}x + \lim_{B \to -\infty} \int_B^0 \frac{1}{1+x^2}\mathrm{d}x$$
$$= \lim_{A \to +\infty} (\arctan A - \arctan 0) +$$
$$\lim_{B \to -\infty} (\arctan 0 - \arctan B)$$
$$= \frac{\pi}{2} + \frac{\pi}{2}$$
$$= \pi.$$

因此，$\int_{-\infty}^{+\infty} \dfrac{1}{1+x^2}\mathrm{d}x$ 收敛.

例 6.4.4　讨论广义积分 $\int_1^{+\infty} \dfrac{1}{x^p}\mathrm{d}x$ 的敛散性.

解：当 $p = 1$ 时，
$$\int_1^{+\infty} \frac{1}{x^p}\mathrm{d}x = \int_1^{+\infty} \frac{1}{x}\mathrm{d}x = \lim_{A \to +\infty} \int_1^A \frac{1}{x}\mathrm{d}x = \lim_{A \to +\infty} \ln x \Big|_1^A$$
$$= \lim_{A \to +\infty} (\ln A - \ln 1) = +\infty.$$

因此，广义积分发散.

当 $p \neq 1$ 时，
$$\int_1^{+\infty} \frac{1}{x^p}\mathrm{d}x = \lim_{A \to +\infty} \int_1^A \frac{1}{x^p}\mathrm{d}x = \lim_{A \to +\infty} \left(\frac{1}{1-p} x^{1-p} \right)\Big|_1^A$$
$$= \lim_{A \to +\infty} \frac{1}{1-p}(A^{1-p} - 1).$$

显然，当 $p > 1$ 时，
$$\int_1^{+\infty} \frac{1}{x^p}\mathrm{d}x = \lim_{A \to +\infty} \frac{1}{1-p}(A^{1-p} - 1) = \frac{-1}{1-p}.$$

当 $p < 1$ 时，
$$\int_1^{+\infty} \frac{1}{x^p}\mathrm{d}x = \lim_{A \to +\infty} \frac{1}{1-p}(A^{1-p} - 1) = +\infty.$$

因此，当 $p > 1$ 时，广义积分收敛；当 $p \leqslant 1$ 时，广义积分发散.

6.4.2　无界函数的广义积分

在研究无界函数的广义积分之前，先来定义瑕点.

定义 6.4.4　若 $f(x)$ 在 b 的任何一个去心邻域无界，则称 b 是 $f(x)$ 的一个瑕点.

定义 6.4.5　假定 $f(x)$ 在 $(a,b]$ 上连续，若 a 是 $f(x)$ 的瑕点，且极限

$$I = \lim_{\eta \to 0^+} \int_{a+\eta}^{b} f(x)\mathrm{d}x$$

存在，则称广义积分（也称瑕积分）$\int_{a}^{b} f(x)\mathrm{d}x$ 收敛，并定义

$$\int_{a}^{b} f(x)\mathrm{d}x = I = \lim_{\eta \to 0^+} \int_{a+\eta}^{b} f(x)\mathrm{d}x. \qquad (6.4.7)$$

若 $\lim\limits_{\eta \to 0^+} \int_{a+\eta}^{b} f(x)\mathrm{d}x$ 不存在，则称广义积分 $\int_{a}^{b} f(x)\mathrm{d}x$ 发散.

定义 6.4.6　假定 $f(x)$ 在 $[a,b)$ 上连续，若 b 是 $f(x)$ 的瑕点，且极限

$$I = \lim_{\eta \to 0^+} \int_{a}^{b-\eta} f(x)\mathrm{d}x$$

存在，则称广义积分（也称瑕积分）$\int_{a}^{b} f(x)\mathrm{d}x$ 收敛，并定义

$$\int_{a}^{b} f(x)\mathrm{d}x = I = \lim_{\eta \to 0^+} \int_{a}^{b-\eta} f(x)\mathrm{d}x. \qquad (6.4.8)$$

若 $\lim\limits_{\eta \to 0^+} \int_{a}^{b-\eta} f(x)\mathrm{d}x$ 不存在，则称广义积分 $\int_{a}^{b} f(x)\mathrm{d}x$ 发散.

定义 6.4.7　设 $c \in (a,b)$，函数 $f(x)$ 在 $[a,b]$ 上除 $x=c$ 外连续，若 c 是 $f(x)$ 的瑕点，且广义积分 $\int_{a}^{c} f(x)\mathrm{d}x$ 和 $\int_{c}^{b} f(x)\mathrm{d}x$ 都收敛，则称广义积分（也称瑕积分）$\int_{a}^{b} f(x)\mathrm{d}x$ 收敛，并定义

$$\int_{a}^{b} f(x)\mathrm{d}x = \int_{a}^{c} f(x)\mathrm{d}x + \int_{c}^{b} f(x)\mathrm{d}x. \qquad (6.4.9)$$

若 $\int_{a}^{c} f(x)\mathrm{d}x$ 或 $\int_{c}^{b} f(x)\mathrm{d}x$ 有一个发散，则称广义积分 $\int_{a}^{b} f(x)\mathrm{d}x$ 发散.

定义 6.4.8　设函数 $f(x)$ 在 (a,b) 内连续，若 a，b 都是 $f(x)$ 的瑕点，且 $\int_{a}^{\xi} f(x)\mathrm{d}x$ 和 $\int_{\xi}^{b} f(x)\mathrm{d}x$ 都收敛，则称广义积分（也称瑕积分）$\int_{a}^{b} f(x)\mathrm{d}x$ 收敛，并定义

$$\int_{a}^{b} f(x)\mathrm{d}x = \int_{a}^{\xi} f(x)\mathrm{d}x + \int_{\xi}^{b} f(x)\mathrm{d}x, \xi \in (a,b). \qquad (6.4.10)$$

若 $\int_{a}^{\xi} f(x)\mathrm{d}x$ 和 $\int_{\xi}^{b} f(x)\mathrm{d}x$ 中有一个发散，则称 $\int_{a}^{b} f(x)\mathrm{d}x$ 发散.

注：若 a，b 都是 $f(x)$ 的瑕点，则广义积分 $\int_a^b f(x)\mathrm{d}x$ 是否收敛不依赖于 ξ 的选取.

在式（6.4.7）中，若 $F(x)$ 是 $f(x)$ 的一个原函数，则

$$\int_a^b f(x)\mathrm{d}x = \lim_{\eta \to 0^+}\int_{a+\eta}^b f(x)\mathrm{d}x = \lim_{\eta \to 0^+} F(x)\Big|_{a+\eta}^b = F(b) - F(a+0).$$

$$(6.4.11)$$

类似地，在式（6.4.8）中，若 $F(x)$ 是 $f(x)$ 的一个原函数，则

$$\int_a^b f(x)\mathrm{d}x = \lim_{\eta \to 0^+}\int_a^{b-\eta} f(x)\mathrm{d}x = \lim_{\eta \to 0^+} F(x)\Big|_a^{b-\eta} = F(b-0) - F(a).$$

$$(6.4.12)$$

式（6.4.11）和式（6.4.12）的形式与牛顿-莱布尼茨公式的形式相同，我们也称之为广义牛顿-莱布尼茨公式.

对于无界函数的广义积分 $\int_a^b f(x)\mathrm{d}x$，其几何意义可简单解释如下：当 $f(x) \geqslant 0$ 时，积分 $\int_{a+\eta}^b f(x)\mathrm{d}x$ 表示由曲线 $y = f(x)$、直线 $x = a+\eta$、直线 $x = b$ 以及 x 轴所围成的曲边梯形的面积. 而广义积分 $\int_a^b f(x)\mathrm{d}x$ 表示由曲线 $y = f(x)$、直线 $x = a$、直线 $x = b$、x 轴所围成的无界区域（见图 6-4-2）的面积.

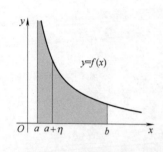

图 6-4-2 无界函数广义积分的几何意义

若广义积分 $\int_a^b f(x)\mathrm{d}x$ 收敛，则从几何意义上来看，就是指无界区域的面积是一个有限数；若广义积分 $\int_a^b f(x)\mathrm{d}x$ 发散，则表明无界区域的面积不存在.

例 6.4.5 讨论广义积分 $\int_1^2 \dfrac{1}{\sqrt{x-1}}\mathrm{d}x$ 的敛散性.

解：$x = 1$ 是一个瑕点，所以，

$$\int_1^2 \frac{1}{\sqrt{x-1}}\mathrm{d}x = \lim_{\eta \to 0^+}\int_{1+\eta}^2 \frac{1}{\sqrt{x-1}}\mathrm{d}x = \lim_{\eta \to 0^+} 2\sqrt{x-1}\Big|_{1+\eta}^2$$
$$= 2 - 0 = 2.$$

因此，广义积分收敛.

例 6.4.6 计算 $\int_0^1 \dfrac{x}{\sqrt{1-x^2}}\mathrm{d}x$.

解：$x = 1$ 是一个瑕点，令 $x = \sin t$，$t \in \left[0, \dfrac{\pi}{2}\right]$，则 $\mathrm{d}x = \cos t\,\mathrm{d}t$，所以，

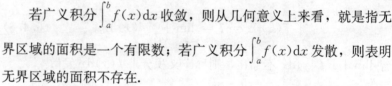

$$\int_0^1 \frac{x}{\sqrt{1-x^2}}\mathrm{d}x = \lim_{\eta \to 0^+}\int_0^{1-\eta} \frac{x}{\sqrt{1-x^2}}\mathrm{d}x = \lim_{\eta \to 0^+}\int_0^{\arcsin(1-\eta)} \frac{\sin t}{\sqrt{1-\sin^2 t}}\cos t\,\mathrm{d}t$$

$$= \lim_{\eta \to 0^+}\int_0^{\arcsin(1-\eta)} \sin t\,\mathrm{d}t = \lim_{\eta \to 0^+}(-\cos t)\Big|_0^{\arcsin(1-\eta)}$$

$$= -\lim_{\eta \to 0^+}\cos[\arcsin(1-\eta)] + 1$$

$$=-\cos(\arcsin 1)+1$$

$$=1.$$

例 **6.4.7**　讨论广义积分 $\int_0^b \frac{1}{x^p}\mathrm{d}x(b>0)$ 的敛散性.

解：当 $p=1$ 时，因为 $x=0$ 是瑕点，所以，

$$\int_0^b \frac{1}{x^p}\mathrm{d}x = \int_0^b \frac{1}{x}\mathrm{d}x = \lim_{\eta\to 0^+}\int_{0+\eta}^b \frac{1}{x}\mathrm{d}x = \lim_{\eta\to 0^+}\ln x\Big|_\eta^b$$

$$=\lim_{\eta\to 0^+}(\ln b - \ln\eta)=+\infty.$$

因此，广义积分发散.

当 $p\neq 1$ 时，

$$\int_0^b \frac{1}{x^p}\mathrm{d}x = \lim_{\eta\to 0^+}\int_{0+\eta}^b \frac{1}{x^p}\mathrm{d}x = \lim_{\eta\to 0^+}\left(\frac{1}{1-p}x^{1-p}\right)\Big|_\eta^b$$

$$=\lim_{\eta\to 0^+}\frac{1}{1-p}(b^{1-p}-\eta^{1-p}).$$

显然，当 $p<1$ 时，

$$\int_0^b \frac{1}{x^p}\mathrm{d}x = \lim_{\eta\to 0^+}\frac{1}{1-p}(b^{1-p}-\eta^{1-p})=\frac{b^{1-p}}{1-p}.$$

当 $p>1$ 时，

$$\int_0^b \frac{1}{x^p}\mathrm{d}x = \lim_{\eta\to 0^+}\frac{1}{1-p}(b^{1-p}-\eta^{1-p})=+\infty.$$

综上所述，当 $p<1$ 时，广义积分收敛；$p\geqslant 1$ 时，广义积分发散.

更一般地，广义积分 $\int_a^b \frac{1}{(x-a)^p}\mathrm{d}x, b>a$ ，当 $p<1$ 时收敛，$p\geqslant$

1 时发散.

例 **6.4.8**　讨论广义积分 $\int_0^{\frac{1}{2}} \frac{1}{x\ln x}\mathrm{d}x$ 的敛散性.

解：因为 $\lim\limits_{x\to 0^+}x\ln x=0$，所以 $x=0$ 是一个瑕点，故

$$\int_0^{\frac{1}{2}} \frac{1}{x\ln x}\mathrm{d}x = \lim_{\eta\to 0^+}\int_{0+\eta}^{\frac{1}{2}} \frac{1}{x\ln x}\mathrm{d}x = \lim_{\eta\to 0^+}\int_\eta^{\frac{1}{2}} \frac{1}{\ln x}\mathrm{d}(\ln x)$$

$$=\lim_{\eta\to 0^+}\ln|\ln x|\ \Big|_\eta^{\frac{1}{2}}=-\infty.$$

因此，广义积分发散.

例 **6.4.9**　讨论广义积分 $\int_0^{\frac{1}{2}} \frac{1}{x\ln^2 x}\mathrm{d}x$ 的敛散性.

解：因为 $\lim\limits_{x\to 0^+}x\ln^2 x=0$，所以 $x=0$ 是一个瑕点，故

$$\int_0^{\frac{1}{2}} \frac{1}{x\ln^2 x}\mathrm{d}x = \lim_{\eta\to 0^+}\int_{0+\eta}^{\frac{1}{2}} \frac{1}{x\ln^2 x}\mathrm{d}x = \lim_{\eta\to 0^+}\int_\eta^{\frac{1}{2}} \frac{1}{\ln^2 x}\mathrm{d}(\ln x)$$

$$=\lim_{\eta\to 0^+}\frac{-1}{\ln x}\Big|_\eta^{\frac{1}{2}}=\frac{1}{\ln 2}.$$

因此，广义积分收敛.

习题 6.4

1. 判断下列广义积分的敛散性，若收敛，计算其值.

(1) $\int_1^{+\infty} \frac{1}{x}\mathrm{d}x$;　　　　　　　　　　(2) $\int_1^{+\infty} \frac{1}{\sqrt{x}}\mathrm{d}x$

(3) $\int_e^{+\infty} \frac{1}{x\ln x}\mathrm{d}x$;　　　　　　　(4) $\int_e^{+\infty} \frac{1}{x\ln^2 x}\mathrm{d}x$;

(5) $\int_0^{+\infty} x\,\mathrm{e}^{-\frac{x^2}{2}}\mathrm{d}x$;　　　　　　　(6) $\int_0^{+\infty} x\,\mathrm{e}^{-x}\mathrm{d}x$;

(7) $\int_0^1 \frac{2x}{\sqrt{1-x^2}}\mathrm{d}x$;　　　　　　　(8) $\int_0^2 \frac{1}{(1-x)^2}\mathrm{d}x$.

2. 根据 k 的取值，分情况讨论广义积分 $\int_e^{+\infty} \frac{1}{x\ln^k x}\mathrm{d}x$ 的敛散性.

3. 计算广义积分 $\int_0^{+\infty} \frac{\arctan x}{(1+x^2)^{\frac{3}{2}}}\mathrm{d}x$.

6.5 定积分的几何应用

定积分之所以有着广泛应用，是因为它从根本上修改了穷竭法，实现了研究方法上的创新，具备了解决一些非均匀量的计算问题，推动了积分学的发展和完善. 在本节的学习中，需要深刻领会应用定积分解决实际问题的最基本思想方法，即微元法，并能够灵活应用这些方法解决几何问题和经济学问题.

定积分尽管有着广泛的应用，但也不是"万能"的. 因为定积分研究问题的基本思想（见图 6-5-1）是化整为零，同时要保证在近似后，通过积零为整的步骤，能够获得所求量的精确值. 这就要求所求的量满足特定要求才行.

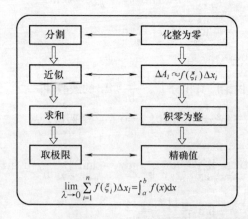

图 6-5-1　定积分的基本思想

6.5.1　微元法

具体而言，如果一个量（记为 A）是能用定积分计算的量，则需要满足以下三个条件：

（1）A 是与一个变量 x 的变化区间 $[a,b]$ 有关的量.

（2）A 对于区间 $[a,b]$ 具有可加性，就是说，如果把区间 $[a,b]$ 分成许多部分区间，则 A 相应地分成许多部分量，而 A 等于所有部分量 ΔA_i 之和.

（3）部分量 ΔA_i 的近似值可表示为 $f(\xi_i)\Delta x_i$，二者的差是一个关于 Δx_i 的高阶无穷小.

对于能用定积分计算的量，如面积、路程以及平均成本等，我们可以基于图 6-5-1 所示的基本思想简化计算步骤如下：

1）**选择积分变量，确定积分区间.** 根据问题的具体情况，建立坐标系，选取一个变量，例如 x 为积分变量，并确定它的变化区间 $[a,b]$.

2）**写出所求量的微元.** 设想把区间 $[a,b]$ 分成 n 个小区间，取其中任一小区间并记为 $[x,x+\mathrm{d}x]$，求出相应于这小区间的部分量 ΔA 的近似值. 如果 ΔA 能近似地表示为 $[a,b]$ 上的一个连续函数在 x 处的值 $f(x)$ 与 $\mathrm{d}x$ 的乘积，就把 $f(x)\mathrm{d}x$ 称为量 A 的微元且记作 $\mathrm{d}A$，即

$$\mathrm{d}A=f(x)\mathrm{d}x. \tag{6.5.1}$$

3）**写成积分表达式.** 以所求量 A 的微元 $f(x)\mathrm{d}x$ 为被积表达式，在区间 $[a,b]$ 上做定积分，写出所求量 A 的积分表达式.

$$A=\int_a^b \mathrm{d}A=\int_a^b f(x)\mathrm{d}x. \tag{6.5.2}$$

这个方法通常叫作微元法，也称为元素法.

例如，设曲边梯形由连续曲线 $y=f(x)(f(x)\geqslant 0)$、x 轴与两条直线 $x=a$、$x=b$ 所围成，如图 6-5-2 所示. 若利用微元法研究该曲边梯形的面积，则可按照上述三个步骤进行.

1）选择 x 作积分变量，$x\in[a,b]$.

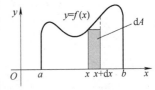

图 6-5-2　微元法求解曲边梯形面积

2）选取典型小区间 $[x,x+\mathrm{d}x]$，这个小区间对应的小曲边梯形的面积用以 $\mathrm{d}x$ 为底、以 $f(x)$ 为高的小矩形面积近似（图 6-5-2 中的阴影部分），即所求量（面积）的微元：$\mathrm{d}A=f(x)\mathrm{d}x$.

3）则所求量（面积）的定积分表达式为

$$A=\int_a^b \mathrm{d}A=\int_a^b f(x)\mathrm{d}x.$$

6.5.2　平面图形的面积

1. 平面直角坐标系情形

设平面图形由连续曲线 $y=f_1(x)$、$y=f_2(x)$ 与两条直线 $x=$

a、$x=b$ 围成，且 $f_1(x) \geqslant f_2(x)$，如图 6-5-3 所示．若利用微元法研究该图形面积，则可通过三个步骤完成．

1）选择 x 作积分变量，$x \in [a,b]$．

2）选取典型小区间 $[x, x+dx]$，这个小区间对应的图形面积用以 dx 为底、以 $f_1(x) - f_2(x)$ 为高的小矩形面积近似（图 6-5-3 中的阴影部分），即所求量（面积）的微元：$dA = [f_1(x) - f_2(x)]dx$．

3）则所求面积为

$$A = \int_a^b dA = \int_a^b [f_1(x) - f_2(x)]dx.$$

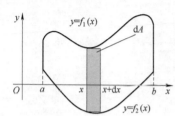

图 6-5-3 微元法求面积
（x 为积分变量）

同样地，设平面图形由连续曲线 $x=\varphi_1(y)$、$x=\varphi_2(y)$ 与两条直线 $y=c$、$y=d$ 围成，且 $\varphi_1(y) \geqslant \varphi_2(y)$，如图 6-5-4 所示．若利用微元法研究该图形面积，则可同样通过三个步骤完成．

1）选择 y 作积分变量，$y \in [c,d]$．

2）选取典型小区间 $[y, y+dy]$，这个小区间对应的图形面积用以 dy 为底、以 $\varphi_1(y) - \varphi_2(y)$ 为高的小矩形面积近似（图 6-5-4 中的阴影部分），即所求量（面积）的微元：$dA = [\varphi_1(y) - \varphi_2(y)]dy$．

3）则所求面积为

$$A = \int_a^b dA = \int_c^d [\varphi_1(y) - \varphi_2(y)]dy.$$

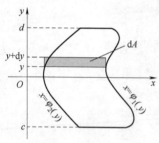

图 6-5-4 微元法求面积
（y 为积分变量）

例 6.5.1　求由两条抛物线 $y^2=x$ 和 $y=x^2$ 所围成图形的面积．

解： 方程组 $\begin{cases} y^2=x, \\ y=x^2 \end{cases}$ 的解为 $\begin{cases} x=0, \\ y=0, \end{cases} \begin{cases} x=1, \\ y=1. \end{cases}$ 因此，两条曲线的交点为 $(0,0)$ 和 $(1,1)$，如图 6-5-5 所示．对本题而言，选 x 或者选 y 作积分变量均可．这里，我们选 x 作为积分变量，则曲线 $y^2=x$ 在第一象限的部分相应地改写成 $y=\sqrt{x}$．变量 x 的取值范围为 $x \in [0,1]$．在区间 $[0,1]$ 内选取典型小区间 $[x, x+dx]$，则面积的微元（图 6-5-5 中的阴影部分）为 $dA = (\sqrt{x} - x^2)dx$．

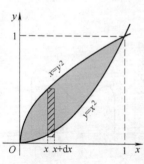

图 6-5-5 微元法求面积
（例 6.5.1）

则所求的面积为

$$A = \int_c^d dA = \int_0^1 (\sqrt{x} - x^2)dx$$

$$= \frac{2}{3} x^{\frac{3}{2}} - \frac{1}{3} x^3 \Big|_0^1 = \frac{1}{3}.$$

例 6.5.2　计算由曲线 $y=x^3-6x$ 和 $y=x^2$ 所围成的图形的面积．

解： 方程组的 $\begin{cases} y=x^3-6x, \\ y=x^2 \end{cases}$ 的解为 $\begin{cases} x=0, \\ y=0, \end{cases} \begin{cases} x=-2, \\ y=4, \end{cases} \begin{cases} x=3, \\ y=9. \end{cases}$ 因

此，两条曲线的交点为$(0,0)$，$(-2,4)$和$(3,9)$，如图 6-5-6 所示.
选 x 作积分变量，显然 x 的取值范围为 $x\in[-2,3]$. 但由于当
$x\in[-2,0]$时，$x^3-6x\geqslant x^2$，而当 $x\in[0,3]$时，$x^2\geqslant x^3-6x$，
因此需要将整个面积分成两部分面积的和，并分别计算.

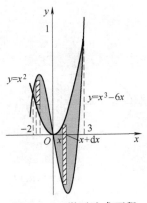

当 $x\in[-2,0]$时，在区间$[-2,0]$内选取典型小区间$[x,x+dx]$，
则面积的微元为 $dA_1=[(x^3-6x)-x^2]dx$.

当 $x\in[0,3]$时，在区间$[0,3]$内选取典型小区间 $[x,x+dx]$，
则面积的微元为：$dA_2=[x^2-(x^3-6x)]dx$.

所求的面积为

$$A=A_1+A_2=\int_{-2}^0 dA_1+\int_0^3 dA_2$$

$$=\int_{-2}^0[(x^3-6x)-x^2]dx+\int_0^3[x^2-(x^3-6x)]dx$$

$$=\frac{253}{12}.$$

图 6-5-6　微元法求面积
（例 6.5.2）

例 6.5.3　计算由曲线$y^2=2x$ 和 $y=x-4$ 所围成的图形的
面积.

解：方程组的 $\begin{cases}y^2=2x,\\ y=x-4\end{cases}$的解为$\begin{cases}x=2,\\ y=-2,\end{cases}\begin{cases}x=8,\\ y=4.\end{cases}$因此，两条曲
线的交点为$(2,-2)$和$(8,4)$，如图 6-5-7 所示. 若选 x 作积分变
量，则需要同例 6.5.2 一样，将整体面积分成两部分面积的和.
对本题而言，若选 y 作积分变量，则可简化计算过程. 面积的边
界线分别改写为：$x=y+4$，以及 $x=\dfrac{y^2}{2}$.

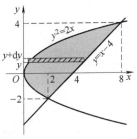

选 y 作积分变量，显然 y 的取值范围：$y\in[-2,4]$. 在区间
$[-2,4]$内选取典型小区间$[y,y+dy]$，则面积的微元为：
$dA=\left(y+4-\dfrac{y^2}{2}\right)dy$.

图 6-5-7　微元法求面积
（例 6.5.3）

所求面积为：$A=\displaystyle\int_{-2}^4 dA=\int_{-2}^4\left(y+4-\dfrac{y^2}{2}\right)dy=$
$\left(\dfrac{1}{2}y^2+4y-\dfrac{y^3}{6}\right)\Big|_{-2}^4=18$.

2. 参数方程的情形

如果曲边梯形的曲边为参数方程$\begin{cases}x=\varphi(t),\\ y=\psi(t),\end{cases}$若$t_1$和$t_2$对应曲线
起点与终点的参数值，在$[t_1,t_2]$(或$[t_2,t_1]$)上 $x=\varphi(t)$具有连续
导数，$y=\psi(t)$连续. 则利用变量代换的方法，曲边梯形的面积可
表示为

$$A=\int_{\varphi(t_1)}^{\varphi(t_2)}y dx=\int_{t_1}^{t_2}\psi(t)\,\varphi'(t)dt. \tag{6.5.3}$$

例 6.5.4　计算椭圆$\dfrac{x^2}{a^2}+\dfrac{y^2}{b^2}=1$的面积，其中，$a>0$，$b>0$.

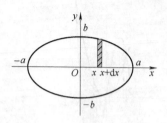

图 6-5-8 微元法求面积
（例 6.5.4）

解：椭圆的参数方程 $\begin{cases} x = a\cos t, \\ y = b\sin t, \end{cases} 0 \leqslant t \leqslant 2\pi.$

由对称性知椭圆面积等于其在第一象限面积的 4 倍，如图 6-5-8 所示．因此，椭圆面积为

$$A = 4\int_0^a y\mathrm{d}x = 4\int_{\frac{\pi}{2}}^0 b\sin t\,\mathrm{d}(a\cos t)$$

$$= -4ab\int_{\frac{\pi}{2}}^0 \sin^2 t\,\mathrm{d}t = 4ab\int_0^{\frac{\pi}{2}} \sin^2 t\,\mathrm{d}t = \pi ab.$$

3. 极坐标的情形

设曲线 $\rho = \rho(\theta)$ 及射线 $\theta = \alpha$、$\theta = \beta$ 围成一曲边扇形，如图 6-5-9 所示，这里 $\rho(\theta)$ 在 $[\alpha, \beta]$ 上连续，且 $\rho(\theta) \geqslant 0$．如何求其面积呢？

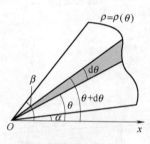

图 6-5-9 极坐标系下
面积的微元

利用微元法，选取极角 θ 为积分变量，则根据问题的描述，可知 θ 的取值范围为 $\theta \in [\alpha, \beta]$．在 $[\alpha, \beta]$ 上任选一个小区间 $[\theta, \theta + \mathrm{d}\theta]$，如图 6-5-9 阴影部分所示．则阴影部分的面积可用半径为 $\rho(\theta)$、圆心角为 $\mathrm{d}\theta$ 的扇形面积来近似，从而得到了曲边扇形面积的微元：$\mathrm{d}A = \dfrac{1}{2}[\rho(\theta)]^2 \mathrm{d}\theta$．所求曲边扇形的面积

$$A = \int_\alpha^\beta \mathrm{d}A = \int_\alpha^\beta \frac{1}{2}[\rho(\theta)]^2 \mathrm{d}\theta. \tag{6.5.4}$$

例 6.5.5 求双纽线 $\rho^2 = a^2\cos 2\theta$ 所围图形的面积（$a > 0$）．

解：利用对称性可知，所求总面积等于如图 6-5-10 所示阴

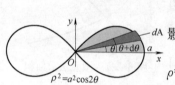

图 6-5-10 双纽线所围图形

影部分面积的 4 倍．由方程 $\rho^2 = a^2\cos 2\theta$ 可知，当 $\theta = \dfrac{\pi}{4}$ 时，$\rho = 0$．因此，阴影部分极角 θ 的取值范围为 $\theta \in \left[0, \dfrac{\pi}{4}\right]$．在其上任选一个小区间 $[\theta, \theta + \mathrm{d}\theta]$，如图 6-5-10 所示，从而得到面积的微元：$\mathrm{d}A = \dfrac{1}{2}[\rho(\theta)]^2 \mathrm{d}\theta = \dfrac{1}{2}a^2\cos 2\theta\mathrm{d}\theta$．则双纽线所围图形的面积为

$$A = 4\int_0^{\frac{\pi}{4}} \mathrm{d}A = 4\int_0^{\frac{\pi}{4}} \frac{1}{2}a^2\cos 2\theta\mathrm{d}\theta = 2a^2\int_0^{\frac{\pi}{4}} \cos 2\theta\mathrm{d}\theta = a^2.$$

例 6.5.6 求心形线 $\rho = a(1 - \sin\theta)$ 所围图形的面积（$a > 0$）．

解：利用对称性可知，所求总面积等于如图 6-5-11 所示阴

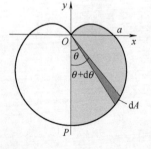

图 6-5-11 心形线所围图形

部分面积的 2 倍．由方程 $\rho = a(1 - \sin\theta)$ 可知，当 $\theta = -\dfrac{\pi}{2}$ 时，$\rho = 2a$．当 $\theta = \dfrac{\pi}{2}$ 时，$\rho = 0$．因此，阴影部分极角 θ 的取值范围为：$\theta \in \left[-\dfrac{\pi}{2}, \dfrac{\pi}{2}\right]$．在其上任选一个小区间 $[\theta, \theta + \mathrm{d}\theta]$，得到面积的微元：$\mathrm{d}A = \dfrac{1}{2}[\rho(\theta)]^2 \mathrm{d}\theta = \dfrac{1}{2}a^2(1 - \sin\theta)^2 \mathrm{d}\theta.$

则心形线所围图形的面积为

$$A = 2\int_{-\frac{\pi}{2}}^{\frac{\pi}{2}} \mathrm{d}A = 2\int_{-\frac{\pi}{2}}^{\frac{\pi}{2}} \frac{1}{2}\, a^2\, (1-\sin\theta)^2 \mathrm{d}\theta$$

$$= a^2\int_{-\frac{\pi}{2}}^{\frac{\pi}{2}} (1-2\sin\theta+\sin^2\theta)\mathrm{d}\theta$$

$$= a^2\int_{-\frac{\pi}{2}}^{\frac{\pi}{2}} \left(1-2\sin\theta+\frac{1-\cos2\theta}{2}\right)\mathrm{d}\theta$$

$$= a^2\left(\frac{3}{2}\theta + 2\cos\theta - \frac{1}{4}\sin2\theta\right)\Big|_{-\frac{\pi}{2}}^{\frac{\pi}{2}}$$

$$= \frac{3}{2}\pi a^2.$$

6.5.3　立体的体积

1. 旋转体的体积

旋转体就是由一个平面图形绕该平面内一条直线旋转一周而成的立体，这条直线称为**旋转轴**.

如图 6-5-12 所示，一矩形绕其一边所在直线旋转一周而成的立体就是一圆柱，一直角三角形绕其一直角边所在直线旋转一周而成的立体就是圆锥，而一直角梯形绕其一直角边所在直线旋转一周而成的立体就是圆台. 图 6-5-12 中的圆柱、圆锥和圆台都是旋转体.

载人航天精神

　　　圆柱　　　　　　圆锥　　　　　　圆台

图 6-5-12　旋转体

对于图 6-5-12 中的旋转体，都是由规则平面图形（如矩形、三角形、梯形）绕其一边旋转而成，其体积有相应的计算公式. 如果是不规则的平面图形，如图 6-5-13a 所示，由连续曲线 $y=f(x)$、$x=a$、$x=b$ 以及 x 轴围成的曲边梯形，绕某个坐标轴，例如绕 x 轴旋转一周而成的旋转体，如图 6-5-13b 所示如何计算其体积呢？

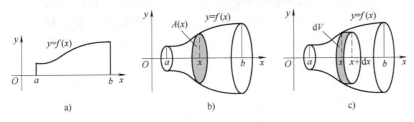

图 6-5-13　旋转体体积的微元

仍然采用微元法的思想，选取 x 作为积分变量，其取值范围 $x \in [a, b]$. 设想用垂直于 x 轴的平面将旋转体分成若干个小薄片，其中一个典型区间 $[x, x+dx]$ 上的小薄片的体积，就可以用以 $f(x)$ 为底面半径、以 dx 为高的小圆柱体的体积（见图 6-5-13c）近似表示，这就是该旋转体体积的微元

$$dV = A(x)dx = \pi [f(x)]^2 dx.$$

因此，所求旋转体的体积就表示为

$$V = \int_a^b dV = \int_a^b \pi [f(x)]^2 dx. \qquad (6.5.5)$$

例 6.5.7 求由椭圆 $\dfrac{x^2}{a^2} + \dfrac{y^2}{b^2} = 1$ $(a > 0, b > 0)$ 围成的平面图形绕 x 轴旋转所成旋转体的体积.

解： 该旋转体可看作由上半椭圆 $y = \dfrac{b}{a}\sqrt{a^2 - x^2}$ 与 x 轴所围成图形绕 x 轴旋转形成的旋转体，如图 6-5-14 所示. 选取 x 作为积分变量，其取值范围 $x \in [-a, a]$. 则该旋转体体积的微元

$$dV = \pi y^2 dx = \pi \frac{b^2}{a^2}(a^2 - x^2)dx.$$

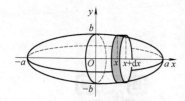

图 6-5-14 旋转体体积的微元（例 6.5.7）

因此，所求旋转体的体积就表示为

$$V = \int_{-a}^a dV = \int_{-a}^a \pi \frac{b^2}{a^2}(a^2 - x^2)dx = 2\pi \frac{b^2}{a^2}\int_0^a (a^2 - x^2)dx$$

$$= 2\pi \frac{b^2}{a^2}\left(a^2 x - \frac{1}{3}x^3\right)\Big|_0^a = \frac{4}{3}\pi a b^2.$$

例 6.5.8 求星形线 $x^{\frac{2}{3}} + y^{\frac{2}{3}} = a^{\frac{2}{3}}$ $(a > 0)$ 围成的平面图形绕 x 轴旋转所成旋转体的体积.

解： 该旋转体可看作由上半曲线 $y = (a^{\frac{2}{3}} - x^{\frac{2}{3}})^{\frac{3}{2}}$ 与 x 轴所围成的图形（见图 6-5-15），绕 x 轴旋转形成的旋转体.

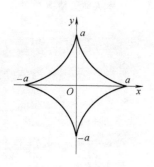

图 6-5-15 旋转体体积的微元（例 6.5.8）

选取 x 作为积分变量，其取值范围 $x \in [-a, a]$. 则该旋转体体积的微元：$dV = \pi y^2 dx = \pi (a^{\frac{2}{3}} - x^{\frac{2}{3}})^3 dx.$

因此，所求旋转体的体积就表示为

$$V = \int_{-a}^a dV = \int_{-a}^a \pi (a^{\frac{2}{3}} - x^{\frac{2}{3}})^3 dx$$

$$= 2\pi \int_0^a (a^{\frac{2}{3}} - x^{\frac{2}{3}})^3 dx = \frac{32}{105}\pi a^3.$$

类似地，如果旋转体是由连续曲线 $x = \varphi(y)$、直线 $y = c$、$y = d$ 及 y 轴所围成的曲边梯形绕 y 轴旋转一周而成的旋转体，如图 6-5-16 所示. 则可选取 y 作为积分变量，取值范围 $y \in [c, d]$. 其体积的微元可表示为

$$dV = \pi [\varphi(y)]^2 dy.$$

因此，旋转体的体积就表示为

$$V = \int_c^d dV = \int_c^d \pi [\varphi(y)]^2 dy.$$

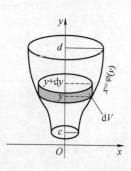

图 6-5-16 绕 y 轴旋转的立体体积

例 **6.5.9** 求抛物线 $y=x^2$ 和 $y=\sqrt{x}$ 围成的平面图形绕 y 轴旋转所成旋转体的体积.

解: 所求旋转体体积为两个曲边梯形绕 y 轴旋转所成旋转体体积的差,如图 6-5-17 所示. 因此,选 y 作为积分变量,取值范围 $y\in[0,1]$. 其体积的微元可表示为

$$dV=\pi(\sqrt{y})^2dy-\pi(y^2)^2dy=\pi[(\sqrt{y})^2-(y^2)^2]dy.$$

因此,旋转体的体积就表示为

$$V=\int_0^1 dV=\int_0^1\pi[(\sqrt{y})^2-(y^2)^2]dy$$
$$=\int_0^1\pi(y-y^4)dy=\frac{3}{10}\pi.$$

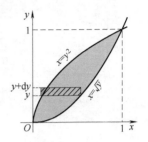

图 6-5-17 绕 y 轴旋转的
立体体积 (例 6.5.9)

2. 平行截面面积为已知的立体的体积

如果一个立体不是旋转体,但却知道该立体上垂直于某一定轴的各个截面面积,那么,怎么来计算这个立体的体积呢?

例如,设有一立体,如图 6-5-18 所示,它垂直于 x 轴的截面面积 $A(x)$ 为已知,$a\leqslant x\leqslant b$. 若要求该立体的体积,同样可以采用微元法的思想.

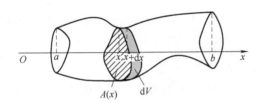

图 6-5-18 平行截面面积为已知的立体体积

选取 x 作为积分变量,其取值范围 $x\in[a,b]$. 设想用垂直于 x 轴的平面将该立体分成若干个小薄片,其中一个典型区间 $[x,x+dx]$ 上的小薄片的体积,就可以用以 $A(x)$ 为底面、以 dx 为高的小柱体体积近似表示,这就是该立体体积的微元:

$$dV=A(x)dx.$$

因此,所求立体的体积就表示为

$$V=\int_a^b dV=\int_a^b A(x)dx. \tag{6.5.6}$$

例 **6.5.10** 求以半径为 R 的圆为底、平行且等于底圆直径的线段为顶、高为 h 的正劈圆锥(见图 6-5-19)的体积.

解: 取坐标系如图 6-5-19 所示. 底面圆的方程为 $x^2+y^2=R^2$. 用垂直于 x 轴的截面去截该正劈圆锥,则截面为等腰三角形. 因此,选取 x 作为积分变量,其取值范围 $x\in[-R,R]$.

截面为等腰三角形,其面积为:$A(x)=h\sqrt{R^2-x^2}$.

所以,该正劈圆锥的体积为

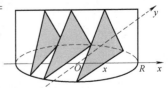

图 6-5-19 正劈圆锥的体积

$$V = \int_{-R}^{R} \mathrm{d}V = \int_{-R}^{R} A(x)\,\mathrm{d}x$$

$$= 2h \int_{0}^{R} \sqrt{R^2 - x^2}\,\mathrm{d}x$$

$$= \frac{1}{2}\pi R^2 h.$$

习题 6.5

1. 求曲线 $y = \mathrm{e}^x$、$y = \mathrm{e}^{-x}$ 以及直线 $x = 1$ 所围成图形的面积.

2. 求曲线 $y + 1 = x^2$ 与直线 $y = 1 + x$ 所围成图形的面积.

3. 求曲线 $\rho = 2a\cos\theta$ 所围成图形的面积，其中 $a > 0$.

4. 求由曲线 $\rho = 1$ 和心形线 $\rho = 1 + \cos\theta$ 所围成图形的面积.

5. 已知曲线段 $x^2 + y^2 = 4$（其中 $y \geqslant 0$，$0 \leqslant x \leqslant 1$）与直线 $x = 0$、$x = 1$ 以及 x 轴所围成的平面图形为 D，求

(1) 平面图形 D 的面积.

(2) 平面图形 D 分别绕 x 轴、y 轴旋转一周所成旋转体的体积.

6. 已知平面图形 D 由曲线 $y = x\sin x$、$y = x$（其中 $0 \leqslant x \leqslant \dfrac{\pi}{2}$）围成，求：

(1) 平面图形 D 的面积.

(2) 平面图形 D 绕 x 轴旋转一周所成旋转体的体积.

7. 求由平面曲线 $y = \mathrm{e}^{-\frac{x^2}{2}}$（其中 $0 \leqslant x < +\infty$）绕 y 轴旋转一周所成旋转体的体积.

6.6　积分在经济分析中的应用

6.6.1　由经济中的边际求总量

在经济分析中，经常需要研究各种经济量的总量函数，如总需求函数，总成本函数、总收入函数以及总利润函数等. 在函数导数的应用中，已经知道，对于已知的经济总量函数，可以通过求导得到其边际函数. 反之，由于积分可以作为求导的逆运算，因此，在已知边际函数的情况下，通过积分运算也应该能够得到原经济总量函数.

牛顿-莱布尼茨公式就为"已知边际求经济总量函数"提供了方法. 例如，已知某边际函数为 $F'(x)$，则它与原经济总量函数的关系可表示为

$$\int_{0}^{x} F'(t)\,\mathrm{d}t = F(x) - F(0), \tag{6.6.1}$$

进而可以求得原经济总量函数

$$F(x) = \int_0^x F'(t)\mathrm{d}t + F(0), \qquad (6.6.2)$$

而该经济总量函数从x_1到x_2的**变动值**（或**增量**）则可表示为

$$\Delta F = F(x_2) - F(x_1) = \int_{x_1}^{x_2} F'(t)\mathrm{d}t. \qquad (6.6.3)$$

例 6.6.1　某滑板车生产厂家，每月生产滑板车的边际成本（单位：元）是产量 x（单位：辆）的函数（见图 6-6-1）：

$$C'(x) = 400 - \frac{1}{2}x + \left(\frac{x}{50}\right)^2, \quad 0 \leqslant x \leqslant 1500.$$

已知每月固定成本为 $C(0) = 2000$，求

(1) 该厂家每月的总成本函数 $C(x)$.

(2) 月产量从 300 辆增加到 600 辆需增加投入的成本.

(3) 月产量从 600 辆增加到 900 辆需增加投入的成本.

(4) 月产量从 900 辆增加到 1200 辆需增加投入的成本.

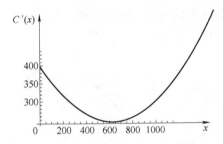

图 6-6-1　滑板车边际成本函数图

解：(1) 利用边际与经济总量函数的关系，得总成本函数为

$$C(x) = \int_0^x C'(t)\mathrm{d}t + C(0) = \int_0^x \left[400 - \frac{1}{2}t + \left(\frac{t}{50}\right)^2\right]\mathrm{d}t + 2000$$

$$= 400x - \frac{1}{4}x^2 + \frac{1}{7500}x^3 + 2000.$$

(2) 月产量从 300 辆增加到 600 辆需增加投入的成本为：
$\Delta C = C(600) - C(300) = 77700.$

(3) 月产量从 600 辆增加到 900 辆需增加投入的成本为：
$\Delta C = C(900) - C(600) = 75900.$

(4) 月产量从 900 辆增加到 1200 辆需增加投入的成本为：
$\Delta C = C(1200) - C(900) = 95700.$

注 1：例 6.6.1 中，由于月产量的变化导致投入成本的改变量 ΔC 也可以通过式（6.6.3）计算得到.

注 2：比较例 6.6.1 得到的结果，可以发现月产量变化相同的情况下，导致的需增加投入的成本并不相同，也未必呈现单调趋势.

例 6.6.2　某滑板车生产厂家，每月滑板车的产销量为 x（$0 \leqslant$

$x \leqslant 1500$) 辆，边际成本函数为：$C'(x) = 400 - \dfrac{1}{2}x + \left(\dfrac{x}{50}\right)^2$，边际

收益函数为：$R'(x) = 400 + \dfrac{200}{x+1}$. 每月固定成本为 $C(0) = 2000$，

销量为 0 时的收益 $R(0) = 0$. 求该厂家每月的总利润函数 $L(x)$.

解：总收益函数为

$$R(x) = \int_0^x R'(t)\,\mathrm{d}t + R(0) = \int_0^x \left(400 + \dfrac{200}{t+1}\right)\mathrm{d}t$$
$$= 400x + 200\ln(x+1).$$

总成本函数为

$$C(x) = \int_0^x C'(t)\,\mathrm{d}t + C(0) = 400x - \dfrac{1}{4}x^2 + \dfrac{1}{7500}x^3 + 2000.$$

所以，总利润函数为

$$L(x) = R(x) - C(x)$$
$$= 200\ln(x+1) + \dfrac{1}{4}x^2 - \dfrac{1}{7500}x^3 - 2000.$$

图 6-6-2 给出了总利润函数的图像，从图中可以看出，在产销量 $x \in [0, 1500]$ 的范围内确实存在使得总利润取得最大值的点.

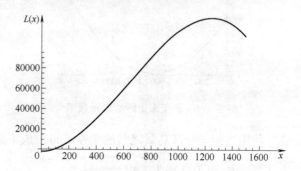

图 6-6-2   滑板车总利润函数曲线图

6.6.2 利用积分求平均价格

经济活动中，由于价格 p 会影响供给量和需求量 x，反之供给量和需求量也会影响价格，因此价格 p 通常也表示为产销量 x 的函数 $p = p(x)$. 由于这里的价格为变量，如何得到价格的平均值就成了值得研究的问题.

基于积分中值定理给出的函数平均值为研究价格的平均值提供了有效的数学工具. 函数的平均值在第 6.1.4 小节有详细的介绍. 这里简单回顾如下：如果函数 $p = p(x)$ 是区间 $[a, b]$ 上的连续函数，则 $p = p(x)$ 在 $[a, b]$ 上的平均值定义如下：

$$p(\xi) = \dfrac{\int_a^b p(x)\,\mathrm{d}x}{b-a}. \tag{6.6.4}$$

例 6.6.3　已知某商品每月的价格需求函数为 $p = p(x) = 400 + 200\,\mathrm{e}^{-0.02x}$，其中 p 为价格（单位：元），x 为需求量（单位：个）．求需求区间为 $[100,200]$ 的平均价格．

解：需求区间为 $[100,200]$ 的平均价格为

$$
\begin{aligned}
\overline{p} &= \frac{\displaystyle\int_{100}^{200} p(x)\mathrm{d}x}{200-100} = \frac{\displaystyle\int_{100}^{200}(400+200\,\mathrm{e}^{-0.02x})\mathrm{d}x}{100} \\
&= \frac{1}{100}(400x - 10000\,\mathrm{e}^{-0.02x})\Big|_{100}^{200} \\
&= 400 + 100(\mathrm{e}^{-2} - \mathrm{e}^{-4}) \\
&\approx 411.7.
\end{aligned}
$$

6.6.3　国民收入分配问题

国民收入分配是否平等历来都是热门话题．本节讨论刻画国民收入分配不平均程度的洛伦兹（Lorenz）曲线和基尼（Gini）系数．

1. 洛伦兹曲线

洛伦兹曲线（Lorenz curve）是美国统计学家洛伦兹提出并用于研究国民收入在国民之间的分配是否平均．它先将一国或一地区人口按收入由低到高排序，然后考虑收入最低的任意百分比人口所得到的收入百分比．例如最低的 10%、20% 的人口等所得到的收入比例分别为 1.1%、3.5% 等，见表 6-6-1，然后将这样得到的人口累计百分比和收入累计百分比的对应关系制成图表，即得到洛伦兹曲线，如图 6-6-3 所示．

表 6-6-1　人口与收入分配累计

人口百分比累计	收入百分比累计	绝对平均百分比累计
0	0	0
10%	1.1%	10%
20%	3.5%	20%
40%	14%	40%
60%	30%	60%
80%	55%	80%
100%	100%	100%

如果收入是绝对均等的（当然这只是一种理想化的状态），每 1% 的人口都得到 1% 的收入，累计 50% 的人口就得到累计 50% 的收入，累计 99% 的人口就得到累计 99% 的收入，则收入分配是完全平均的，累计收入曲线就是图 6-6-3 中的对角线 OL，称为"绝对平均线"．

假如收入分配绝对不均等（当然这也是一种设想的状态），几

乎所有的人口均一无所有．例如 99％ 的人完全没有收入，而所有的收入都集中在 1％ 的人手中，即 1％ 的人拥有 100％ 的收入，这种情形下的累计分配曲线就是由横轴和右边垂线组成的折线 OHL，称为"绝对不平均线"．

一般来说，一个国家、一个地区的收入分配，既不是绝对平均的，也不是绝对不平均的，而是介于两者之间．那么相应的洛伦兹曲线既不是折线 OHL，也不是对角线 OL，而是介于两者之间的那条向横轴突出的 OCL 曲线．

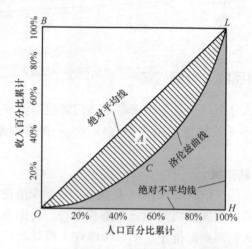

图 6-6-3　洛伦兹曲线

洛伦兹曲线的弯曲程度具有重要意义，一般来说它的弯曲程度反映了收入的不平均程度，弯曲程度越大，收入分配程度越不平均．洛伦兹曲线和对角线之间的那块月牙形区域（图 6-6-3 中的阴影部分）可以看成是贫富之间的那条沟坎，面积 A 的大小可以用来表征实际收入分配与平均分配的差距：面积 A 越大，洛伦兹曲线弯曲度越大，说明收入差距越大，收入分配越不平均；反之，面积 A 越小，洛伦兹曲线越平缓，说明社会收入差距越小，收入分配越趋向于平均．因此，面积 A 也称为不平均面积．

为了方便计算面积 A，取横轴 OH 为 x 轴，纵轴 OB 为 y 轴，设图 6-6-3 中的洛伦兹曲线 OCL 可近似表示为函数 $y=f(x)$，则不平均面积 A 可用积分的形式表示为

$$A = \int_0^1 (x-f(x))\mathrm{d}x = \frac{1}{2}x^2\Big|_0^1 - \int_0^1 f(x)\mathrm{d}x = \frac{1}{2} - \int_0^1 f(x)\mathrm{d}x.$$

$$(6.6.5)$$

2. 基尼系数

不平均面积 A 与三角形 OHL 面积的比，在经济学上称为基尼系数（Gini coefficient），用 G 表示，即

$$G = 2A = 2\int_0^1 (x-f(x))\mathrm{d}x = 1 - 2\int_0^1 f(x)\mathrm{d}x. \quad (6.6.6)$$

基尼系数 G 的取值恰好介于 0 和 1 之间：当 $G=0$ 时，是完全平均的情形；$G=1$ 是完全不平均的情形．基尼系数 G 越靠近 0，说明国民收入的分配越趋向于平均；该值越靠近 1，说明国民收入的分配越趋向于不平均．

例 6.6.4　某国 2019 年国民收入分配对应的洛伦兹曲线可近似地由 $y=x^{2.5}(x\in[0,1])$ 表示，求该国 2019 年的基尼系数．

解：$G=1-2\displaystyle\int_0^1 f(x)\mathrm{d}x=1-2\int_0^1 x^{2.5}\mathrm{d}x=1-\left(\dfrac{4}{7}x^{\frac{7}{2}}\right)\Big|_0^1=\dfrac{3}{7}\approx 0.43.$

6.6.4　资本的现值与投资问题

资本将来值．资本将来值是指货币资金未来的价值，表现为本利和．设当前有 P 元货币资金，若按年利率 r 做连续复利计算，则 t 年后的价值为 $P\mathrm{e}^{rt}$ 元．

资本现值．资本现值是指将来某一时点的资金折合成现值的价值．例如，若 t 年后要有 P 元，则按年利率 r 做连续复利计算，现应有 $P\mathrm{e}^{-rt}$ 元．

上述只是某一时点的将来值和现值，而如果要分析某个时间区间 $[0,T]$ 上收益相关的将来值和现值，则需要研究收益流的将来值和现值．

所谓**收益流**，顾名思义，就是将收益看作一个随时间 t 连续变化的函数，这个函数就称为收益流．

收益流对于时间 t 的变化率称为**收益流量**．收益流量可以理解为收益的"速率"，它表示 t 时刻单位时间内的收益，因此也称为收益率，通常用 $P(t)$ 表示．

如果不考虑利率因素，以 $P(t)$ 为收益率的收益流在时间区间 $[0,T]$ 上的总收益可以用微元法的思想来研究，方法如下：

（1）选 t 作积分变量，t 的取值范围为 $[0,T]$．

（2）在 $[0,T]$ 上选一个典型小区间 $[t,t+\mathrm{d}t]$，则收益流的微元 $\mathrm{d}R=P(t)\mathrm{d}t$．

（3）在 $[0,T]$ 上的总收益 $R=\displaystyle\int_0^T \mathrm{d}R=\int_0^T P(t)\mathrm{d}t$．

如果考虑利率因素，利率为按年利率 r 的连续复利，则对于收益率为 $P(t)$ 的收益流，它在时间区间 $[0,T]$ 上的将来值（这里当前为 $t=0$，将来为 $t=T$），同样可以用微元法的思想来研究，方法如下：

（1）选 t 作积分变量，t 的取值范围为 $[0,T]$．

（2）在 $[0,T]$ 上选一个典型小区间 $[t,t+\mathrm{d}t]$，则收益流的将来值的微元 $\mathrm{d}R=P(t)\mathrm{e}^{r(T-t)}\mathrm{d}t$．

（3）在 $[0,T]$ 上的收益流的将来值

$$R_{将来值} = \int_0^T dR = \int_0^T P(t) \, e^{r(T-t)} \, dt. \qquad (6.6.7)$$

用同样的方法，可以获得从 $t=0$（现在）开始，到 $t=T$（将来）结束，在 $[0,T]$ 上的收益流的现值

$$R_{现值} = \int_0^T dR = \int_0^T P(t) \, e^{-rt} \, dt. \qquad (6.6.8)$$

例 6.6.5 假设年利率为 $r=0.1$，按连续复利计算：

（1）以每年 100 元为均匀收益率的收益流在未来 20 年期间的将来值和现值.

（2）收益流的将来值和现值的关系如何，并给出解释.

解：（1）因为是均匀收益率，$P(t)=100$. 以年利率为 0.1 的连续复利计算，收益流的将来值为

$$R_{将来值} = \int_0^T P(t) \, e^{r(T-t)} \, dt = \int_0^{20} 100 \, e^{0.1(20-t)} \, dt$$

$$= -1000 \, e^{0.1(20-t)} \Big|_0^{20} = 1000(e^2 - 1).$$

收益流的现值为

$$R_{现值} = \int_0^T P(t) \, e^{-rt} \, dt = \int_0^{20} 100 \, e^{-0.1t} \, dt$$

$$= -1000 \, e^{-0.1t} \Big|_0^{20} = 1000(1 - e^{-2}).$$

（2）因为收益流的将来值为 $R_{将来值} = 1000(e^2 - 1) = 1000 \, e^2(1 - e^{-2})$，

收益流的现值为 $R_{现值} = 1000(1 - e^{-2})$.

显然，$R_{将来值} = e^2 \, R_{现值}$.

其经济学解释为：若在现在（$t=0$ 时刻）以收益流的现值 $R_{现值}$ 作为一笔存款存入银行，以年利率 $r=0.1$ 做连续复利计息，则在 20 年年末这笔存款的将来值为

$$1000(1 - e^{-2})e^{0.1 \times 20} = 1000(1 - e^{-2})e^2 = 1000(e^2 - 1)，$$

这恰好是收益流的将来值 $R_{将来值}$.

更一般地，若以年利率 r 做连续复利计息，则从现在到 T 年年末，收益流的将来值等于将该收益流的现值作为一笔存款存入银行 T 年年末的将来值.

例 6.6.6 现对某企业给予一笔投资 A，经测算，该企业在未来 T 年中可以按每年 a 元的均匀收益速率获得收益，若年利率为 r，按连续复利计算，试求：

（1）该投资的收益流现值.

（2）收回该笔投资所需的时间.

解：（1）因为是均匀收益率，$P(t)=a$. 以年利率为 r 的连续复利计算，收益流现值为

$$R_{现值} = \int_0^T P(t)\,e^{-rt}\,dt = \int_0^T a\,e^{-rt}\,dt = -\frac{a}{r}\,e^{-rt}\Big|_0^T = \frac{a}{r}(1-e^{-rT}).$$

（2）收回该笔投资，即收益流的现值等于投资 A，所以，$\frac{a}{r}(1-e^{-rT})=A$，即

$$e^{-rT}=1-\frac{rA}{a}=\frac{a-rA}{a},$$

两边取对数：$-rT=\ln\frac{a-rA}{a}$，从而解出 T，即收回投资的时间为

$$T=-\frac{1}{r}\ln\frac{a-rA}{a}=\frac{1}{r}\ln\frac{a}{a-rA}.$$

习题 6.6

1. 已知某商品每月的价格供给函数为 $p=S(x)=400+10\,e^{0.01x}$，其中 p 为价格（单位：元），x 为供给量（单位：个）. 求供给区间为 $[100,200]$ 的平均价格.

2. 已知某生产厂商的边际收入为 $R'(q)=3-0.1q$，q 为销售量，求该生产厂商的总收入函数 $R(q)$.

3. 某手机生产厂商推出 5G 新型手机，已知该新型手机的销售率可用函数 $y=200-90\,e^{-2x}$ 描述，其中 x 表示天数，求前四天总的销售量.

4. 某人从开发商处购买一套住房，成交价格为 500 万元，若首付 300 万元，剩余款项分期付款，每月付款数目相同，25 年（300 个月）付清，月利率为 0.4%，按连续复利计算，问每月应付款多少？（$e^{-1.2}\approx0.3012$）

5. 某汽车经销商开展"0 元购车"促销活动. 某人看到促销广告后，打算从该汽车经销商处购买 1 辆汽车，该车价格为 24 万元，首付款 0 万元，购车后每月还款 2 万元，12 个月还清. 已知银行的贷款利率为月利率 0.4%，且按连续复利计算. 但是，经销商额外要求若享受该活动的优惠，需要在购车当日支付 0.6 万元手续费，否则按正常贷款利率进行贷款购车. 请你帮助这位购车人做判断，若购车，参加经销商的促销活动是否合算？

附录 A　常用初等代数公式

1. 一元二次方程 $ax^2+bx+c=0$

根的判别式 $\Delta=b^2-4ac$.

当 $\Delta>0$ 时，方程有两个相异实根.

当 $\Delta=0$ 时，方程有两个相等实根.

当 $\Delta<0$ 时，方程有共轭复根.

求根公式为 $\qquad x_{1,2}=\dfrac{-b\pm\sqrt{b^2-4ac}}{2a}$.

2. 对数的运算性质

(1) $a^y=x$，则 $y=\log_a x$.

(2) $\log_a a=1$，$\log_a 1=0$，$\ln e=1$，$\ln 1=0$.

(3) $\log_a(xy)=\log_a x+\log_a y$.

(4) $\log_a \dfrac{x}{y}=\log_a x-\log_a y$.

(5) $\log_a x^b=b\log_a x$.

(6) $a^{\log_a x}=x$，$e^{\ln x}=x$.

3. 指数的运算性质

(1) $a^m a^n=a^{m+n}$.　　(2) $\dfrac{a^m}{a^n}=a^{m-n}$.　　(3) $(a^m)^n=a^{mn}$.

(4) $(ab)^m=a^m b^m$.　　(5) $\left(\dfrac{a}{b}\right)^m=\dfrac{a^m}{b^m}$.

4. 常用二项展开及分解公式

(1) $(a+b)^2=a^2+2ab+b^2$.

(2) $(a-b)^2=a^2-2ab+b^2$.

(3) $(a+b)^3=a^3+3a^2 b+3ab^2+b^3$.

(4) $(a-b)^3=a^3-3a^2 b+3ab^2-b^3$.

(5) $a^2-b^2=(a+b)(a-b)$.

(6) $a^3-b^3=(a-b)(a^2+ab+b^2)$.

(7) $a^3+b^3=(a+b)(a^2-ab+b^2)$.

(8) $a^n-b^n=(a-b)(a^{n-1}+a^{n-2}b+a^{n-3}b^2+\cdots+b^{n-1})$.

(9) $(a+b)^n=C_n^0 a^n+C_n^1 a^{n-1}b+C_n^2 a^{n-2}b^2+\cdots+C_n^k a^{n-k}b^k$
　　　$+\cdots+C_n^n b^n$，

其中组合系数 $C_n^m = \dfrac{n(n-1)(n-2)\cdots(n-m+1)}{m!}$，$C_n^0 = 1$，$C_n^n = 1$.

5. 常用不等式及其运算性质

如果 $a > b$，则有：

(1) $a \pm c > b \pm c$.

(2) $ac > bc (c > 0)$，$ac < bc (c < 0)$.

(3) $\dfrac{a}{c} > \dfrac{b}{c} (c > 0)$，$\dfrac{a}{c} < \dfrac{b}{c} (c < 0)$.

(4) $a^n > b^n (n > 0,\ a > 0,\ b > 0)$，$a^n < b^n (n < 0,\ a > 0,\ b > 0)$.

(5) $\sqrt[n]{a} > \sqrt[n]{b}$（$n$ 为正整数，$a > 0$，$b > 0$）.

对于任意实数 a，b，均有

(6) $|a| - |b| \leqslant |a+b| \leqslant |a| + |b|$.

(7) $a^2 + b^2 \geqslant 2ab$.

6. 常用数列公式

(1) 等差数列：a_1，$a_1 + d$，$a_1 + 2d$，$\cdots$，$a_1 + (n-1)d$，其公差为 d，前 n 项的和为

$$s_n = a_1 + (a_1 + d) + (a_1 + 2d) + \cdots + [a_1 + (n-1)d] = \frac{a_1 + [a_1 + (n-1)d]}{2}n.$$

(2) 等比数列：a_1，$a_1 q$，$a_1 q^2$，$\cdots$，$a_1 q^{n-1}$，其公比为 q，前 n 项的和为

$$s_n = a_1 + a_1 q + a_1 q^2 + \cdots + a_1 q^{n-1} = \frac{a_1(1 - q^n)}{1 - q}.$$

(3) 一些常见数列的前 n 项和

$$1 + 2 + 3 + \cdots + n = \frac{1}{2}n(n+1).$$

$$1 + 3 + 5 + \cdots + (2n-1) = n^2.$$

$$2 + 4 + 6 + \cdots + 2n = n(n+1).$$

$$1^2 + 2^2 + 3^2 + \cdots + n^2 = \frac{1}{6}n(n+1)(2n+1).$$

$$1^2 + 3^2 + 5^2 + \cdots + (2n-1)^2 = \frac{1}{3}n(4n^2 - 1).$$

$$1 \times 2 + 2 \times 3 + 3 \times 4 + \cdots + n(n+1) = \frac{1}{3}n(n+1)(n+2).$$

$$\frac{1}{1 \times 2} + \frac{1}{2 \times 3} + \frac{1}{3 \times 4} + \cdots + \frac{1}{n(n+1)} = 1 - \frac{1}{n+1}.$$

7. 阶乘 $n! = n(n-1)(n-2)\cdots 2 \times 1$.

附录 B　常用基本三角公式

1. 基本公式

$\sin^2 x + \cos^2 x = 1$，$1 + \tan^2 x = \sec^2 x$，$1 + \cot^2 x = \csc^2 x$.

2. 倍角公式

$\sin 2x = 2\sin x\cos x.$

$\cos 2x = \cos^2 x - \sin^2 x = 1 - 2\sin^2 x = 2\cos^2 x - 1.$

$\tan 2x = \dfrac{2\tan x}{1 - \tan^2 x}.$

3. 半角公式

$\sin^2 \dfrac{x}{2} = \dfrac{1 - \cos x}{2}, \quad \cos^2 \dfrac{x}{2} = \dfrac{1 + \cos x}{2}, \quad \tan \dfrac{x}{2} = \dfrac{1 - \cos x}{\sin x}.$

4. 加法公式

$\sin(x \pm y) = \sin x\cos y \pm \cos x\sin y.$

$\cos(x \pm y) = \cos x\cos y \mp \sin x\sin y.$

$\tan(x \pm y) = \dfrac{\tan x \pm \tan y}{1 \mp \tan x\tan y}.$

5. 和差化积公式

$\sin x + \sin y = 2\sin \dfrac{x+y}{2}\cos \dfrac{x-y}{2}.$

$\sin x - \sin y = 2\cos \dfrac{x+y}{2}\sin \dfrac{x-y}{2}.$

$\cos x + \cos y = 2\cos \dfrac{x+y}{2}\cos \dfrac{x-y}{2}.$

$\cos x - \cos y = -2\sin \dfrac{x+y}{2}\sin \dfrac{x-y}{2}.$

6. 积化和差公式

$\sin x\cos y = \dfrac{1}{2}\left[\sin(x+y) + \sin(x-y)\right].$

$\cos x\sin y = \dfrac{1}{2}\left[\sin(x+y) - \sin(x-y)\right].$

$\cos x\cos y = \dfrac{1}{2}\left[\cos(x+y) + \cos(x-y)\right].$

$\sin x\sin y = -\dfrac{1}{2}\left[\cos(x+y) - \cos(x-y)\right].$

附录 C   常用曲线

1. 笛卡儿叶形线

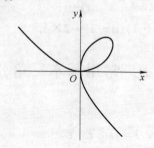

$$x^3 + y^3 - 3axy = 0, \quad \text{或} \begin{cases} x = \dfrac{3at}{1+t^3}, \\ y = \dfrac{3a t^2}{1+t^3}, \end{cases}$$

2. 星形线

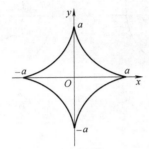

$$x^{\frac{2}{3}} + y^{\frac{2}{3}} = a^{\frac{2}{3}}, \quad \text{或} \begin{cases} x = a\cos^3\theta, \\ y = a\sin^3\theta, \end{cases} 0 \leqslant \theta \leqslant 2\pi.$$

3. 摆线

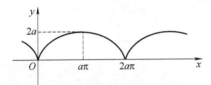

$$\begin{cases} x = a(\theta - \sin\theta), \\ y = a(1 - \cos\theta), \end{cases} -\infty < \theta < \infty.$$

4. 心形线

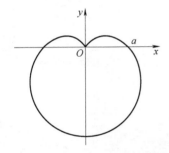

$$\rho = a(1 - \sin\theta).$$

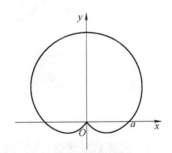

$$\rho = a(1 + \sin\theta).$$

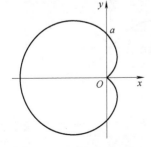

$$\rho = a(1 - \cos\theta).$$

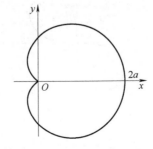

$$\rho = a(1 + \cos\theta).$$

5. 阿基米德螺线

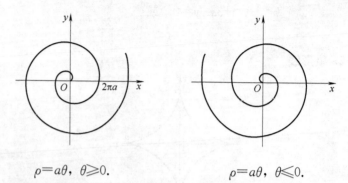

$\rho=a\theta, \ \theta\geqslant 0.$

$\rho=a\theta, \ \theta\leqslant 0.$

6. 双曲螺线

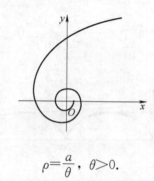

$\rho=\dfrac{a}{\theta}, \ \theta>0.$

7. 悬链线

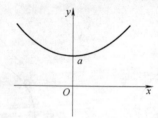

$y=\dfrac{a}{2}(\mathrm{e}^{\frac{x}{a}}+\mathrm{e}^{-\frac{x}{a}}).$

8. 伯努利双纽线

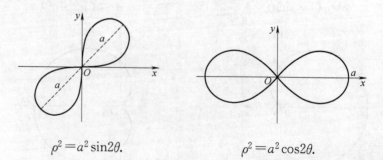

$\rho^2=a^2\sin 2\theta.$

$\rho^2=a^2\cos 2\theta.$

9. 三叶玫瑰线

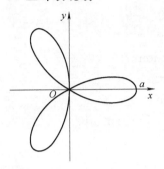

$\rho = a\cos 3\theta.$

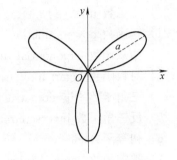

$\rho = a\sin 3\theta.$

10. 四叶玫瑰线

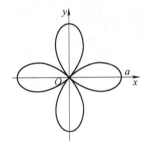

$\rho = a\cos 2\theta.$

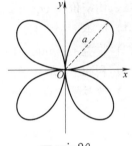

$\rho = a\sin 2\theta.$

附录 D　专业术语中英文对照表及出现页码

部分习题答案与提示

第1章

习题1.1

1. (1) $(-\infty,-2]\bigcup[2,+\infty)$;   (2) $[-1,0)\bigcup(0,1]$;

    (3) $(1,+\infty)$;   (4) $(2,3]$.

2. (1) 偶;   (2) 奇;

    (3) 偶;   (4) 奇;

    (5) 偶.

3. 提示：$f(x+2c)=f(x+c+c)=-f(x+c)=f(x)$，即 $2c$ 是 $f(x)$ 的一个周期.

4. $f(x)=\begin{cases} x^2, & 0<x\leqslant 2, \\ (x-2)^2, & 2<x\leqslant 4, \\ (x-4)^2, & 4<x\leqslant 6. \end{cases}$

5. 提示：在区间 (a,b) 内任取两点 $x_1\leqslant x_2$. 分不同情况来证明 $\varphi(x_1)\leqslant\varphi(x_2)$. 例如，若 $\varphi(x_1)=f(x_1),\varphi(x_2)=f(x_2)$，或者 $\varphi(x_1)=g(x_1),\varphi(x_2)=g(x_2)$，则显然有 $\varphi(x_1)\leqslant\varphi(x_2)$. 若 $\varphi(x_1)=f(x_1),\varphi(x_2)=g(x_2)$，则由 $f(x_1)\leqslant f(x_2)\leqslant g(x_2)$ 即得 $\varphi(x_1)\leqslant\varphi(x_2)$. $\varphi(x_1)=g(x_1),\varphi(x_2)=f(x_2)$ 的情形同理可证. 读者可用同样的方法证明当 $x_1\leqslant x_2$ 时，有 $\psi(x_1)\leqslant\psi(x_2)$.

习题1.2

1. $[e^{-1},1)\bigcup(1,e]$.

2. $f(f(x))=\begin{cases} x+2, & x<-1, \\ 1, & x\geqslant-1. \end{cases}$

3. $f(f(f(x)))=1$.

4. (1) $y=9-x^2\ (x\geqslant 0)$;   (2) $y=\log_2\dfrac{x}{1-x}$;

    (3) $y=\begin{cases} x+1, & x<-1, \\ \sqrt{x}, & x\geqslant 0. \end{cases}$ (4) $y=\ln(x+\sqrt{x^2+1})$;

    (5) $y=\dfrac{4x}{(x+1)^2}$.

5. $f(x) = \dfrac{3}{4}x + \dfrac{x+1}{4(x-1)}$.

6. $a=2$ 时，是复合函数，定义域为 $(-\infty, +\infty)$；$a=\dfrac{1}{2}$ 时，是复合函数，定义域为 $\left(2k\pi - \dfrac{7}{6}\pi, 2k\pi + \dfrac{\pi}{6}\right)$ $(k \in \mathbf{Z})$；$a=-2$ 时，不构成复合函数.

习题 1.3

1. (1) $Q_s = 5000P_s - 20000$.

(2) $Q_d = 13000 - 1000 P_d$.

(3) $P_0 = 5.5$, $Q_0 = 7500$.

2. 月利润为：$L(x) = 250x - x^2 - 10000$.

3. $R(x) = \begin{cases} ax, & 0 < x \leq 50, \\ 50a + 0.8a(x - 50), & x > 50. \end{cases}$

4. (1) 要卖掉 150 台游戏机，厂家才可保本.

(2) 卖掉 100 台的话，厂家亏损了 2500 元.

(3) 要获得 1250 元利润，需卖掉 175 台游戏机.

第 2 章

习题 2.1

1. (1) 提示：$\forall \varepsilon > 0$，要使得 $\left| \dfrac{n+1}{2n+1} - \dfrac{1}{2} \right| < \varepsilon$，即使得 $\left| \dfrac{1}{4n+2} \right| < \varepsilon$，因为 $\left| \dfrac{1}{4n+2} \right| < \dfrac{1}{4n}$，所以，只需 $\dfrac{1}{4n} < \varepsilon$ 即可. 因此可取 $N = \dfrac{1}{4\varepsilon}$，则当 $n > N$ 时，恒有 $\left| \dfrac{1}{4n+2} \right| < \varepsilon$，即 $\lim\limits_{n \to +\infty} \dfrac{n+1}{2n+1} = \dfrac{1}{2}$.

(2) 提示：$\forall \varepsilon > 0$，要使得 $\left| \sqrt{n+1} - \sqrt{n} - 0 \right| < \varepsilon$，即使得 $\left| \dfrac{1}{\sqrt{n+1} + \sqrt{n}} \right| < \varepsilon$，因为 $\left| \dfrac{1}{\sqrt{n+1} + \sqrt{n}} \right| < \dfrac{1}{\sqrt{n}}$，所以，只需 $\dfrac{1}{\sqrt{n}} < \varepsilon$ 即可. 因此可取 $N = \dfrac{1}{\varepsilon^2}$，则当 $n > N$ 时，恒有 $\left| \sqrt{n+1} - \sqrt{n} - 0 \right| < \varepsilon$，即 $\lim\limits_{n \to +\infty} (\sqrt{n+1} - \sqrt{n}) = 0$.

(3) 提示：$\left| \dfrac{4n^2 + 3}{n^2 - n + 1} - 4 \right| = \left| \dfrac{4n - 1}{n^2 - n + 1} \right| < \left| \dfrac{4n}{n^2 - n} \right| < \left| \dfrac{4}{n-1} \right|$，所以，可取 $N = \dfrac{4}{\varepsilon} + 1$.

(4) 提示：$\left| \dfrac{2n + (-1)^n}{n} - 2 \right| = \left| \dfrac{(-1)^n}{n} \right| = \dfrac{1}{n}$，所以，可取

$$N = \frac{1}{\varepsilon}.$$

2. 提示：用反证法.

3. 提示：利用单调有界准则证明其极限的存在性. 然后利用极限的唯一性设 $\lim\limits_{n \to +\infty} x_n = A$，借助递推公式，求出极限值 A.

4. 提示：用夹逼准则.

习题 2.2

1. （1）提示：$\forall \varepsilon > 0$，要使得 $|\sqrt{x} - 2| < \varepsilon$，即使得 $\left| \frac{x-4}{\sqrt{x}+2} \right| < \varepsilon$，因为 $\left| \frac{x-4}{\sqrt{x}+2} \right| < \frac{|x-4|}{2}$，所以，只需 $\frac{|x-4|}{2} < \varepsilon$ 即可. 因此可取 $\delta = 2\varepsilon$，则当 $0 < |x-4| < \delta$ 时，恒有 $|\sqrt{x} - 2| < \varepsilon$，即 $\lim\limits_{x \to 4} \sqrt{x} = 2$.

（2）提示：$\forall \varepsilon > 0$，要使得 $|3x+2-8| < \varepsilon$，即使得 $|3x-6| < \varepsilon$，即使得 $|x-2| < \frac{\varepsilon}{3}$. 所以可取 $\delta = \frac{\varepsilon}{3}$，则当 $0 < |x-2| < \delta$ 时，恒有 $|3x+2-8| < \varepsilon$，即 $\lim\limits_{x \to 2} (3x+2) = 8$.

（3）提示：$\left| \frac{x^2-4}{x+2} + 4 \right| = |x-2+4| = |x-(-2)|$.

（4）提示：不妨设 $|x| > 1$，则 $\left| \frac{3x+1}{2x+1} - \frac{3}{2} \right| = \left| \frac{1}{4x+2} \right| = \frac{1}{|4x+2|} < \frac{1}{4|x|-2}$.

（5）提示：$\left| \frac{\sin x}{\sqrt{x}} - 0 \right| < \left| \frac{1}{\sqrt{x}} \right| = \frac{1}{\sqrt{x}}$.

（6）提示：$\forall \varepsilon > 0$，要使得 $|e^x - 1| < \varepsilon$，即 $1 - \varepsilon < e^x < 1 + \varepsilon$，即 $\ln(1-\varepsilon) < x < \ln(1+\varepsilon)$，只要取 $\delta = \min\{|\ln(1-\varepsilon)|, |\ln(1+\varepsilon)|\}$.

（7）提示：$|e^x - e^a| = |e^a(e^{(x-a)} - 1)| = e^a |e^{(x-a)} - 1|$，再结合（6）的结论.

2. 提示：不论取多么大的 $M > 0$，取 $x = [M] \times 2\pi + \frac{\pi}{2}$，则 $y = x \sin x = x > M$，取 $x = [M] \times 2\pi + \frac{3\pi}{2}$，则 $y = x \sin x = -x < -M$.

3. 提示：利用左右极限来判断.

4. 提示：分别考虑左右极限，以右极限为例，$1 \leqslant \sqrt[n]{(1+x)} \leqslant 1+x$，然后利用夹逼准则即得证.

5. $\lim\limits_{x \to 1} f(x)$ 不存在，$\lim\limits_{x \to -1} f(x)$ 不存在.

习题 2.3

1. （1）$\frac{1}{4}$;   （2）$\frac{1}{2}$;   （3）0;   （4）0;   （5）2;

(6) $3x^2$；　　(7) $\dfrac{3}{4}$；　　(8) 1；　　(9) 1；　　(10) 1.

2. 提示：利用反证法，结合四则运算法则即可.

习题 2.4

1. (1) 1；　　(2) $\dfrac{\sqrt{2}}{8}$；　　(3) -1；　　(4) n；

(5) e^2；　　(6) 1；　　(7) 1；　　(8) e^3.

2. $\dfrac{1}{2}$.

3. e^{-3}.

习题 2.5

1. (1) $\dfrac{3}{5}$；　　(2) $-\dfrac{2}{5}$；　　(3) $\dfrac{m^2}{2}$；　　(4) $\dfrac{1}{2}$.

2. 提示：结合 $\sec x=\dfrac{1}{\cos x}$，计算极限，以此来证明在 $x\to 0$ 这个过程下 $\sec x-1\sim\dfrac{1}{2}x^2$.

3. 提示：证明在 $x\to\infty$ 这个过程下，$\dfrac{\arctan x}{x}$ 的极限为 0.

4. $\lim\limits_{x\to 0}\dfrac{\sin\,(x^n)}{\sin^m x}=\begin{cases}\infty, & n<m,\\ 1, & n=m,\\ 0, & n>m.\end{cases}$

习题 2.6

1. (1) $a=1$；　　　　　　(2) $a=2$，$b=-\dfrac{3}{2}$.

2. (1) $x=\pm 1$，第二类间断点；

(2) $x=0$，第二类间断点；

(3) $x=0$，第一类（可去）间断点；

(4) $x=0$，第一类（可去）间断点.

3. (1) 当 $|x|>1$ 时，分子分母同除以 x^{2n}，有 $f(x)=$

$\lim\limits_{n\to\infty}\dfrac{x^{-2n}-1}{x^{-2n}+1}=-1$.

当 $|x|=1$ 时，有 $f(x)=\lim\limits_{n\to\infty}\dfrac{1-x^{2n}}{1+x^{2n}}=\lim\limits_{n\to\infty}\dfrac{0}{2}=0$.

当 $|x|<1$ 时，有 $f(x)=\lim\limits_{n\to\infty}\dfrac{1-x^{2n}}{1+x^{2n}}=1$.

利用间断点的定义，即可直接得出间断点，进而给出其类型.

(2) $f(x)$ 在 $(-\infty,1)\bigcup(1,+\infty)$ 内连续，1 是其间断点，

分析方法同（1）.

习题 2.7

1. （1）$\sqrt{3}$；　　　（2）$\cos e$；　　　（3）0；　　　（4）$1-e^2$.

2. 提示：构造函数 $f(x)=x^5-3x-1$，结合函数 $f(x)$ 在区间 $[1,2]$ 端点的符号，再利用连续函数的介值定理（或者零点存在定理）即可.

3. 提示：构造函数 $F(x)=f(x)-x$，利用连续函数的介值定理（或者零点存在定理）即可.

第 3 章

习题 3.1

1. （1）a；　　　（2）$-\dfrac{\sqrt{2}}{2}$；　　　（3）-2；　　　（4）1.

2. $-2019!$.

3. 2.

4. $a=0$，$b=1$.

5. 提示：设 $f(0)=a$，从导数的定义出发，借助 $f'(0)$ 的存在性，即可证明 $f'(0)=0$.

习题 3.2

1. （1）$-2x^{-3}$；　　　　　　　　　　（2）$(ae)^x \ln (ae)$；

　（3）$x^3(4\sin^2 x+x\sin 2x)$；　　（4）$-\dfrac{1+\cos x}{(x+\sin x)^2}$；

　（5）$\dfrac{3}{2\sqrt{x}}e^{3\sqrt{x}}$；　　　　　　　　（6）$\dfrac{2}{x^2-1}$.

2. $10!$.

3. $\dfrac{1}{x}$.

4. $-\dfrac{\sqrt{5}}{5}$.

5. 0.25%. 经济意义：当价格 $p=3$ 时，如果价格上涨（或下跌）1%，则需求量将减少（或增加）0.25%.

6. 提示：利用复合函数求导的法则，结合函数奇偶性的定义即可.

7. （1）.连续；

　（2）可导，$f'(0)=0$；

　（3）$f'(x)=\begin{cases} 2x\sin\dfrac{1}{x^2}-\dfrac{2}{x}\cos\dfrac{1}{x^2}, & x>0, \\ 0, & x\leqslant 0; \end{cases}$

(4) 不存在；

(5) 存在，$\lim\limits_{x \to 0^-} f'(x) = 0$；

(6) 不等于；

(7) 等于.

习题 3.3

1. (1) $\dfrac{x}{y}$；　　　　(2) $\dfrac{e^y}{1-xe^y}$；　　(3) $\dfrac{\sin y}{1-x\cos y}$；

　(4) $\dfrac{y}{y-x}$；　　(5) $-\csc^2(x+y)$；　　(6) $\dfrac{xy\ln y - y^2}{xy\ln x - x^2}$.

2. $2+\sqrt{3}$.

3. (1) $\dfrac{\mathrm{d}y}{\mathrm{d}x} = \dfrac{2}{t} - 1$.

　(2) 切点为$(2,3)$，切线方程：$y = x+1$.

4. $\dfrac{\sin\theta + \theta\cos\theta}{\cos\theta - \theta\sin\theta}$.

5. $4x - 4y + \sqrt{3} + 1 = 0$.

习题 3.4

1. (1) $e^{-\sin x}(\cos^2 x + \sin x)$；

　(2) $\dfrac{2(1-\ln x)}{x^2} f'(\ln^2 x) + \dfrac{4\ln^2 x}{x^2} f''(\ln^2 x)$；

　(3) $\dfrac{e^{2y}(3-y)}{(2-y)^3}$；

　(4) $k^n \sin\left(kx + \dfrac{n\pi}{2}\right)$；

　(5) $(-1)^n \dfrac{2^n n!}{(2x+1)^{n+1}}$；

　(6) $-\dfrac{(n-1)!}{(3-x)^n} + (-1)^{n-1}\dfrac{(n-1)!}{(1+x)^n}$.

2. $x^{x^x} x^x \left(\ln^2 x + \ln x + \dfrac{1}{x}\right)$.

3. $-\dfrac{4\sin y}{(2-\cos y)^3}$.

4. $y^{(n)}(0) = \begin{cases} 0, & n = 2k, \\ (-1)^{\frac{n-1}{2}}(n-1)!, & n = 2k-1. \end{cases}$

5. $\dfrac{\mathrm{d}y}{\mathrm{d}x} = \dfrac{3+3t}{2}$，$\dfrac{\mathrm{d}^2 y}{\mathrm{d}x^2} = \dfrac{3}{4(1-t)}$.

6. $\dfrac{\mathrm{d}^2 y}{\mathrm{d}x^2} = -\dfrac{2}{9y^5}$，$\dfrac{\mathrm{d}^2 y}{\mathrm{d}x^2}\bigg|_{t=0} = -\dfrac{2}{9}$.

习题 3.5

1. (1) $dy = \dfrac{1}{(1-x)^2} dx$；　　　(2) $dy = x(2\sin x + x\cos x)dx$；

(3) $dy = \dfrac{e^x}{1+e^{2x}} dx$；　　　(4) $dy = 2x(1+x)e^{2x}dx$.

2. $\dfrac{1}{-2x\sqrt{1-x^2}}$.

3. $dy = -\dfrac{(x-y)^2}{2+(x-y)^2} dx$.

4. $\dfrac{dy}{dx} = \dfrac{2}{t}$，$\dfrac{d^2y}{dx^2} = -\dfrac{2(1+t^2)}{t^4}$.

5. 9.986.

6. $\Delta V = 30.301\text{m}^3$，$dV \approx 30\text{m}^3$.

第 4 章

习题 4.1

1. 提示：首先证明在区间$(-\infty,+\infty)$有根（即存在性），然后证明其唯一性. 可用反证法，结合罗尔定理证明.

2. (1) 提示：令 $f(x) = \ln\left(1+\dfrac{1}{x}\right) - \dfrac{1}{1+x}$，显然 $\lim\limits_{x\to+\infty} f(x) = 0$. 然后证明 $f(x)$ 在区间$(0,+\infty)$内单调减少.

(2) 提示：令 $f(x) = 1 + \dfrac{x^2}{2} - e^{-x} - \sin x$，然后讨论 $f(x)$ 在区间 $(0,1)$ 内的单调性.

3. 提示：令 $f(x) = \arctan x + \text{arccot}x$，然后计算 $f(x)$ 的导数，得出 $f(x)$ 为常函数的结论，然后代入特殊点的值，即可完成证明.

4. 提示：$F(0) = F(1) = 0$，所以 $\exists \eta \in (0,1)$，使 $F'(\eta) = 0$. 另外，由于 $F'(x) = f(x) + xf'(x)$，所以，$F'(0) = 0$. 在区间$[0,\eta]$上应用罗尔定理，即得结论.

5. $\xi = \dfrac{14}{9}$.

习题 4.2

1. (1) 2；　　(2) $\dfrac{\sqrt{3}}{3}$；　　(3) $\ln\dfrac{2}{3}$；

(4) 0；　　(5) $\dfrac{1}{2}$；　　(6) $\dfrac{1}{2}$.

2. $\dfrac{1}{2}f'(0)$.

3. (1) $a = g'(0)$ 时，$f(x)$ 在点 $x = 0$ 处连续

(2) $f'(x) = \begin{cases} \dfrac{x(g'(x) + \sin x) - (g(x) - \cos x)}{x^2}, & x \neq 0, \\ \dfrac{1}{2}(g''(0) + 1), & x = 0; \end{cases}$

(3) $f'(x)$ 在点 $x = 0$ 处连续.

习题 4.3

1. (1) $-\dfrac{1}{12}$;　　　　(2) 2.

2. $f(x) = x + R_2(x)$，其中 $R_2(x) = \dfrac{2\sin^2(\theta x) + 1}{3\cos^4(\theta x)}x^3, 0 < \theta < 1$.

3. $f(x) = x - x^2 + \dfrac{1}{2!}x^3 + \cdots + \dfrac{(-1)^{n-1}}{(n-1)!}x^n + \dfrac{(-1)^n e^{-\xi}(n + 1 - \xi)}{(n+1)!}x^{n+1}, 0 < \xi < x$.

4. $f^{(5)}(0) = 9$.

习题 4.4

1. $(-\infty, -1]$ 上单调增加，$[-1, 3]$ 上单调减少，$[3, +\infty)$ 上单调增加，极大值 $f(-1) = 17$，极小值 $f(3) = -47$.

2. (1) 最大值为 $y(3) = 9$，最小值为 $y(2) = -16$;

(2) 最大值为 $y(1) = y\left(\dfrac{5}{2}\right) = 5$，最小值为 $y(0) = 0$.

3. (1) $(-\infty, +\infty)$ 内是上凸的，没有拐点;

(2) $(-\infty, 2)$ 内是上凸的，$(2, +\infty)$ 内是下凸的，$(2, 2e^{-2})$ 是拐点.

4. 提示：构造函数 $y = \ln x$，分析该函数的凹凸性，然后结合定义即可完成证明.

习题 4.5

1. (1) $y = x + \dfrac{\pi}{2}$;

(2) $x = 1$，$y = x + 5$;

(3) $y = -x + 1$，$y = x - 1$.

2. 提示：按照函数作图的步骤，画出函数的图像.

习题 4.6

1. (1) $R(Q) = \dfrac{bQ}{a + Q} + cQ$.

(2) $R'(Q) = \dfrac{ab}{(a+Q)^2} + c$.

2. 当 $Q=\dfrac{5}{4}$ 时，利润 $L(Q)$ 最大，最大值 $L\left(\dfrac{5}{4}\right)=\dfrac{25}{4}$.

3. $\eta(8)=-4$，表示价格从 8 上升 1%，需求量相应减少 4%.

4. (1) $Q'(4)=-8$.

(2) $\left.\dfrac{EQ}{Ep}\right|_{p=4}=-\dfrac{32}{59}\approx-0.54$，表示价格从 4 上涨（或下跌）$1\%$ 时，需求量会减少（或增加）0.54%.

(3) $x=5$ 是极大值点，也是最大值点，即总收益最大，最大值为 $S(5)=250$.

第 5 章

习题 5.1

1. (1) $\dfrac{1}{2}(x-\sin x)+C$；

(2) $-\dfrac{1}{x}-3\sin x+\ln|x|+C$；

(3) $-\dfrac{1}{x}-\arctan x+C$；

(4) $\tan x-\cot x+C$.

2. $y=\ln|x|+1$.

3. $Q(p)=1000(17-16\mathrm{e}^{-0.125p})$.

习题 5.2

1. (1) $\dfrac{1}{3}\ln|3x+5|+C$；　　(2) $\dfrac{1}{8}(3+2x)^4+C$；

(3) $\ln|\mathrm{e}^x-1|-x+C$；　　(4) $-2\cos\sqrt{x}+C$.

2. (1) $\sqrt{2x+5}-\ln(\sqrt{2x+5}+1)+C$；

(2) $\arccos\dfrac{1}{x}+C$；

(3) $\dfrac{1}{2}\arcsin x+\dfrac{1}{2}\ln|x+\sqrt{1-x^2}|+C$；

(4) $2\sqrt{x}-3\sqrt[3]{x}+6\sqrt[6]{x}-6\ln(\sqrt[6]{x}+1)+C$.

3. $P(t)=\dfrac{1}{2}at^2+bt$.

习题 5.3

(1) $-x\cos x+\sin x+C$；

(2) $x\ln x-x+C$；

(3) $\dfrac{1}{3}x\mathrm{e}^{3x}-\dfrac{1}{9}\mathrm{e}^{3x}+C$；

(4) $x\arccos x-\sqrt{1-x^2}+C$；

(5) $3x\sin\dfrac{x}{3}+9\cos\dfrac{x}{3}+C$；

(6) $-x^2\cos x+2x\sin x+2\cos x+C$；

(7) $\dfrac{1}{2}(x^2-1)\ln(x+1)-\dfrac{1}{4}x^2+\dfrac{1}{2}x+C$；

(8) $\dfrac{1}{2}\mathrm{e}^x(\cos x+\sin x)+C$.

习题 5.4

(1) $\ln\dfrac{(x-2)^2}{|x+1|}+C$；

(2) $\dfrac{1}{3}x^3-x^2+4x-8\ln|x+2|+C$；

(3) $\dfrac{1}{8}\ln|x|-\dfrac{1}{40}\ln|x^5+8|+C$；

(4) $\ln|x-1|+\dfrac{4\sqrt{3}}{3}\arctan\dfrac{2x+1}{\sqrt{3}}+C$；

(5) $\ln|x-\sin x|+C$；

(6) $\dfrac{1}{3}\ln\left|\dfrac{3+\tan\dfrac{x}{2}}{3-\tan\dfrac{x}{2}}\right|+C$；

(7) $\ln\left|1+\tan\dfrac{x}{2}\right|+C$；

(8) $\dfrac{2}{3}(x+1)^{\frac{3}{2}}-\dfrac{2}{3}x^{\frac{3}{2}}+C$.

第 6 章

习题 6.1

1. (1) $\displaystyle\int_0^1 x\mathrm{d}x$ 或与之等价的答案都正确；

(2) $\dfrac{1}{\pi}\displaystyle\int_0^\pi \sin x\mathrm{d}x$ 或 $\displaystyle\int_0^1 \sin(x\pi)\mathrm{d}x$ 或其他与之等价的答案都

正确；

(3) $\displaystyle\int_0^1 \dfrac{1}{\sqrt{1+x^2}}\mathrm{d}x$ 或与之等价的答案都正确.

2. $\dfrac{1}{3}$.

3. (1) $\dfrac{1}{2}$;　　　　(2) 2π;　　　　(3) 0.

4. 1.

5. $I_1 > I_2$.

6. $I_3 > I_2 > I_1$.

7. （1）提示．可用反证法，若 $\exists\, x_0 \in [a,b]$，使得 $f(x_0) = A > 0$，利用连续函数的定义，有 $\lim\limits_{x \to x_0} f(x) = f(x_0) = A > 0$．结合极限的保序性，可知，$\exists\, \delta > 0$，使得在点 x_0 的 δ 邻域内，函数 $f(x) > \dfrac{A}{2}$．若 $x_0 = a$，则取右邻域，若 $x_0 = b$，则取左邻域．这就与 $\displaystyle\int_a^b f(x)\,\mathrm{d}x = 0$ 矛盾．

（2）提示：由定积分的保号性可知，因为在 $[a,b]$ 上，$f(x) \geqslant 0$，所以 $\displaystyle\int_a^b f(x)\,\mathrm{d}x \geqslant 0$．然后利用（1）的结论说明等号不可能取到．

（3）提示：令 $F(x) = f(x) - g(x)$，然后利用（1）的结论即可完成证明．

8. （1）提示：直接利用积分中值定理．

（2）提示：可用反证法，若 ξ 只能在区间端点取得，利用函数 $f(x)$ 的连续性，则 $f(x) - f(\xi) > 0$，$\forall\, x \in (a,b)$，或 $f(x) - f(\xi) < 0$，$\forall\, x \in (a,b)$．再利用第 7 题的结论说明这不可能．

9. $\dfrac{1}{3}$.

习题 6.2

1. $y' = \mathrm{e}^{\sin x}$，$y'(0) = 1$，$y'\left(\dfrac{\pi}{2}\right) = \mathrm{e}$.

2. （1）$\dfrac{\cos x}{\sqrt{1 + \sin^2 x}} - \dfrac{2x}{\sqrt{1 + x^4}}$；　　　　（2）$x^2 - 2x$；

（3）$-2x[f(x) - f(0)]$.

3. $\dfrac{-\sin t}{2t\cos t^2}$.

4. （1）1；　　　　（2）$\dfrac{8}{3}$；　　　　（3）$\dfrac{1}{2\mathrm{e}}$.

5. （1）$\ln(1 + \mathrm{e}) - \ln 2$；　　　　（2）$1 - \dfrac{\pi}{4}$；

（3）$-\dfrac{\pi}{4}$；　　　　　　　　　（4）$\dfrac{73}{6}$.

6. $\varphi(x) = \begin{cases} \displaystyle\int_{-2\pi}^{x} t\,\mathrm{d}t = \dfrac{1}{2}\,t^2\,\Big|_{-2\pi}^{x} = \dfrac{1}{2}\,x^2 - 2\pi^2, & -2\pi < x < 0, \\[2ex] \displaystyle\int_{-2\pi}^{0} t\,\mathrm{d}t + \int_{0}^{x} \cos t\,\mathrm{d}t = -2\pi^2 + \sin x, & 0 \leqslant x \leqslant \pi, \\[2ex] \displaystyle\int_{-2\pi}^{0} t\,\mathrm{d}t + \int_{0}^{\pi} \cos t\,\mathrm{d}t + \int_{\pi}^{x} t\,\mathrm{d}t = \dfrac{1}{2}\,x^2 - \dfrac{5}{2}\,\pi^2, & x > \pi. \end{cases}$

7. 1050.

习题 **6.3**

1. (1) $\dfrac{7}{2025}$；　　　　　(2) $\dfrac{2}{15}$；　　　　　(3) $4-2\sqrt{2}$；

(4) $e^{\frac{-1}{4}}-e^{-1}$；　　　(5) $1-e^{\frac{-1}{4}}$；　　　(6) $\dfrac{\pi}{4}-\dfrac{1}{2}$；

(7) $\dfrac{4}{3}$；　　　　　　(8) $\dfrac{\pi}{4}$；　　　　　　(9) $\dfrac{\sqrt{2}}{2}$.

2. (1) $\dfrac{1}{4}+\dfrac{3}{4}e^4$；　　(2) $\dfrac{\pi}{8}$；　　　　(3) 1；

(4) $\ln 2$；　　　　　(5) $\dfrac{1}{2}$；　　　　　(6) $\dfrac{e}{2}-\dfrac{1}{2}$；

(7) $\dfrac{1}{2}e^{\frac{\pi}{2}}-\dfrac{1}{2}$.

3. (1) 0；　　　　　　(2) $\dfrac{\pi}{2}$；

(3) $\dfrac{\pi}{3}$；　　　　　　(4) $\dfrac{\pi}{3}$.

4. 1.

5. 0.

6. 提示：利用积分的换元法，结合偶函数的定义证明.

习题 **6.4**

1. (1) 发散；　　　(2) 发散；　　　(3) 发散；

(4) 1；　　　　　(5) 1；　　　　　(6) 1；

(7) 2；　　　　　(8) 发散

2. 提示：$\displaystyle\int_{e}^{+\infty}\dfrac{1}{x\ln^k x}dx=\int_{e}^{+\infty}\dfrac{1}{\ln^k x}d(\ln x)=\int_{1}^{+\infty}\dfrac{1}{t^k}dt$. 等同于

考虑这种形式积分的敛散性.

3. $\dfrac{\pi}{2}-1$.

习题 **6.5**

1. $e+e^{-1}-2$.

2. $\dfrac{9}{2}$.

3. πa^2.

4. $\dfrac{5}{4}\pi-2$.

5. (1) $\dfrac{\pi}{3}+\dfrac{\sqrt{3}}{2}$.

(2) 绕 x 轴旋转一周的体积为 $\dfrac{11\pi}{3}$，绕 y 轴旋转一周的体

积为 $2\pi\left(\dfrac{8-3\sqrt{3}}{3}\right)$.

6. （1）$\dfrac{\pi^2}{8}-1$.

　　（2）绕 x 轴旋转一周的体积为 $\dfrac{\pi^4}{48}-\dfrac{\pi^2}{8}$.

7. 2π.

习题 6.6

1. 约为 446.7 元.

2. $R(q)=3q-0.05q^2$.

3. $755+45\mathrm{e}^{-8}$.

4. 每月应付约为 1.145 万元.

5. 不合算.

参 考 文 献

[1] BARNETT R A，ZIEGLER M R，BYLEEN K E. 微积分及其在商业、经济、生命科学及社会科学中的应用：第 9 版 [M]. 影印版. 北京：高等教育出版社，2005.

[2] 吴传生. 微积分 [M]. 北京：高等教育出版社，2017.

[3] 陈一宏，张润琦. 微积分 [M]. 2 版. 北京：机械工业出版社，2017.

[4] 吴赣昌. 微积分 [M]. 5 版. 北京：中国人民大学出版社，2017.

[5] 卓越数学联盟. 卓越联盟高等数学期末试题全解 [M]. 北京：科学出版社，2016.

[6] 克莱因. 古今数学思想 [M]. 英文版. 上海：上海科学技术出版社，2014.

[7] 宋承先，许强. 现代西方经济学 [M]. 3 版. 上海：复旦大学出版社，2004.

[8] 平狄克，鲁宾菲尔德. 微观经济学 [M]. 高远，译. 北京：中国人民大学出版社，2009.